« L'APOCALYPSE DÉÇOIT »

Collection « Ouverture philosophique »
Série « Débats »
dirigée par
Dominique Chateau, Jean-Marc Lachaud et Bruno Péquignot

Une collection d'ouvrages qui se propose d'accueillir des travaux originaux sans exclusive d'écoles ou de thématiques.

Il s'agit de favoriser la confrontation de recherches et des réflexions, qu'elles soient le fait de philosophes « professionnels » ou non. On n'y confondra donc pas la philosophie avec une discipline académique ; elle est réputée être le fait de tous ceux qu'habite la passion de penser, qu'ils soient professeurs de philosophie, spécialistes des sciences humaines, sociales ou naturelles, ou… polisseurs de verres de lunettes astronomiques.

La série « Débats » réunit des ouvrages dont le questionnement et les thématiques participent des discussions actuelles au sujet de problèmes éthiques, politiques ou épistémologiques.

Déjà parus

Henri DE MONVALLIER, Nicolas ROUSSEAU, *La phénoménologie des professeurs. L'avenir d'une illusion scolastique*, 2020.
Jean-Marc ROUVIÈRE, *Au-devant de soi. Esquisses vers une philosophie de l'anticipation*, 2019.
Béatrice CANEL-DEPITRE, *Homme/animal, Destins liés*, 2019.
Benoît BOHY-BUNEL, *Symptômes contemporains du capitalisme spectaculaire*, 2019.
Gérard GOUESBET, *Violences des Dieux*, 2019.

Yves Gilonne

« L'Apocalypse déçoit »

Blanchot, Derrida, Levinas : penser le désastre à l'ère atomique

L'Harmattan

5-7, rue de l'École-Polytechnique ; 75005 Paris

http://www.editions-harmattan.fr/

ISBN : 978-2-343-19020-4
EAN : 9782343190204

Pour Christopher Johnson

I
Apologies : du désastre

(En guise d'avertissement)

APOLOGIE n.f est emprunté à la même époque que *apologue* (1488) au latin ecclésiastique *apologia*, grec *apologia*, appliqué à des discours de défense, à des plaidoiries. En français, le mot se dit d'abord d'un discours de défense, d'une justification, en droit et en religion, puis (1762) d'une justification de quelque nature que ce soit. Le sens a glissé au XIXe siècle vers l'idée d'éloge.[1]

APOLOGUE n.m. est emprunté (v1470) au latin *apologus*, terme littéraire, lui-même du grec *apologos* « récit détaillé, fable », de *apo* et de *logos* (-logique), du verbe *legein*.

APO-, premier élément de mots empruntés au grec, souvent par le latin tardif, notamment ecclésiastique ou juridique, ou formés dans une langue moderne. *Apo-*, préposition et préverbe grec, a les valeurs d'« éloigner, écarter » (d'où « extrême »), de « rendre », ou encore évoque l'aboutissement d'un processus ; il peut enfin avoir une valeur négative. C'est une forme indo-européenne (cf. sanskrit *apa*) ; il correspond au latin *ab* (-à)

APOLOGY, early 15c., "defense, justification", from Late Latin *apologia*, from Greek *apologia* "a speech in defense", from *apologeisthai* "to speak in one's defense", from *apologos* "an account, story", from *apo-* "away from, off" + *logos* "speech". The original English sense of "self-justification" yielded a meaning "frank expression of regret for wrong done", first recorded 1590s, but this was not the main sense until 18c. Johnson's dictionary defines it as "Defence; excuse", and adds "*Apology* generally signifies rather excuse than vindication, and tends rather to extenuate the fault, than prove innocence" which might indicate the path of the sense shift.

« *L'Apocalypse déçoit.* »[2] On voudrait ici anticiper le dénouement afin de prévenir le lecteur de la déception à venir, en lui annonçant d'ores et déjà que nous ne *manquerons pas de décevoir*, pour le dissuader de desceller les sept sceaux d'un livre qui n'aura eu de cesse que de révéler la fin de toute révélation ; geste auto-destructeur qui, en commençant par la fin, risque d'en finir par ne pas commencer ; approche proprement « apocalyptique » dans la mesure où elle suspendrait (*apo-*) toute dissimulation (*kaluptein*,

---

[1] Alain Rey (dir.), *Dictionnaire Historique de la langue française* (Paris, Le Robert, 2012). Toutes nos références étymologiques sont tirées de cet ouvrage, sauf précisions de notre part.
[2] Maurice Blanchot, « l'Apocalypse déçoit », dans *L'Amitié* (Paris, Gallimard, 1971), pp. 118-127.

couvrir, cacher), non pas pour mieux révéler, mais peut-être en renonçant à se cacher derrière la promesse illusoire d'un secret décisif : « *no revelation, not now* »[3]; peut-être même jamais si l'on s'attend ici, comme ailleurs, à l'entame d'une vérité ultime.

Déception puisque nous ne ferions qu'accélérer le désastre d'une mise en abîme sans fin qui s'annulerait dans la plate répétition d'une même question, celle de Derrida, reprenant Blanchot : « *mais que fait alors celui qui vous dit : moi je vous le dis, je suis venu vous le dire, il n'y a pas, il n'y a jamais eu, il n'y aura pas d'apocalypse, "l'apocalypse déçoit" ? Il y a l'apocalypse sans apocalypse* »[4]; geste escamotant et illusoire d'une apocalypse qui s'abîme dans la coupe du « *sans* » et le redoublement d'un même terme qui inviterait en vain à entendre une éventuelle différence tonale qui en fixerait le sens et arrêterait le mouvement de réversibilité sans fin entre apocalypse et apocalypse ; comme s'il fallait voir en l'apocalypse un faux-ami (pourtant bien familier) oscillant, l'espace d'un instant, entre les sens de catastrophe et de révélation avant de s'éteindre dans l'indifférence de tous les mouvements en *apo-* – préfixe hésitant lui-même entre « mise à l'écart, éloignement » et réalisation, « aboutissement d'un processus », dans l'effacement des traces de sa propre (in)opération.

Déception aussi dans la mesure où l'on pourrait être tenté de voir dans les flexions en *apo-*, le cœur nucléaire des questions propres à notre ère atomique qui s'articulent autour d'une accélération des discours sur la fin (mise à l'écart, éloignement), voire de la fin de la fin (aboutissement) ou du fin du fin (autoréflexivité d'une écriture multipliant les tournures palliatives à son vide constitutif) dans un simulacre de réaction en chaîne que certains jugeront dévastateur. Ainsi Jean-François Mattéi, dans *L'Homme dévasté, essai sur la déconstruction de la culture*, dénonce (derrière l'exemple privilégié de Derrida) ce qu'il considère comme l'effet destructeur de toute une génération de penseurs que l'on regroupe (de

---

[3] Nous réapproprions ici le titre du principal article de Derrida sur la question du nucléaire. Jacques Derrida, « No apocalypse, not now ; à toute vitesse, sept missives, sept missiles », dans *Psyché, Inventions de l'autre* (Paris, Galilée, 1987), pp. 363-386.
[4] Derrida, *D'un ton apocalyptique adopté naguère en philosophie* (Paris, Galilée, 2005), p. 96.

façon souvent illusoire, masquant des différences irréductibles) sous le nom de *French Theory* :

> Derrida n'a poursuivi qu'un but : la déconstruction du langage en l'absence du sens [...]. Relisons l'aveu majeur de la déconstruction : « Partout où elle opère, "*la pensée ne veut rien dire*." » Mais s'il n'y a rien à dire parce que la pensée ne veut rien dire, on pourra toujours vouloir, sinon le dire, du moins le rien. Vouloir ne rien dire, c'est vouloir dire le rien, ce qui, à l'évidence, est impossible comme le montre le torrent de pages déconstructrices que ne recueille aucun estuaire. La parole vivante du *logos*, qui tient à la présence d'un homme qui s'adresse à un homme réel, s'abîme dans une écriture morte, qui vient de l'absence d'un homme qui s'adresse à un fantôme d'homme. Car si la parole, loin d'énoncer l'être, ne balbutie que le néant, en répétant sur tous les tons qu'il n'y a rien à dire sinon qu'il n'y a rien à dire sur le fait qu'il n'y a rien à dire, il faut conclure que l'homme doit se taire pour obéir au rien.[5]

Discours de la pensée à l'âge nucléaire jugé décevant qui s'abîme dans la répétition d'une apocalypse de l'apocalypse pour ne révéler qu'une absence de révélation sur laquelle il n'y aurait rien à dire si ce n'est qu'elle relève de cette structure paradoxale entre éloge et dénonciation, entre plaidoirie et demande de pardon qu'est l'apologie. Ainsi, conclure avec Jean-François Mattei que « la déconstruction, ce mouvement ravageur, prend la forme d'une véritable *dévastation* »[6] risque de ne pouvoir répondre à cette déception qu'au prix d'une autre comme le montre notamment Gil Anidjar pour qui cette observation repose sur un :

---

[5] Jean-François Mattéi, *L'Homme dévasté, essai sur la déconstruction de la culture* (Paris, Grasset, 2015), pp. 261-262. Derrida n'est bien sûr pas dupe de cette « déception » sur laquelle il reviendra à de nombreuses reprises, par exemple dans « Comment ne pas parler, dénégations » où il analyse le rapport ambiguë que la déconstruction entretient avec la théologie négative : « [les procédures de la théologie négative] on voudrait y voir une simple rhétorique, voire une rhétorique de l'échec, pis, du renoncement au savoir, à la détermination conceptuelle, à l'analyse : pour ceux qui n'ont rien à dire ou ne veulent rien savoir, il est toujours facile de mimer la technique de la théologie négative. Et de fait, celle-ci comporte nécessairement un appareil de règles méthodiques. [...] Il y a aussi un usage automatique, rituel et "doxique" du soupçon porté contre tout ce qui ressemble à de la théologie négative. Il m'intéresse depuis longtemps. Sa matrice enveloppe au moins trois types d'objections : a) Vous préférez nier, vous n'affirmez rien, vous êtes fondamentalement un nihiliste voire un obscurantiste, ce n'est pas ainsi que le savoir progressera [...] ; b) vous abusez d'une technique facile, il suffit de répéter : "X n'est pas ceci, pas plus que cela", "X semble excéder tout discours ou toute prédication", etc. Cela revient à parler pour ne rien dire [...]», dans *Psyché*, *op. cit.*, pp. 537-538 ; voir aussi pp. 553-555. Nous reviendrons sur la question du rapport à la *théologie négative* au chapitre IV.

[6] *Ibid.*, p. 46.

> Malentendu que rien, bien sûr, n'abrite de la mauvaise foi : la destruction [et la déconstruction] ce n'est pas un anéantissement ni une annulation. Ce n'est pas un rejet dans les ténèbres, et ce n'est pas une critique, une contestation ou une réfutation. La destruction, ce n'est pas l'exclusion d'un passé et encore moins sa démolition […] On concèdera cependant que la destruction est exposée à un constant malentendu – elle « appelle toujours les méprises […] elle peut ainsi être prise dans un sens négatif à éviter, qu'elle peut même *avoir* un sens négatif, doublement négatif. »[7]

Si Mattei peut affirmer que l'*apologie* du désastre contemporain est dévastatrice, car elle reconduit à une déception sur laquelle il n'y aurait rien à dire, ce serait au risque d'assigner plus de pouvoir à la destruction qu'elle n'y prétend. Le malentendu consisterait ici en quelque sorte à faire l'*apologie* d'une destruction, à l'élever au rang de « dévastation », pour mieux justifier son rejet et donc la détruire à son tour. Destruction de la destruction qui pourrait en effet reposer sur une mauvaise foi si le concept lui-même n'intégrait le malentendu comme l'une des conditions opérationnelles de son entente : d'où, dans le passage ci-dessus, l'*apology* d'une « concession » où le terme s'efface dans une ultime salve de dénégation. D'une part : non, la destruction (et la déconstruction) n'est pas « négative » (car elle ne vient pas détruire, de l'extérieur, les systèmes de pensées établies) mais attention, elle repose sur un piège déceptif : « elle peut être *prise* dans un sens négatif » (car toute remise en cause, tout questionnement, court ce risque), qu'il faut « éviter ». D'autre part : mais si, voyons ! « Elle peut *avoir* une portée négative » (elle suspend les dispositifs de pensée, certes non pas de l'extérieur, mais en s'inscrivant en leur sein). La destruction est donc « doublement négative » : elle dénie toute assise à la pensée, tout en niant sa propre négation. Approche qui ne serait pas sans rappeler celle de Blanchot, pour qui « le désastre ruine tout en laissant tout en l'état. »[8] Redoublement du négatif qui, comme nous le verrons, serait la marque même d'une dé-ception bien plus radicale.

En guise d'avertissement, nous en appellerons donc à la « précession d'un simulacre », celle d'une *apologie* du désastre où, loin de se reconstituer en un simple éloge – même si peut-être, nous le verrons, on ne lui échappe

---

[7] Gil Anidjar, *Qu'appelle-t-on destruction ? Heidegger, Derrida* (Presses Universitaires de Montréal, 2017), p. 49.
[8] Maurice Blanchot, *L'Écriture du désastre* (Paris, Gallimard, 1980), p. 7.

jamais tout à fait dans la mesure où l'éloge serait l'un des schèmes déceptifs de l'apocalypse et le risque encouru par tout discours sur la/les fin(s) ; son « chant de sirène » – il s'agirait donc, tout au contraire, de suivre le mouvement de dissuasion propre au désastre, sa logique « désarmante » qui force la raison à ne pouvoir se ressaisir que par une fin de non-recevoir, en offrant ses plus plates excuses, « *an apology* », si l'on veut bien entendre ce mot dans ses inflexions anglo-saxonnes. L'apologie du désastre répondrait donc ici au schème déceptif du faux-ami qui initie une rivalité mimétique des sens, exacerbée par leur « *mutually assured destruction* » (M.A.D.), *affolant* la raison qui s'annule dans l'évidence d'une simple mais néanmoins cruciale excuse. La logique du faux-ami informerait par ailleurs le concept même de déception :

> DECEVOIR : v.tr. Altération du latin classique *decipere*, « attraper », « tromper », « causer une déconvenue » ; de *de-* et *capere*, « attraper, saisir » (captif, chasser), employé particulièrement au sens figuré de « séduire, abuser ». Le verbe a eu longtemps le sens de « tromper », encore usuel au XVIIe, et Furetière le glose « tromper adroitement ». Le sens moderne au participe passé *déçu*, « qui éprouve une déconvenue », ne s'est pas imposé immédiatement si l'on en juge par la glose de *déçu* dans Furetière, « trompé ». DECEPTION : emprunté au bas Latin *deceptio*, « action de tromper, d'être trompé », « illusion », « séduction » et « imposture ».

La déception déçoit, serait-on tenté de dire, puisque, loin de présenter l'univocité d'un sens établi, ce terme vit de la proximité illusoire de sens différents : illusion et/ou déconvenue qui se manifestent notamment au travers d'une réversibilité positionnelle : tromper ou être trompé. Instabilité qui « r*ai*sonne » au cœur même de son étymologie, sans savoir s'il s'agit de *saisir* par la séduction, d'être *saisi* et donc séduit ou, peut-être, selon l'inflexion du préfixe *de-*, de se *dé-saisir* par une déconvenue salvatrice qui, *in extremis*, nous libèrerait de tout faux-semblants. C'est pour répondre à cet enjeu d'un dessaisissement de la pensée qu'il faudrait se demander si la (décon)venue de l'apocalypse, tout en révélant une absence de révélation, ne recèlerait pas encore une loi *apologétique* du désastre, un simulacre de cogito qui entre *apology* et désastre laisserait entendre : *Je pense, donc je suis déçu.*[9] Le désastre indiquerait alors l'impossibilité pour la pensée

[9] Blanchot semble initier un même geste dans le célèbre passage de *Thomas l'Obscur* : « C'est alors qu'au sein d'une grotte profonde la folie du penseur m'apparut, et des mots

de trancher entre illusion et désillusion et résonnerait dans le « je suis *désolée* » de sa propre *apology*.

Que dire de cette *désolation* de la pensée ? Comment penser lorsque, comme Blanchot, « nous pressentons que le désastre est la pensée »[10] ? Pense-t-on encore, au-delà de toute raison, quand celle-ci est tenue en échec ? Enjeu crucial, nous le verrons, dans la mesure où, au moment même où un certain rationalisme propre à l'âge nucléaire semble s'imposer à travers l'univocité de son modèle économico-techno-scientifique, alors que la raison semble être à son *apogée*, cette même raison (est-ce la même ?) semble tenue en échec et se retourne en question : que peut encore la pensée quand celle-ci est déçue, selon la logique dissuasive insistante d'une certaine *doxa* de notre temps dont l'une de ses multiples formulations pourrait se rendre ainsi : « la raison (philosophique) ? Voyons, mais c'est *inutile*, cela ne nous *rapporte* rien (raison économique), n'a aucun *impact* sur le monde (raison technologique), je suis désolé de vous décevoir mais il faut vous rendre à la raison : ce n'est pas *raisonnable* (raison scientifique). »

---

inintelligibles résonnèrent à mes oreilles, tandis que j'écrivais sur le mur ces douces paroles : « *Je pense, donc je ne suis pas.* » Ces mots me procurèrent une vision délicieuse. Au milieu d'une immense campagne, une loupe flamboyante recevait les rayons dispersés du soleil et, par ces feux, elle prenait conscience d'elle-même comme d'un moi monstrueux, non pas aux points où elle les recevait, mais au point où elle les projetait et les unissait en un faisceau unique. A ce foyer, centre d'une terrible ardeur, elle était merveilleusement active, elle éclairait, elle brûlait, elle dévorait ; l'univers entier se faisait flamme au point où elle le touchait ; elle ne le quittait que détruit. » Maurice Blanchot, *Thomas l'Obscur* (Paris, Gallimard, 1950), pp. 114-115. Nous reviendrons sur la métaphore de l'*astre* solaire/nucléaire indiquant un moi insécable (*atomos* : « Moi monstrueux », « faisceau unique », « centre », « point ») et en fusion (« ardeur », « brûlait », « dévorait ») qui entraîne un dés-astre et la destruction de nos conceptions du monde (« détruit »). Voir notamment nos chapitres IV, 7 et VI. Notons simplement l'inflexion toute particulière que donne Blanchot au *cogito.* Sa reformulation semble opérer une dis-location, un dessaisissement du moi et un désappointement (dé-ception) qui entraîne sa « *désolation* ». Notons aussi la proximité à Levinas (sans pouvoir ici indiquer les nuances tonales qui les différencient) : « Quand je pense l'infini, je pense ce que *je ne puis pas* penser […] ; j'ai donc une pensée qui dépasse mon pouvoir, une pensée qui, dans la mesure même où elle est pensée de moi, est l'absolu dépassement de ce moi qui la pense. » Emmanuel Levinas, *Totalité et Infini* (La Haye, Nijhoff, 1961), p. 75.

10 Blanchot, *L'Écriture du désastre*, *op. cit.*, p. 7.

Pour tenter de nous prémunir contre cette désolation de la pensée, notre *apology* du désastre opèrerait donc, en guise d'avertissement, selon le principe du « *disclaimer* » ou du « *spoiler alert* »[11] : « attention, vous serez prévenus : *je ne manquerai pas de décevoir* », selon la logique contradictoire de la promesse tenue (ne pas manquer de) et d'un manquement à cette loi (décevoir). Il s'agirait peut-être alors d'une certaine rupture (*apo-*) avec toute loi (*logos*), que l'on chercherait en vain à conjurer par avance dans un contrat de lecture (*disclaimer*) souscrivant au schème auto-déceptif consistant à prétendre pouvoir s'assurer, s'immuniser, contre toute catastrophe de la dérive du sens.

Au risque de décevoir, cette origine (théo)-juridique du discours apologétique n'est bien sur rien de nouveau mais constitue l'une des *scènes primitives* de la philosophie qui, à bien des égards, débute par ce geste inaugural qu'est l'*Apologie de Socrate*. *Discours de plaidoirie* où le prévenu Socrate, accusé de déception, organise, au-delà de sa propre défense, la justification de toute (théo-)philosophie ; *Discours apocalyptique,* car non seulement l'averti-avertissant nous révèle, au risque de mourir, que nous serions bien avertis de nous consacrer à la philosophie, mais aussi car la raison philosophique en quelque sorte gagnerait ici à sa propre mort, fut-elle symbolique. Retournement inattendu marqué par le glissement de sens de *l'apologie* comme plaidoirie vers celui d'éloge qui détermine la tonalité parfois *arrogante* (s'arroger : se rendre raison[12]) qui accompagne une certaine propension à l'auto-justification. Arrogance interrompue néanmoins par un *discours d'apology* cette fois où Socrate est proprement *désolé*, s'excuse de décevoir, de manquer de moyens pour persuader son auditoire du bien fondé de ses intentions autrement que par sa mort. Vérité de l'apocalypse et apocalypse de la vérité donc. Discours qui échoue *à* arriver (c'est-à-dire qui échoue *en* arrivant et arrive en échouant) et qui peut-être, par ce geste, inscrit la déception en tant que question

---

[11] « *Disclaimer* » : démenti, décharge, clause de non-responsabilité. « *Spoiler alert* » : un « divulgachi ». « *Disclosure* » : divulgation, révélation. Il s'agit ici encore de « révélation » avant l'heure et donc d'apocalypse (*sans* apocalypse).

[12] Nous reviendrons sur la question de « l'ar-rogance » du « principe de raison suffisante », notamment au chapitre V.

« nucléaire » de la philosophie selon le geste fondateur de *l'Apologie de Socrate* :

> J'allai trouver un de ceux qui passent pour être des savants, en pensant que là, plus que partout, je pourrais réfuter la réponse oraculaire et faire savoir ceci à l'oracle : « Cet individu-là est plus savant que moi, alors que toi tu as déclaré que c'est moi qui l'était. » Je procédai à un examen approfondi de mon homme [...], et de l'examen auquel je le soumis, de la conversation que j'eus avec lui, l'impression que je retirai, Athéniens, fut à peu près la suivante : cet homme, me sembla-t-il, passait aux yeux de beaucoup de gens et surtout à ses propres yeux pour quelqu'un qui savait quelque chose, mais ce n'était pas le cas. Ce qui m'amena de lui démontrer qu'il s'imaginait savoir quelque chose, alors que ce n'était pas le cas. Et le résultat fut que je m'attirai son inimitié et celle de plusieurs des gens qui assistaient à la scène. En repartant, je me disais donc à moi-même : « je suis plus savant que cet homme-là. En effet, il est à craindre que nous ne sachions ni l'un ni l'autre rien qui vaille la peine, mais tandis que, lui, il s'imagine qu'il sait quelque chose alors qu'il ne sait rien, moi qui effectivement ne sais rien, je ne vais pas m'imaginer que je sais quelque chose. En tout cas, j'ai l'impression d'être plus savant que lui du moins en ceci qui représente peu de chose : Je ne m'imagine même pas savoir ce que je ne sais pas. »[13]

Nous ne pourrons ressaisir toutes les inflexions (tours, détours et tournures) que prend ici la déception mais, pour parer au plus pressé, nous nous en tiendrons à trois remarques ou moments essentiels dans la logique apologétique de Socrate telle qu'elle apparaît dans l'extrait ci-dessus. Premièrement, il s'agit pour Socrate de dénoncer, au risque de décevoir, *un savoir d'illusion* : « réfuter la parole oraculaire » dans un geste démarquant par lequel la philosophie accède au savoir « sur le dos » de la parole prophétique, en lui tournant le dos, par le détour de la pensée comme connaissance de soi. Violence d'une raison qui s'arroge le droit de *se rendre raison* dans un geste (pseudo-)autotélique qui se fonde sur le renoncement à toute déception, rejetée comme son autre. Le philosophe tire ici le savoir (de son savoir) de la parole oraculaire mais, paradoxalement, celui-ci passe tout d'abord par le rejet de cet héritage ; même si au bout du compte il *rendra raison* à l'oracle. « Pas au-delà »[14] d'une démarche décevante (puisqu'elle ne fait que confirmer l'oracle) mais néanmoins nécessaire (puisqu'elle marque la naissance à soi de la raison philosophique) qui écarte

---

[13] Luc Brisson (dir.), *Platon Œuvres complètes* (Paris, Flammarion, 2008), pp. 70-71.

[14] Nous empruntons ici le titre d'un ouvrage de Blanchot : *Le pas au-delà* (Paris, Gallimard, 1973).

et s'éloigne (*apo-*) du *logos* oraculaire pour mieux le confirmer (« Socrate est bien le plus sage des hommes ») dans la réconciliation d'une même pensée, changée sans pour autant être (in)différente. Cependant, dans un deuxième temps, il s'agit (geste philosophique par excellence) pour Socrate de dénoncer, au risque de décevoir, *l'illusion du savoir* en démasquant ses faux-semblants et en rejetant dos à dos la démarche « déceptive » de tous ceux qui se complaisent à « passer aux yeux de beaucoup comme quelqu'un qui [sait] quelque chose » ainsi que leur auto-déception (« et surtout à [leurs] propres yeux »). Deux étapes complémentaires qui nous préparent à en concevoir une troisième : cette fois la *déception en tant que savoir*, ne serait-ce qu'au risque d'un malentendu catastrophique. En effet en prétendant détenir le savoir suprême qui permet de distinguer le bon du mauvais savoir, Socrate risque d'être victime de sa propre arrogance : moi Socrate, je vous le dis, je suis venu vous le dire, « aux yeux de beaucoup » et « à mes propres yeux », je sais déjouer la déception : j'en sais plus que l'oracle qui, lui, ne manque pas de décevoir. Savoir proprement excédant, voire excessif, et qui risque lui-même de n'être que la marque de l'auto-déception qu'il croyait pourtant conjurer, si Socrate n'évitait, *in extremis* – c'est à dire à l'instant décisif et par sa mort même – ce désastre pour la pensée par un remarquable redoublement : « je sais que je ne sais rien » ; comme s'il pourrait y avoir un *savoir de la dé-ception* : déception de la déception qui semble rejoindre l'apocalypse de l'apocalypse par le repli du sens qui se retire (« rien qui vaille la peine », « ceci représente peu de chose ») mais qui en se retirant nous offre peut-être l'espoir d'un dessaisissement de la pensée.

La dé-ception serait donc un mouvement de retrait qui opère un *retournement* entre vérité de l'apocalypse et apocalypse de la vérité. L'oracle est vérité d'apocalypse « il ne révèle pas, il ne cache pas mais indique »[15], il suspend (*apo-*) le jeu de cache-cache (*kaluptein*) du *logos*. La raison (socratique) en quête de (sa) vérité propre, suspend à son tour le logos de l'oracle pour mieux découvrir une absence de découverte. Apocalypse de

[15] Héraclite, *Fragment 93*. Ce passage « r*ai*sonne » à travers toute l'œuvre de Blanchot. Voir, entre autres, Maurice Blanchot *L'Entretien infini* (Paris, Gallimard, 1969), pp. 44, 50, 131 (par exemple) et Maurice Blanchot, *Une voix venue d'ailleurs* (Paris, Gallimard, 2002), pp. 56-57, pour s'en tenir à quelques exemples sommaires.

l'apocalypse qui sera au cœur de la recherche blanchotienne d'un langage qui :

> Parl[e] en vertu d'une différence autre que celle des mots *legei-kruptei.* [...] Cette différence qui suspend et retient toutes les autres, est celle que porte aussi le mot « tour ». Dans ce tour qui tourne vers ce dont il détourne, il y a une torsion originelle où se concentre la différence dont tous les modes de parler jusqu'à la dialectique, cherchent à utiliser, à clarifier, à détendre l'enchevêtrement [...] cela revient à dire que nous parlons à partir de cette différence qui fait que, parlant, nous différons de parler.[16]

L'Apologie s'organiserait autour de la « torsion originelle » de sa « déception » constitutive. Elle nous « tourne vers ce dont il détourne », c'est-à-dire qu'elle nous porte vers le lieu où elle tend à disparaître : la mort inéluctable autour de laquelle « tourne » tous les discours apologétiques, et peut-être tout *logos* selon Blanchot, pour qui : « toute œuvre littéraire importante l'est d'autant plus qu'elle met en œuvre plus directement et plus purement le sens de ce tournant, lequel, au moment où elle va émerger, la fait étrangement basculer, œuvre où se retient, comme son centre toujours décentré, le désœuvrement : l'absence d'œuvre. »[17] L'apologie serait ce geste de suspension du logos (*apo-logos*) donc de « désœuvrement » par lequel, « au moment où la vérité va émerger », où elle est à son apogée, elle « bascule » mais aussi, autre revirement, « au moment où elle va basculer » dans la mort de Socrate, la philosophie « émerge » dans l'(in-)savoir de sa propre mort. Le « dés-œuvrement » partagerait avec la dé-ception ce mouvement de « des-saisissement » de tout l'être face à une mort qui lui échappe. La mort serait ce « centre décentré », à la fois au cœur du discours (centre de la réflexion de Socrate) et extérieur au discours[18] (menace d'une « peine de mort »), qui informe

---

[16] Blanchot *L'Entretien infini*, *op. cit.*, p. 44.

[17] *Ibid.*, p. 45.

[18] On rappellera notamment ce passage de *L'Espace littéraire* où Blanchot explore le rapport entre la mort en soi et la mort hors de soi : « Il faut que ma mort me devienne toujours plus intérieure : qu'elle soit comme ma forme invisible, mon geste, le silence de mon secret le plus caché. J'ai quelque chose à faire pour la faire, j'ai tout à faire, elle doit être mon œuvre, mais cette œuvre est au-delà de moi, elle est cette partie de moi que je n'éclaire pas, que je n'atteins pas et dont je ne suis pas maitre. » Maurice Blanchot, *L'Espace littéraire* (Paris, Gallimard, 1955), p. 160.

aussi le texte de l'*Apocalypse*[19] selon Derrida : « et si ce dehors de l'apocalypse était *dans* l'apocalypse ? S'il était l'apocalypse même [...] ? Qu'est ce qui est « hors » d'un texte, de *ce* texte, et dans et hors ces volumes dont on ne sait pas s'ils sont ouverts ou fermés ? »[20] Mort qui est donc le *point de rencontre*[21] entre le dedans et le dehors, le *recto* et le *verso*, le possible et l'impossible, le savoir et l'in-savoir. La déception propre au tournant de la mort est donc question d'(in-)compétence selon l'étymologie de *competere* qui signifie « tendre vers un même point », « chercher à atteindre concurremment » (ce qui donne le sens de « rivalité, concurrence » aujourd'hui supplanté par « compétition »). On rappellera que la déception en tant que « faux-amis » repose sur la rivalité mimétique de sens divergents qui en convergeant dans un même terme, affolent, et « désappointent » la raison. Or, dans *L'Apologie de Socrate*, la mort semble s'articuler selon un même rapport à la « compétence » :

...et je vis dans la main droite de Celui qui siège sur le trône un livre roulé, écrit au recto et au verso, et scellé de sept sceaux...

> Chacun, parce qu'il exerçait son art de façon admirable, s'imaginait en outre être particulièrement compétent aussi dans ce qu'il y a de plus important. Et cette prétention, me sembla-t-il, occultait ce savoir qui était le leur, si bien que, poussé par l'oracle, j'en vins à me poser la question suivante : ne serait-il pas préférable que je sois comme je suis, n'ayant ni leur savoir, ni leur ignorance, plutôt que d'être comme eux à la fois savant et ignorant ? Et, à moi-même comme à l'oracle, je répondis qu'il valait mieux être comme je suis. [...] Mais, citoyens, il y a bien des chances pour que le vrai savant ce soit le dieu et que,

---

[19] Nous avons pris le parti de citer en marge de cet essai certains passages de *L'Apocalypse* sans les réduire aux limites illusoires d'une interprétation mais optant de faire « r*ai*sonner » librement certains motifs ou inflexions au cœur de notre analyse. Tous les extraits de *L'Apocalypse* proviennent de Paule Amblard, *Saint Jean L'Apocalypse, illustrée par la tapisserie d'Angers* (Paris, Diane De Selliers, 2017).

[20] Derrida, *D'un ton apocalyptique employé naguère*, *op. cit.*, p. 97.

[21] La mort serait « point de rencontre » si elle se « rencontrait » (il faudrait peut-être alors entendre « point » dans les sens opposés de coïncidence et absence) or comme nous le rappelle Blanchot au sujet de l'erreur-errance de toute recherche : « elle est sans rapport avec le vrai qui est sans pouvoir sur elle. La vérité dissiperait l'erreur, si elle la rencontrait. Mais il y a comme une erreur qui ruine par avance tout pouvoir de rencontre. C'est probablement cela, errer : aller hors de la rencontre. » Blanchot, *L'Entretien infini*, *op. cit.*, p. 37.

> par cet oracle, il ait voulu dire la chose suivante : le savoir que possède l'homme présente peu de valeur, et peut-être même aucune.[22]

La dé-ception opèrerait donc sans opérer entre savoir et ignorance ou plutôt dans l'effondrement de la com-pétition de ces deux mouvements qui entraîne le désœuvrement de toute « prétention » à en rendre raison. Le savoir « occulte » quand il prétend connaitre l'inconnaissable, c'est-à-dire lorsqu'il est « *à la fois* savant et ignorant ». Le savoir compétant ou « technique » (« exercer un art ») « occulterait le savoir » nous dit Socrate dans un geste qui annonce peut-être les reformulations de Heidegger pour qui, ainsi que nous le verrons, la technique moderne est oubli de sa question propre, voire oubli de « l'oubli de l'Être » rappelant l'oubli de cet autre oubli qu'est l'ignorance pour Socrate. Nous verrons aussi que le nucléaire pose à nouveaux frais la question de la compétence, au moment où, selon Derrida, « jamais, nulle part la dissociation entre le lieu de la compétence et le lieu des enjeux n'a semblé plus rigoureuse et plus dangereuse et plus catastrophique. »[23] La mort est à la fois de notre compétence (par elle, nous sommes « tendus vers un même point ») et incompétence (elle ne saurait faire l'objet d'un savoir). En elle, Socrate fait donc appel à un « savoir » (sans savoir) qui échappe à toute (in)compétence, à tout pouvoir et à toute mesure ; non pas le « démesuré » (crime suprême pour les Grecs qui entérinerait tous les chefs d'accusation à l'encontre de Socrate) mais « l'incommensurable » qui déçoit en ne « présentant [que] peu de valeur et peut-être même aucune » car il n'est pas à la mesure de la raison et ne peut donc faire l'objet d'une prise ou d'une maîtrise.

La déception « r*ai*sonne » donc à travers tout le texte de *L'Apologie*, en faisant trembler la voix du sens, selon un grondement d'apocalypse (*sans*

---

[22] Luc Brisson (dir.), *Platon Œuvres complètes*, *op. cit.*, p. 72. On rappellera que Socrate au début de *L'Apologie* feint l'incompétence au moins deux autres fois : par l'absence de maîtrise du langage : « ce ne sont pas, par Zeus, des discours élégamment tournés, comme les leurs, ni même des discours qu'embellissent des expressions et des termes choisis que vous allez entendre, mais des choses dites à l'improviste dans les termes qui me viendront à l'esprit » (*Ibid.*, p. 66) ; en matière de justice : « aujourd'hui je comparais pour la première fois devant un tribunal [...] je suis donc tout bonnement étranger à la façon de s'exprimer en cet endroit » (*Ibid.*, p. 67).

[23] Derrida, « No apocalypse, not now », *op. cit.*, p. 367.

apocalypse) qui semble s'éteindre dans la clameur de sa propre fin. Tonalité apocalyptique qui ne manque pas de décevoir les commentateurs de Socrate :

> C'est bien au ton du texte que Kierkegaard dès sa jeunesse a été sensible, *déçu* alors dans sa naïveté, là où il s'attendait à un texte héroïco-tragique à la poésie sublime, de trouver seulement un récit prosaïque où domine, à chaque fois qu'il est question de la mort, un ton des plus surprenants : celui de l'indifférence. Or c'est justement ce ton parce qu'inhabituel et parce qu'il tranche sur la version par ailleurs idéalisante et transfiguratrice que fait Platon de Socrate, qui en atteste l'authenticité, et qu'il faut apprendre à entendre pour percer l'ironie socratique à sa juste mesure. Tous les passages sur la mort montrent la totale incertitude de Socrate à son égard.[24]

La déception exposerait à une apocalypse sans apocalypse qui ruine les prétentions (« héroïco-tragiques ») de la raison, même si le savoir (fut-il philosophique ou scientifique) n'aura eu de cesse de « relever » (*aufhebung)* la mort de Socrate par un surcroît de rationalisme qui « prétende » *rendre raison* de la mort même. La mort de Socrate aurait donc déclenché la vengeance philosophique d'une mise à mort de la mort même dans l'espoir de préserver la raison intacte, inaltérée. La raison philosophique aurait vécu de la promesse de sa venue rédemptrice à l'orée de sa propre fin et dans cette mesure elle aurait en quelque sorte eu « intérêt » à sa propre fin.[25] Elle nous met sa mort sur le dos pour nous en rendre responsable. Tout l'enjeu d'une apocalypse de l'apocalypse serait donc de mettre fin à cette dimension « héroïco-tragique » de la philosophie en la reconduisant à son origine : « l'indifférence ». « Un ton des plus surprenants », nous dit Sarah Kofman, accompagne donc la dé-ception socratique comme si l'étonnement coïncidait avec ce geste de « des-saisissement ». Or comme le rappelle Socrate : « cet état qui consiste à s'émerveiller est le propre d'un

---

[24] Sarah Kofman, *Socrate(s)* (Paris, Galilée, 1989), p. 237. Nous soulignons.

[25] Comme le rappelle Derrida : « une telle démystification doit se plier à la plus fine diversité des ruses apocalyptiques. L'intérêt ou le calcul peut en être très dissimulé sous le désir de lumière, bien caché (*eukalyptus*, comme on dit de l'arbre dont la limbe calicinal reste clos après la floraison), bien caché sous le désir avoué de révélation. Et une dissimulation peut en cacher une autre. Le plus grave, car alors c'est la fin, le plus fascinant tient à ceci : le sujet du discours eschatologique peut avoir intérêt à renoncer à son intérêt, il peut renoncer à tout pour vous mettre encore sa mort sur les bras et vous faire hériter par avance de son cadavre, c'est-à-dire de son âme, espérant arriver ainsi à ses fins par la fin, à vous séduire sur-le-champ en vous promettant de garder votre garde en son absence. » Derrida, *D'un ton apocalyptique employé naguère*, *op. cit.*, pp. 66-67.

naturel philosophe. La philosophie commence en effet par l'étonnement. Et il n'est pas trompé sur la généalogie celui qui a dit qu'Iris est la fille de Thaumas. »[26] Le geste initial de la philosophie consisterait donc en un « étonnement paradoxal », un « *Thaumas* » *obscur*, saisissant dessaisissement qui nous invite à lâcher prise. Emerveillement qui « ne trompe pas » mais reconduit à une archi-origine qui précèderait le partage entre savoir et ignorance. La tonalité indifférente qui accompagne le mouvement de la dé-ception philosophique (s'agit-il encore de philosophie ?) serait *une voix venue d'ailleurs* reconduisant à la mort comme seul rapport « authentique » par-delà toute origine (c'est-à-dire « décevant (dans) notre naïveté »), voix exposant à un détour essentiel comme l'exprime Socrate lui-même :

> Les débuts remontent à mon enfance. C'est une voix qui, lorsqu'elle se fait entendre, me détourne toujours de ce que je vais faire, mais qui jamais ne me pousse à l'action. Voilà ce qui s'oppose à ce que je me mêle des affaires de la cité, et c'est là – pour ma part je crois – une opposition particulièrement heureuse.[27]

La philosophie aurait donc été, dès son origine, dé-ception, et dés-intéressement, nous détournant de toute « action » qui soit rendue à la simple mesure de la raison que nous lui prêtons. Elle serait un retrait essentiel non pas hors du monde (geste ascétique avec lequel nous la confondons souvent) mais, ainsi que nous le verrons, hors des « conceptions du monde »[28], c'est-à-dire d'un monde rendu à « notre image ». « L'incompétence » de Socrate n'est donc pas « feinte » (contrairement à l'opinion commune qui y voit un « faux-semblant », voire une preuve d'arrogance sous couvert de « fausse-modestie »), mais repose sur une « compétence » essentielle (au sens de « rivalité » ou « opposition heureuse »), une propension à la dé-ception en tant que dessaisissement de tout l'être. Sarah Kofman précise alors ce détour essentiel de la pensée dans son rapport à la voix :

> Là où pour les Grecs la décision incombait à l'oracle, Socrate la confère à l'intériorité qu'il se représentait sous forme d'un « démon ou génie propre », d'un « oracle » interne, différent de la volonté humaine. Parce que l'homme n'était pas encore habitué à faire retour à la pure intériorité de l'esprit, il se

---

[26] Platon, *Théétète*, 155d, dans Brisson, *Platon Œuvres complètes*, *op. cit.*, p. 1909.
[27] *Ibid.*, p. 81.
[28] Voir notamment le chapitre VI qui porte ce nom.

> représente d'abord celui-ci sous une forme extérieure. [...] La conversion de l'histoire mondiale que réalise Socrate et par laquelle le sujet prend sur lui la décision, se substitue aux oracles externes, devait passer nécessairement d'abord par la forme morbide du génie, maladie originaire de l'esprit encore divisé lui-même d'avec lui-même [...].[29]

Nous n'aurons de cesse au cours de notre ouvrage (et notamment dans notre dernier chapitre) de revenir sur la dé-ception en son rapport à la voix, la tonalité et l'entente qui déconcertent la raison (philosophique) en l'ouvrant à ce que nous appellerons de nouvelles « r*ai*sonnances. » Néanmoins, notons dès à présent comment la voix se retrouve ici à nouveau au croisement de l'intérieur et de l'extérieur dans l'effondrement sans fin de leur coïncidence. La pensée devient intérieure au prix d'une externalisation et prétend à l'extérieur (au monde) au prix d'une internalisation (en se rendant raison) et cela, comme nous le verrons, selon la circularité de tous les mouvements spéculatifs des philosophies à venir. La raison reposerait donc sur une illusion de savoir, le piège spéculaire d'une raison « univoque » (une seule voix) qui est paradoxalement source de division dans la mesure où, par elle, l'ignorance est à la fois internalisée (rendu à la mesure de la raison) et externalisée (rejetée comme irrationnelle). Cependant, loin de voir dans le « génie » de la naissance à soi de la raison une « maladie originaire de l'esprit encore divisé lui-même d'avec lui-même » (ce qui ne ferait que condamner la raison socratique au tribunal de la raison moderne), peut-être faudrait-il apprendre à y entendre le « dessaisissement » salvateur qui diffère (de) la volonté humaine[30] pour empêcher la catastrophe d'une raison coïncidant avec elle-même. Au grand renfermement d'une raison qui se saisit comme l'unique prétendant au savoir, s'opposerait donc une dé-ception essentielle, apocalypse *sans* apocalypse, que nos auteurs nous invitent à redécouvrir.

La « dé-ception », loin de se limiter à un jugement de valeur superficiel, serait donc un concept central, propre à l'ère atomique, supposant un

---

[29] Kofman, *Socrate(s)*, *op. cit.*, p. 154.

[30] Nous verrons notamment dans le dernier chapitre de notre ouvrage comment par leurs différentes reformulations du concept de *Gelassenheit* (sérénité, dessaisissement), nos auteurs chercheront à renouveler la pensée, précisément en se soustrayant à la domination de « la volonté » qui s'impose à l'ère nucléaire sous l'impulsion de la *Gestell* (dispositif, technique).

usage de la pensée qui ne se limite pas aux simples applications « techniques » de dispositifs ou processus « rationnels », mais qui s'ouvre à sa fission constitutive, à un dessaisissement essentiel à sa vitalité.

Nous analyserons dans le chapitre suivant comment le nucléaire, menace d'une destruction sans reste qui selon Derrida n'aurait pas eu lieu, introduit l'ère du « simulacre » où le monde virtuel prend la place du monde « réel », entraînant une instabilité fondamentale du système de représentation de la vérité, source d'illusion qui menace l'intégrité et l'atomicité (*atomos* : insécable) de la raison mais peut-être aussi source d'une désillusion salutaire qui donne à la dé-ception une portée éthique.

Nous verrons au chapitre trois que l'ère du simulacre se manifeste par une rhétorique de la « dissuasion » répondant à un principe de précaution absolu qui, en prévenant contre toute accident, ne laisse plus aucune chance à l'événement même de la mort, réduite à une simple question technique. Par contraste, il s'agira pour nos auteurs de redéfinir la pensée non plus selon l'immunité de principes éternels insécables, mais à partir de son accidentalité constitutive. A l'horizon d'une « phénoménologie de la perception » reposant sur l'*épochè* – cette « annihilation du monde » où la conscience (transcendantale) se retrouve dans l'acte même de sa perte, inaltérée, protégée contre tout accident – se substituerait, selon nous, une « phénoménologie de la déception » qui interrompt la raison en l'éveillant à sa propre défaillance et à l'espoir libérateur d'un désappointement sans retour. La menace nucléaire d'une destruction sans reste des traces des opérations de la raison, le spectre de l'« incinération » de son « archive », suscitent alors une nouvelle pensée de l'inscription comme « cendre » reposant sur une instabilité fondamentale de la « trace ».

Nous montrerons au chapitre quatre que la « *dé-ception* » remet en cause jusqu'à notre conception de la vérité qui, à l'ère nucléaire, ne correspond plus au modèle apocalyptique de la « révélation » en tant que « levée des voiles ». Elle s'annoncerait au contraire dans l'étrange formulation d'une apocalypse *de* l'apocalypse, soit la fin de la vérité comme dévoilement. Il s'agira alors de suivre toutes les inflexions de cette « apocalypse *sans* apocalypse », que nos trois auteurs empruntent à la tradition de la « théologie négative » tout en s'en démarquant, afin de montrer que la marque du « *sans* » constitue un véritable « principe de fission » au cœur de la raison.

Nous étudierons au chapitre cinq comment leurs pensées s'inscrivent dans le cadre de la critique du « principe de raison suffisante » formulé par Leibniz qui, selon Heidegger, domine sous l'impulsion de la *Gestell*, à l'ère atomique. La raison, « dépareillée » par le désastre nucléaire, multiplie paradoxalement les mesures d'« appareillement » par la technique afin de se prémunir contre le désastre même. La raison est ainsi soumise à la *Gestell* qui régule son usage et réduit le monde à de simples pièces substituables au sein d'un système entièrement construit à son image. La pensée « prétendant », selon le puissant principe, « rendre raison » de tout, succombe donc au piège narcissique de la *Gestell* qui prête raison au monde en se le renvoyant à lui-même.

Nous montrerons au chapitre six que la *dé-ception* constitue une véritable révolution copernicienne qui soustrait la pensée au champ gravitationnel de la raison et nous libère de son héliotropisme sous-jacent. L'ère atomique – qui est aussi celle de la conquête spatiale – annoncerait donc une toute autre histoire du rapport terre-soleil qui a pour enjeu un renouveau de la philosophie échappant à sa sidération pour le monde des concepts sublunaires. Le dés-astre, en nous libérant des astres de la pensée, annonce ainsi la fin du règne de la « représentation » et des « conceptions du monde ». Nous verrons alors comment la recherche d'un langage qui soit à la mesure de ce tournant de l'époque trouvera sa formulation, chez nos trois auteurs, dans le vocabulaire de la technique nucléaire, selon une dénucléation de la raison, une fission de ses concepts et un simulacre de réaction en chaîne entraîné notamment par la pensée emergente du « neutre ».

Nous verrons dans le dernier chapitre que le pressentiment blanchotien selon lequel « le désastre est la pensée » semble appeler à un dégrisement et à entendre au sein de l'apocalypse un message de « sérénité » paradoxale (*Gelassenheit*, « dessaisissement ») qui échappe aux dichotomies illusoires de la raison. Rejetant dos à dos hantise et fascination pour la technique, la *déception* nous expose à un dessaisissement radical qui nous invite à *redoubler de patience*. Au *dédoublement* inhérent à la structure apocalyptique traditionnelle de la vérité comme dévoilement se substitue le *redoublement* d'une apocalypse *de* l'apocalypse, offrant une nouvelle approche de la pensée comme « r*ai*sonnance » qui invite à entendre la passivité responsable d'un *dire* avant tout *dit* qui fait trembler le fil du sens pour mieux le soustraire à la volonté de maîtrise de la raison. Par-delà des divergences de « ton » notables entre nos auteurs, on retrouvera ainsi une même conception de la fin qui ne serait « désolation » que pour une pensée qui s'y refuse ou qui cherche à se consoler dans le confort d'une raison gardée. La dé-ception offrirait donc un savoir dont la raison ne peut se « (re)saisir », saisissante de dessaisissement, offrant un principe éthique propre à notre ère nucléaire.

Voilà c'en est fini, désormais, vous aurez été avertis, nous ne *manquerons pas de décevoir* et d'abord parce que en jouant le jeu de l'apocalypse nous avons commencé par la fin, et donc il n'y aurait plus rien (*apo-*) à dire (*logos*) sinon cette banalité somme toute décevante : « *la fin commence…* »[31]

---

[31] Nous empruntons bien évidemment cette expression à Maurice Blanchot : « cette courte scène me souleva jusqu'au délire. Je ne pouvais sans doute pas complètement me l'expliquer et cependant j'en étais sûr, j'avais saisi l'instant à partir duquel le jour, ayant buté sur un événement vrai, allait se hâter vers sa fin. Voici qu'elle arrive, me disais-je, la fin vient, quelque chose arrive, la fin commence. J'étais saisi par la joie. » Maurice Blanchot, *La Folie du jour*, (Paris, Gallimard, 2002), p. 16. Derrida se fera l'écho de cette formule dans le contexte de *l'Apocalypse* : « la fin commence, signifie le ton apocalyptique » (Derrida, *D'un ton apocalyptique, op. cit.*, p. 70). Il précise alors : « dévoilement ou vérité apophantique de l'imminence de la fin, de quoi que ce soit qui revient, finalement à la fin du monde. Non pas seulement la vérité comme vérité révélée d'un secret sur la fin ou du secret de la fin. La vérité elle-même est la fin, la destination, et que la vérité se dévoile est l'avènement de la fin. La vérité est la fin et l'instance du jugement dernier. La structure de la vérité serait ici apocalyptique. Et c'est pourquoi il n'y aurait pas de vérité de l'apocalypse qui ne soit vérité de la vérité. » (*Ibid.*, p. 69). « Vérité de la vérité » semble ici faire écho à « l'apocalypse de l'apocalypse » dans la réversibilité propositionnelle de ces formulations, la rivalité mimétique du début et de la fin où se laisse entendre une multiplicité infinie de sens, peut-être jusqu'à leur absence, qui expose la pensée à un dessaisissement radical, un désappointement, une dé-ception essentielle.

II

Simulacres du nucléaire

Notre étude se place *à la croisée* de trois auteurs, dans la remarquable proximité de trois textes qui, au-delà de différences notoires qu'il nous appartiendra d'analyser, laissent entrevoir à l'horizon de l'ère nucléaire, la persistance d'un même questionnement autour de la notion de déception. Maurice Blanchot, en 1971, consacre à l'avènement du nucléaire un article intitulé « L'Apocalypse déçoit »[32] qui porte sur la conférence que Karl Jaspers prononça en 1956 sur le péril atomique, objet d'un livre monumental paru en 1958, traduit en français en 1963 sous le titre de *La bombe atomique et l'avenir de l'homme : conscience politique de notre temps*.[33] Ce texte de Blanchot, d'apparence atypique, ne retenant que peu l'attention de la critique – non seulement car il s'inscrit dans le cadre d'un questionnement sur la technique souvent jugé marginal, mais aussi car il semble au premier abord se réduire à un simple compte-rendu du texte de Jaspers auquel il opposerait une fin de non-recevoir – n'en développe pas moins une réflexion essentielle sur la question du nucléaire, les discours apocalyptiques qu'elle suscite et leur « schème déceptif » constitutif qui selon nous « r*ai*sonnerait » à travers toute son œuvre.

Jacques Derrida, à son tour, consacra au nucléaire une intervention au colloque organisé par l'université de Cornell en 1984 qu'il intitulera « No

[32] Maurice Blanchot, « l'Apocalypse déçoit », *op. cit.*

[33] Karl Jaspers, *La bombe atomique et l'avenir de l'homme : conscience politique de notre temps* (Paris, Buchet-Chastel, 1963).

apocalypse, not now. »[34] Dans un contexte de reprise de la guerre froide, sous l'impulsion de la *Strategic Défense Initiative* (ou « guerre des étoiles ») du président Reagan qui menaçait d'introduire un déséquilibre de la terreur, Derrida évoque l'avènement d'une apocalypse qui à nouveau déçoit non seulement car, comme le titre l'indique, la guerre nucléaire au sens propre n'aurait pas (encore) eu lieu, mais aussi car, pour la première fois, elle se présenterait en tant qu'apocalypse « *sans* apocalypse, sans révélation de sa propre vérité, sans savoir absolu. »[35]

La même année, Emmanuel Levinas, publie « Simulacres »[36] portant sur la crise de la philosophie occidentale qui, selon lui, aurait été entraînée, au premier abord, par la menace du nucléaire :

> Événement redouté. Il est derrière tous les symptômes de notre crise intellectuelle qu'énumère la question qui m'est posée : fin de la métaphysique ; fin du fondement et méfiance à l'égard de la notion même du fondement ; « souplesse » des croyances et des caractères ; non-résistance des idées à l'idéologie qui ne les pense plus et un certain dégoût éprouvé à l'égard de la modernité elle-même, entendue comme la pleine conscience de soi dans la plénitude de ses moyens techniques et comme la certitude que tout ce qui est possible est permis. Dégout de la modernité vers laquelle l'humanité semblait marcher tant qu'elle croyait au sens de l'histoire.[37]

Le nucléaire, « événement redouté », semble s'accompagner par une multiplication sans retour des discours sur la fin, emportant jusqu'à l'idée même de « fondement » et exposant la raison à un effondrement (« crise »)

---

[34] Jacques Derrida, « No apocalypse, not now », *op. cit.*

[35] *Ibid.*, p. 377.

[36] Emmanuel Levinas, « Simulacres », dans *Effets de neutre*, *Exercices de la patience, Cahiers de la philosophie* (Paris, Obsidianne, No.6, 1985), p. 9. La question posée par la revue italienne *Nuovi argomenti* et publiée dans le numéro d'Avril/Juin 1984 était la suivante : « étant donné le dépassement de la métaphysique et la crise de toute idéologie en tant que système de *reductio ad unum*, étant donné le déploiement historiquement réalisé de la multiplicité et de la "flexibilité" de la pensée (dans les phénomènes intitulés "post-modernité", "pensée-faible", "micro-ontologie", etc.) – est-il possible d'imaginer une pensée qui, dans l'absence de fondement, conduise à la reconstitution d'un point de vue intégral sur l'homme, ou bien la pensée se réduit-elle à un phénomène passager dans la gestion du monde de la technique ? Quelles sont les formes éventuelles du congé qu'elle pourrait donner à cette époque ? Est-il licite d'annoncer une refondation à partir de l'absence de fondement de la parole poétique ? ». Nous tenterons, dans ce chapitre, d'explorer cette étrange pensée de « l'absence de fondement » qui selon nous caractérise l'ère nucléaire.

[37] *Ibid.*, p. 11.

perçu dans le redoublement du « doute ». « Redouté », l'événement semble exposer la raison à une réversibilité (« il est derrière »), voire une aversion (« dégout »), autant de « revirements » déroutants qui nous le verrons sont constitutifs du « tournant de l'époque » et entraînent la déception du programme rationnel de la modernité (fut-il technique). La raison, en l'absence de fondements, semble incapable de se soustraire au règne du simulacre qui instrumentalise les idées mais ne « les pense plus ». Blanchot, Derrida et Levinas, nous proposent alors trois analyses qui semblent nous « dissuader » de penser le phénomène nucléaire selon le critère d'une vérité conventionnelle. Trois *Apologies* paradoxales qui élèvent le nucléaire au rang de principe « d'époque » tout en suspendant ce geste dans l'insignifiance d'une absence de révélation et l'effondrement du sens.

1. Tétralogies de la déception

Nous sommes donc *à la croisée des chemins.* La déflagration de l'atome « r*ai*sonne » *aux quatre coins du monde*. La pensée doit *se mettre en quatre* pour tenter d'être à la mesure de la question *cruciale* de notre temps. Blanchot, dans « L'Apocalypse déçoit », *n'y va par quatre chemins*, mais présente un jugement sans appel qui se ressent dans son impatience et son empressement face à la déception que lui procure le livre de Jaspers. En effet, dès le début, Blanchot semble vouloir précipiter la fin : « allons tout de suite au dénouement » : ou bien l'homme disparaîtra ou bien il se transformera »[38] ; banalité du « tout ou rien » redoublée par l'ironie d'une formule par laquelle il réduit les sept cent pages de Jaspers : « c'est l'essentiel du livre »[39], avant de dénoncer dans l'alternative absolue qui

> *…Au centre, je discernai quelque chose qui ressemblait à* quatre *animaux dont voici l'aspect : ils avaient une forme humaine. Ils avaient chacun* quatre *faces et chacun* quatre *ailes […] Sous les ailes, il y avait des mains humaines tournées vers les* quatre *directions, de même que leur face et leurs ailes à eux* quatre*. […] Quant à leur forme et à leurs faces, ils avaient une face d'homme, et tous les* quatre *avaient une face de lion à droite, et tous les* quatre *avaient une face de taureau à gauche, et tous les* quatre *avaient une face d'aigle…*

---

[38] Maurice Blanchot, « L'Apocalypse déçoit », *op. cit.*, p. 118.
[39] *Ibid.* p. 119.

nous est offerte une « contradiction saisissante. »[40] Instabilité précaire de la pensée de Jaspers qui, se retrouvant à *califourchon* entre tout ou rien, risque de décevoir, d'autant plus que selon Blanchot, Jaspers semble *battre son quart*, « racolant de manière à provoquer et attirer chez [lui] les passants », fervents d'anticommunisme. Jaspers passe *un mauvais quart d'heure* et cela malgré les dénégations de Blanchot :

> Il ne s'agit pas d'embarrasser, à la façon des sophistes, le dialogue qu'on nous propose, par quelque argument *ad hominem*. Nous nous demandons seulement : pourquoi une question aussi sérieuse puisqu'elle détient l'avenir de l'humanité, question telle que y répondre supposerait une pensée radicalement nouvelle, ne renouvelle-t-elle pas le langage qui la porte et ne donne-t-elle lieu qu'à des remarques, soit partiales et, en tout cas, partielles lorsqu'elles sont d'ordre politique, soit émouvantes et pressantes lorsqu'elles sont d'ordre spirituel, mais identiques à celles qu'on entend en vain depuis deux mille ans ?[41]

Blanchot *redouble*[42] alors la question : Pourquoi, se demande-t-il, est-ce que l'Apocalypse déçoit ? Qu'est ce qui nous empêche de faire sens du nucléaire à une époque où pourtant elle semble s'affirmer comme l'horizon incontournable de notre temps :

> Quelles difficultés nous empêchent d'approcher telle question ? [4] Est-ce parce qu'elle est trop grave, jusqu'à l'indiscrétion, et que la pensée aussitôt s'en détourne pour appeler à l'aide, — [3]ou bien parce que, si considérable qu'elle soit, elle n'apporte cependant rien de nouveau, se bornant à rendre très visible et trop visible la vérité dangereuse qui est, à tous moments et à tous niveaux, la compagne de la liberté de l'homme, – [2] ou bien parce qu'elle est loin d'être aussi importante qu'il ne le semble (il faudrait s'interroger aussi là-dessus), — [1] ou enfin parce qu'elle ne sert que d'alibi ou de moyen de pression pour nous amener à des décisions spirituelles ou politiques déjà formulées depuis longtemps et indépendamment d'elle ?[43]

La pensée face à la question du désastre à l'ère nucléaire, semble être à un *carrefour*, proprement *écartelée* (*mis en quart*), *contrecarrée* dans ses tentatives de s'arroger un droit de réponse. La question du nucléaire laisse la pensée *sur le carreau*, dans l'impossibilité « d'approcher une telle question », qui loin

---

[40] *Ibid.* p. 120.

[41] *Id.*

[42] Nous reviendrons sur cette question du *redoublement* en tant qu'avance et retard de la pensée au terme de ce livre.

[43] Blanchot, « L'Apocalypse déçoit », *op. cit.*, p. 121. Nous soulignons les quatre étapes de la réflexion par l'ajout de chiffres entre crochet.

de susciter une réponse, se redouble dans ce passage en *quatre* autres, *quatre* réitérations d'une même déception qui entraînent la pensée dans une suite sans fin comme si ses jours étaient comptés, exposée à un décompte avant l'heure :

Quatre... la question que pose le nucléaire semblerait décevoir en se manifestant selon la logique dissuasive qui lui est propre, nous mettant en demeure de penser. La dissuasion, entendue à l'anglo-saxonne, se dit « *deterrence* » et repose sur une *technologie de la peur*[44] qui proprement « détourne » et laisse la raison désarmée face à sa propre invention qui est la possibilité même de sa mise à mort ; peur qui gouverne – ainsi que nous le verrons – toute une catas-tropique du *logos* forçant la raison à se « détourner » dans la fuite incessante de son écriture. Terreur qui se manifeste notamment dans la répudiation d'une technique impudente qui, ainsi que nous le rappelle Blanchot, est « indiscrétion » car non seulement elle touche au cœur de l'humain, à notre possibilité de vie ou de mort (question nucléaire), mais aussi, car elle nous met à nu devant notre condition mortelle en nous dépouillant de nos certitudes. « Finalement ce qui se passe est à la fois *décevant* et instructif » nous dit Blanchot : « la raison, en attente d'elle-même et immobilisée par cette attente, semble ne vouloir que gagner du temps et, pour en gagner, se décharge sur l'entendement de la tâche qu'elle n'est pas encore capable de dominer. (En sorte que la légende qui illustrerait le mieux le noir tableau de notre époque pourrait être celle-ci : Attente de la raison qui *s'humilie* devant l'entendement). »[45] Leçon d'humilité, retour à une humanité terre à terre,

---

[44] Voir Albert Camus, « Le Siècle de la peur », dans *Réflexions sur le terrorisme* (Paris, Nicolas Philippe, 2002), pp. 56 : « le XVIIe siècle a été le siècle de mathématiques, le XVIIIe celui des sciences physiques, et le XIXe celui de la biologie. Notre XXe siècle est le siècle de la peur. On me dira que ce n'est pas là une science. Mais d'abord la science y est pour quelque chose, puisque ses derniers progrès théoriques l'ont amenée à se nier elle-même et puisque ses perfectionnements pratiques menacent la terre entière de destruction. De plus, si la peur en elle-même ne peut être considérée comme une science, il n'y a pas de doute qu'elle ne soit cependant une technique. » Nous retrouvons aussi, dans la suite du passage, la déception du puissant programme du « principe de raison » que nous étudierons plus loin : « Nous étouffons parmi les gens qui croient avoir absolument raison, que ce soit dans leurs machines ou dans leurs idées. » *Ibid.*, p. 58.

[45] Blanchot, « L'Apocalypse déçoit », *op. cit.*, p. 126. Je souligne.

évoquant la mort (« de la terre à la terre ») comme propre – inappropriable – de l'homme, et rappel à une certaine pudeur constitutive ?[46]

Trois... Le nucléaire déçoit car, loin de symboliser le nouveau, elle ne ferait que marquer le retour au même, en exposant au « toujours déjà » de la mort, cette « vérité dangereuse » qui limite la raison mais aussi est gage de sa liberté, ne faisant que répéter le geste apologétique socratique que nous rappelions précédemment.

Deux... la question du nucléaire déçoit car elle est peut-être « loin d'être aussi importante qu'elle ne le semble. » Elle ne révèle rien ; apocalypse sans apocalypse, diront Blanchot et Derrida, dans la mesure aussi où, pour ce dernier, nous le verrons, « la guerre nucléaire » n'a pas eu lieu, n'aura pas eu lieu et tient lieu de « fantasme ».

Un... « parce qu'elle ne sert que d'alibi ou de moyen de pression pour nous amener à des décisions spirituelles ou politiques déjà formulées depuis longtemps et indépendamment d'elle ? » C'est cette dernière question que Blanchot semble avant tout retenir et autour de laquelle se développe l'essentiel de sa réflexion. La question nucléaire ne serait plus qu'un *simulacre* de question, une *simulation* de pensée, prêtant crédit aux *faux-semblants* (« alibi ») pour mieux l'accommoder à ses fins (« moyen de pression »), masquant son propre immobilisme sous couvert de l'irruption du nouveau. Ainsi Jaspers, « s'étant donné pour tâche de réfléchir sur le "péril" atomique, ne cesse en réalité de réfléchir sur le "péril" communiste. »[47]

Au terme de cette première salve de questions, la pensée *équarrie*, allant de déception en déception, de (dis)simulations en simulacres, *ouverte aux quatre vents*, semble entériner l'observation de Baudrillard : « l'apothéose de la simulation : le nucléaire. »[48] Or, comme le rappelle Mattei :

> Baudrillard met en évidence les étapes progressives de la déréalisation du simulacre quand il impose son hyperréalité au modèle déchu. En première

---

[46] Nous reviendrons sur cette question de la pudeur, notamment dans le chapitre VI, 1.
[47] Blanchot, « L'Apocalypse déçoit », *op. cit.*, p. 126.
[48] Jean Baudrillard, *Simulacres et simulation* (Paris, Galilée, 1981), p. 56.

> phase, l'image est « le reflet d'une réalité profonde». En deuxième lieu, « elle masque ou dénature une réalité profonde ». Dans un troisième temps, « elle masque *l'absence* d'une réalité profonde ». Enfin, c'est là son apothéose, « elle est sans rapport avec quelque réalité que ce soit : elle est son propre simulacre pur ». Le monde du virtuel semble avoir pris la place du monde réel.[49]

Nous retrouvons ici *quatre* temps, *quatre* étapes, qui *redoublent*, deux à deux, le partage originel entre réalité et image, entraînant le système représentatif de la pensée (spéculaire/spéculative) elle-même dans une crise sans fin propre à l'ère nucléaire. Cet épuisement progressif du réel qui, par l'image, se dévide dans l'usure (à la fois comme intensification et épuisement) de son « écart » constitutif, n'est pas sans rappeler celui, observé par Blanchot, de la pensée exposée à la question sans réponse du nucléaire. La raison, aux prises avec l'*image* de l'explosion de la bombe atomique, se questionne sur sa *réalité* qui l'expose à une fin de non-recevoir, à la déception de l'épuisement de son sens. Tentons le recoupement entre ces étapes progressives par un nouveau décompte :

Quatre... « l'image [de la bombe nucléaire] est le reflet d'une réalité profonde » perçue comme « trop grave » notamment parce que, comme nous le verrons, la menace visible de la destruction atomique ne fait que masquer celle, invisible, de la technique qui « arraisonne »[50] la raison.

Trois... « l'image masque et dénature une réalité profonde. » Le nucléaire ne fait que déplacer une réalité importante : nous allons mourir. Ceci « n'apporte rien de nouveau » si ce n'est le glissement illusoire d'une fin individuelle vers le collectif, « se bornant à [la] rendre très visible et trop visible », geste excessif et donc « dénaturant » d'une destruction qui, étant « inventée » par l'homme, lui donne l'illusion que la mort ne soit qu'un problème technique qu'il puisse maîtriser.

Deux... « l'image masque l'absence de réalité profonde » : la question nucléaire est peut-être « loin d'être aussi importante qu'il ne le semble », nous disait Blanchot, et cela, paradoxalement, malgré sa persistance à faire

---

[49] Mattéi, *L'Homme dévasté*, *op. cit.*, p. 152. Baudrillard, *Simulacres et simulation*, *op. cit.*, p. 17.
[50] Voir notamment notre chapitre V.1. « Arraisonner » sert souvent à traduire le terme heideggérien de « *Gestell* » par lequel il analyse le dispositif technique qui domine la pensée moderne à l'ère nucléaire.

« époque » comme si, derrière l'image de la domination de la technique à l'ère nucléaire, c'est le réel lui-même qui s'absentait, réduit à un quanta calculable marquant la perte de sa profondeur. Le nucléaire, en présentant une « question de fond », précipiterait l'effondrement (voire « l'effondement »[51]) de la pensée sur laquelle nous reviendrons.

Un ... « elle est sans rapport avec quelque réalité que ce soit : elle est son propre simulacre pur ». Nous avons déjà évoqué comment, selon Blanchot, Jaspers (mais peut-être courrons nous tous ce risque) « se sert » du simulacre nucléaire pour dissimuler des *a priori* politiques et spirituels anciens, sous couvert d'une nouveauté de la réflexion qui n'est que simulation. Il faudrait cependant voir, au travers de la persistance d'un même schème déceptif commun aux *quatre* questions, le coup d'envoi à l'ère nucléaire d'une pensée qui sonne le glas d'une certaine rationalité spéculative et qui informera l'écriture de Blanchot. Celui-ci s'efforcera de la placer au cœur du tournant de l'époque, à la croisée de ces *quatre* versions de l'image dans l'effacement progressif du « réel » (comme les *quatre* jours de Lazare au tombeau où celui-ci aurait perdu progressivement sa ressemblance avant d'être ressuscité, *in extremis*).[52] En effet dans les deux premières étapes, « la réalité profonde » est maintenue, même si elle est progressivement altérée. Dans les deux suivantes « la réalité profonde » est suspendue au profit d'une « absence » qui creuse la profondeur même. Le tournant du simulacre est ainsi le passage d'un « réel qui devient irréel » à un « irréel qui devient réel » :

> Dissimuler est feindre de ne pas avoir ce qu'on a. Simuler est feindre d'avoir ce qu'on n'a pas. L'un renvoie à une présence, l'autre à une absence. Mais la chose est plus compliquée, car simuler n'est pas feindre [...] feindre, ou dissimuler, laissent intact le principe de réalité : la différence est toujours claire, elle n'est que masquée. Tandis que la simulation remet en cause la différence du *vrai* et du *faux*, du *réel* et de l'*imaginaire*.[53]

Le tournant propre à l'ère nucléaire est, pour certains, proprement apocalyptique car, par la perte d'un référent « réel » qui lui soit extérieur,

---

[51] *Ibid.*, p. 103.

[52] Blanchot reviendra à de nombreuses reprises sur le « mythe » de « Lazare au tombeau », notamment en son rapport à la ressemblance de l'image. Voir notamment *L'Entretien infini*, *op. cit.*, pp. 49-50., et *L'Espace littéraire*, *op. cit.*, pp. 256-258.

[53] Baudrillard, *Simulacres et simulation*, *op. cit.*, p. 12.

le simulacre suspend (*apo-*) le mécanisme de « décache-cache »[54] (*kaluptein*) sur lequel reposerait toute vérité, entraînée par là-même dans une sorte d'apocalypse de l'apocalypse. Pour d'autres comme Blanchot, la venue du simulacre invite à penser encore ce qui échappe à toute pensée, lorsque celle-ci perd son assise – assise qui n'est pas la simple référence à une réalité univoque mais toujours déjà le dédoublement réalité-image. Le redoublement (qui démultiplie le dédoublement en emportant son origine et tout référent original dans une perte sans fin) appelle une pensée qui cherche à dépasser le *cadre* de la vérité. Ainsi Blanchot nous dit dans un fragment de l'*Écriture du désastre* :

> Valery : « *Le penseur est en cage et se meut indéfiniment entre quatre mots.* » Cela dit péjorativement n'est pas péjoratif : la patience répétitive, la persévérance infinie. Et le même Valery – est-ce le même ? – en viendra à affirmer en passant : « *Penser ?... Penser ! C'est perdre le fil.* » Commentaire facile : la surprise, l'intervalle, la discontinuité.[55]

Blanchot, tout en voulant échapper à la *quadrature* du *logos* perçue comme « cage », ne prétend pas simplement se soustraire à son exigence ; le dépassement des limites se fait ici de l'intérieur en redoublant de patience. Redoublement qui se ressent dans le glissement de sens opéré dans le dos de la contradiction entre « péjorativement » et « pas péjoratif »[56] par la

---

[54] Nous empruntons cette formule à Jean-Pierre Dubost : « *L'aletheia* est donc l'essence de ce qui était caché à notre vue (*verborgen*) et qui apparaît comme dégagé, le dégagé comme dé-caché. C'est pourquoi la part "poïétique" du *Ge-Stell* renvoie à l'ambivalence de la technique qui dégage l'Être, mais en même temps le voile, puisque la raison ne reçoit en retour que sa propre image, qu'elle se renvoie à elle-même. [...] Seul peut-être un jeu de mots permettrait une équivalence qui donnerait, par exemple, pour *Ge-Stell*, "décachement", ou mieux – ce qui aurait peut-être plu à Raymond Queneau – "décache-cache". » Jean-Pierre Dubost, « Combinatoire et conceptualisation, une "métaphysique des particules" en allemand » dans Barbara Cassin, *Vocabulaire Européen des Philosophies, Dictionnaire des intraduisibles* (Paris, Seuil, 2004), pp. 236-237.

[55] Blanchot, *L'Écriture du désastre, op. cit.*, p. 165.

[56] Le texte auquel Blanchot fait référence nous dit : « Quant aux questions qui tourmentent la métaphysique et la conscience (et qui feraient la dignité de l'homme si l'on écoutait ceux qui les cultivent et les élèvent en cage), elles valent les mouvements des animaux qui vont indéfiniment de gauche à droite et de droite à gauche jusqu'à tomber de fatigue. Le penseur est en cage et se meut indéfiniment entre quatre mots. » Paul Valery, *Œuvres* (Paris, Gallimard, coll. Pléiades, tome 2, 1960), p. 871. On ressent ici le détournement qu'opère Blanchot en atténuant la portée « péjorative » de l'original par une revalorisation de la « fatigue », non plus vue comme abêtissement (animaux) mais comme dessaisissement. Cette approche de la fatigue informera notamment les premières pages de *L'Entretien infini* où la fatigue se fait pensée : « il ne peut plus distinguer entre

figure en chiasme de *quatre* termes : « cage », « répétitif » d'une part ; et « indéfiniment » qui résonne avec « infini » d'autre part. Par ce glissement de sens, le ressentiment d'une pensée *écartelée* fait place à l'expérience d'un dessaisissement (dé-ception) et d'une patience essentielle. Le redoublement est aussi celui d'une formule : « le même Valery – est-ce le même », par laquelle Blanchot indique une conversion entre perte de sens (d'une pensée claquemurée entre *quatre* mots) et perte de sens (« perdre le fil » qu'il faut entendre cette fois comme expérience essentielle de la pensée « discontinuée »).[57] Ce redoublement du « même » est bien sûr *crucial* pour la pensée de Blanchot, d'autant plus que cette formule fait elle-même écho (malgré ici le détour de la tournure interrogative) à celle de la fameuse *scène primitive* qui hante ses textes : « le ciel, le *même* ciel »[58]. Or, ainsi que Blanchot l'indique : « précisément, il faut que ce soit le même. – rien n'est changé. – Sauf le bouleversement de rien – Qui rompt, par la brisure d'une vitre (derrière laquelle l'on s'assure d'une transparence protégée), l'espace fini-infini du cosmos. »[59] Apocalypse sans apocalypse, « bouleversement du rien », apocalypse du simulacre et simulacre d'apocalypse qui touche au système de la vérité comme représentation, c'est-à-dire au voile (invisible) qui sépare le réel de son double pour révéler en cachant, ou cacher en révélant, voile (ou vitre) par lequel la pensée « s'assure d'une transparence protégée » et se fait (au) monde (« cosmos »).

La pensée blanchotienne, loin de redouter la vision apocalyptique d'une « fin du monde » sans reste, propre à l'ère nucléaire, semble redoubler ce geste au travers de son écriture. « L'espace fini-infini du cosmos » (soudainement brisé chez Blanchot) qui « assurait », par son trait d'union (qui est aussi le voile/la vitre), l'assise de la pensée dans sa co-appartenance au monde s'inscrit à l'horizon de la pensée heideggérien du *Geviert* ou « agencement des *quatre* » (Terre, Ciel, Dieu, Homme) que l'on a coutume de traduire par *quadriparti*. Pour Heidegger cette notion indique la mesure

---

pensée et fatigue, éprouvant, dans la fatigue, le même vide, peut-être le même infini. » (*L'Entretien infini*, *op. cit.*, p.xx)

[57] Entre deux langues, le faux-ami qu'est le mot anglais « discontinued », (not (re)produced any more) indiquerait une panne de l'appareil de (re)production rationnelle, l'interruption de son système de (re)présentation (voir la section VI, 2 de cet ouvrage).

[58] Blanchot, *L'Écriture du désastre, op. cit.*, p. 117.

[59] *Ibid.*, p. 178.

qui donne à l'homme son véritable séjour.[60] Au croisement de ces notions *cardinales*, se trouve l'idée *cruciale* de « chaos-sacré » que Heidegger explique en ces termes :

> Chaos signifie avant tout le Béant, la faille qui se creuse, l'Ouvert tel qu'il s'ouvre d'abord pour se saisir de tout. La faille refuse tout appui dans l'étant pour n'importe quoi qui prétende, en se différenciant, s'y fonder. C'est pourquoi, pour toute expérience qui ne connait que le médiat, le Chaos parait être l'indifférencié et ainsi la confusion pure. Le *chaotique*, pris en ce sens n'est cependant que le dévoiement de ce que veut dire *Chaos*. Pensée à partir de l'éclosion des choses (*phusis*), le Chaos demeure cette faille béante, d'où s'ouvre l'ouvert pour accorder à tout étant différencié sa présence entre des limites. C'est pourquoi Hölderlin nomme le « Chaos » et sa « sauvageté » : *sacrés*. Le Chaos est le sacré lui-même. Il n'est rien d'étant qui précède cette béance où rien ne fait jamais qu'entrer. Tout ce qui apparaît est à chaque fois devancé en elle.[61]

Dans une certaine mesure on retrouve chez Heidegger, le glissement de sens opéré par Blanchot puisqu'ici encore le « chaos » « dit péjorativement n'est pas péjoratif », et s'en tenir à une négativité n'est que « dévoiement ». La pensée heideggérienne semble se recueillir dans l'ouverture de la quadrature de l'être, ou plutôt elle *tient lieu* d'une ouverture à ce qui ne peut apparaître (l'étant) qu'en prenant place au sein de ces limites (« entre quatre X »). Le Chaos dit l'être en ce qu'il est toujours déjà retiré, « sauvage » car échappant à tout apprivoisement, se refusant à la pensée qui ne peut que « se mouvoir entre quatre mots ». Quatre faces qui, si elles pouvaient se retenir en leur unité, seraient l'Être même, mais qui, de par leur dispersion *aux quatre coins* du « monde », se retirent à la pensée. Le monde vient au monde pour Heidegger en *(s')écartant*, c'est-à-dire 1. En ouvrant un espace ; 2. En *s'écartelant* c'est-à-dire en *se mettant en quatre* ; 3. En se retirant de notre

---

[60] Le chiffre quatre est associé à la conception du « monde » (le Tetramorph apparaît notamment sur la carte de Tarot intitulée « le monde »). Selon Mircea Eliade, l'association de la venue au monde au chiffre quatre « s'agit, en somme, d'une idée archaïque et très répandue : à partir d'un centre on projette les quatre horizons dans les quatre directions cardinales. Le *mundus* romain était une fosse circulaire, divisée en quatre ; il était à la fois l'image du Cosmos et le modèle exemplaire de l'habitat humain. On a suggéré avec raison que la *Roma quadrata* doit être comprise non pas comme ayant la forme d'un carré, mais comme étant divisée en quatre. » Mircea Eliade, *Le Sacré et le profane* (Paris, Gallimard, 1965), pp. 46-47.

[61] Martin Heidegger, *Erläuterungen zu Hölderlins Dichtung*, pp. 62-63 ; cité dans Jean Beaufret, *Dialogue avec Heidegger* ; *Le chemin de Heidegger* (Paris, Les Editions de Minuit, 1985), pp. 45-46.

chemin à mesure que nous en approchons. Le *quadriparti* est donc le jeu par lequel l'Être nous détourne de ce qui reste invisible, en rendant « visible, trop visible » disait Blanchot, dans un jeu de miroir (*spiegel-spiel*) sans fin, comme le rappelle Françoise Dastur :

> « Le monde est le jeu de miroir *encore caché* des Quatre : terre et ciel, mortels et divins » déclare Heidegger en 1949 dans sa conférence de Brème intitule « *Die Gefahr* » (Le danger). [...] « lorsque le monde advient en propre pour la première fois, l'être s'évanouit, mais avec lui aussi le néant, dans le monder [je glose : l'arriver au/du monde] ». Il n'est donc guère étonnant que dans le texte qu'il dédie en 1965 à Jünger, Heidegger, après avoir apposé une biffure en croix sur le mot « être », afin de se préserver de « cette habitude presque inextirpable de représenter l'être comme un en-face qui se tient en soi et qui ensuite seulement advient parfois à l'homme », ajoute que ce signe de la biffure en croix n'a pas seulement un sens négatif, mais qu'il « indique les quatre régions du Cadran et leur Assemblement dans le Lieu où se croise cette croix. »[62]

Non seulement l'Être, en (se) mettant au monde, disparaît mais il emporte avec lui jusqu'au néant en s'épuisant « indéfiniment » dans ses délimitations de l'étant. Pour indiquer ce mouvement de *retrait* de l'Être et du néant, Heidegger l'écrit « sous rature », geste que reprendront, entre autres, Derrida[63] et Blanchot dont la marque du « sans » (apocalypse *sans* apocalypse) est peut-être l'un des derniers avatars.[64] La biffure en croix signifie la *croisée* des chemins du *Geviert* ; il rappelle « la faille » (**biffe* « objet à deux fentes », allusion à la pratique de barrer de deux traits à la plume ou

---

62 Françoise Dastur, *Heidegger et la question anthropologique* (Louvain, éditions Peeters, 2003), pp. 99-100.

63 Derrida relèvera lui-même sa fascination pour cette mise en croix : « Tout passe par ce chiasme, toute l'écriture y est prise – le pratique. La forme du chiasme, du χ, m'intéresse beaucoup, non pas comme le symbole de l'inconnu mais parce qu'il y a la une sorte de fourche (c'est la série *carrefour, quadrifurcum, grille, claie, clé*, etc.) d'ailleurs inégale, l'une des pointes étendant sa portée plus loin que l'autre : figure du double geste et du croisement dont nous parlions tout à l'heure. » Jacques Derrida, *Positions* (Paris, Les Editions de minuit, 1972), p. 95. On retrouve aussi ce signe dans Jacques Derrida, *La Vérité en peinture* (Paris, Flammarion, 1978), pp. 189-192 : « χ, l'intersection générale de *Glas*, de ses commencements ou fins en bandes tordues et écartées, décrit aussi l'opération démiurgique dans le *Timée* : « la systase ainsi obtenue, d'un bout à l'autre il la fendit en deux d'une schize dans le sens de la longueur ; ces deux bandes, il les fixa l'une sur l'autre par le milieu en forme de χ ; puis il les ploya pour former de chacune un cercle et réunit entre elle toutes les extrémités à l'opposé du point de croisement. Le mouvement du cercle extérieur il l'adjugea à la nature du Même, celui du cercle intérieur à la nature de l'Autre. »

64 Nous analyserons la syntaxe du « sans » au chapitre IV.

au canif les textes annulés, issu de **bifida* du lat. *findere* « fendre ») du « chaos-sacré » dans l'extrait précèdent, l'oubli de l'Être (biffer est « oublier en effaçant ») ainsi que le pli propre à tout dédoublement spéculatif ou spéculaire (deux traits qui se recoupent) selon le « jeu de miroir » de la pensée représentative (réel/double) que nous évoquions plus haut. Mais pour Heidegger, loin de n'être que la figure « négative » d'une mise à l'écart, le *Geviert* est « assemblement » qui est bien marqué par le préfixe *Ge-*. Si chez Heidegger, ainsi que nous le verrons, la pensée nécessite un délaissement (*Gelassenheit*), une « ouverture » au monde, c'est pour mieux la reconduire à son lieu propre où elle se *(re)croise* en chemin. Elle est une pensée du *recueillement* donc du repli sur soi et du retour à l'origine. C'est peut-être en ce lieu de « l'assemblement » que Blanchot, tout en suivant le Tétramorph d'Heidegger, s'en distingue lorsqu'il affirme :

> « Écrire est incessant, et pourtant le texte ne s'avance qu'en laissant derrière lui lacunes, trouées, déchirures et autres solutions de continuité, mais les ruptures elles-mêmes sont rapidement réinscrites, du moins aussi longtemps que... » (Roger Laporte) – [...] « écrire n'a été biffé que d'un trait oblique : Il me faut parachever le travail de destruction. » (R.L.)[65]

Si le *Geviert* indique bien une « faille » de la pensée, une certaine « béance », celle-ci ne serait pas assez « défaillante » (si l'on veut bien entendre à nouveau un au-delà du négatif). Blanchot reconnaîtrait sans doute que le *Geviert* est une percée (« lacune, trouée ») de l'être (son *incartade*) mais pour lui cette « rupture est [trop] rapidement réinscrite » dans une « solution de continuité » en tant qu'« assemblement » et « recueillement ». Le trait oblique de la croix de Saint-André qui sert de biffure au mot « être » ne fait qu'indiquer un travail à « parachever ». La pensée de Heidegger reste une pensée du « dévoilement » (donc du voile) et ainsi une pensée apocalyptique, mais Blanchot, notamment au travers de *L'Écriture du désastre* appelle à une levée des voiles autrement plus radicale, qui repose sur le geste de redoublement d'une apocalypse de l'apocalypse exposant la pensée *aux quatre vents* :

> Ces noms, lieux de la dislocation, les quatre vents de l'absence d'esprit soufflant de nulle part : la pensée lorsque celle-ci se laisse, par l'écriture, délier jusqu'au

---

[65] Blanchot, *L'Écriture du désastre, op. cit.*, pp. 156-157.

> fragmentaire. Dehors. Neutre. Désastre. Retour. Noms qui certes ne forment pas système et, dans ce qu'ils ont d'abrupt à la façon d'un nom propre ne désignant personne, glissent hors de tout sens possible sans que ce glissement fasse sens, laissant seulement une entre-lueur glissante qui n'éclaire rien, pas même ce hors-sens dont la limite ne s'indique pas. Noms qui, dans un champ dévasté, ravagé par l'absence qui les a précédés et qu'ils porteraient en eux si, vides de toute intériorité, ils ne se dressaient extérieurs à eux-mêmes, semblent les restes, chacun, d'un langage autre, à la fois disparu et jamais prononcé, que nous ne saurions essayer de restaurer sans les réintroduire dans le monde ou les exalter jusqu'à un sur-monde dont, dans leur solitude clandestine d'éternité, ils ne sauraient être que l'instable interruption, l'invisible retrait.[66]

> *…Je regardai : c'était un vent de tempête soufflant du nord, un gros nuage, un feu jaillissant avec une lueur autour et au centre comme l'éclat vermeil au milieu du feu…*

Blanchot en appelle à une « dis-location » de ce qui fait « monde », c'est à dire à sa mise en *quart*, sa dispersion aux *quatre coins*, lieu sans lieu auquel répond l'absence d'origine des quatre vents « soufflant de nulle part ». Ni origine, ni fin, soit l'interruption de la pensée même et le renoncement d'un « laisser-être » (« laisser », « délier ») qui contrairement à Heidegger ne reconduit pas à la « sérénité » (*Gelassenheit*) d'un recueillement.[67] La pensée ne s'y retrouve pas, ne peut plus se rapporter à la mesure du soi, ou à une quelconque « intériorité » et devient « extérieure à elle-même », « hors-je ». « Dehors », « Neutre », « Désastre », « Retour », s'ils semblent bien empruntés à « notre » langue – elle-même disparue dans un désastre (qui pourtant « les a précédés »), tout en annonçant une langue « jamais prononcée », à venir – restent « hors-sens ». Le désastre est donc à la fois ce qui « précède » et « succède », « intercède » comme « excède » (à nouveau *quatre* (in)directions) la pensée qui en (dé)cédant, accède à un au-delà du sens – Au-delà qui n'a peut-être pas ici de valeur sotériologique, ou qui du moins, selon la logique rigoureuse de la pensée Blanchotienne, n'est « rien au-delà »[68] dans la mesure où il ne constitue pas un *lieu* au sens où la pensée l'entend et donc on ne peut *s'y* attendre ou s'*y* retrouver. Même si certains objecteront que Blanchot ne manque pas d'air, la pensée retient son souffle, ouverte aux

---

66 *Ibid.*, p. 95.

67 Nous reviendrons sur cette notion de *Gelassenheit* (sérénité) notamment au chapitre VII.

68 On rappellera ce fragment de phrase de la « *scène primitive (?)* » où Blanchot évoque « une telle absence que tout s'y est depuis toujours et à jamais perdu, au point que s'y affirme et s'y dissipe le savoir vertigineux que rien est ce qu'il y a, et d'abord rien au-delà. » *L'Écriture du désastre, op. cit.*, p. 117.

quatre vents, comme si paradoxalement l'air venait à manquer. Cherchant l'inspiration, hors sol, loin du monde, en apesanteur, la pensée court le risque d'expirer. Sensible à cette raréfaction propre à la pensée du dehors, Levinas, comme nous le verrons, (s')inspirera (de) cette inflexion blanchotienne, pour insuffler un tout autre pneumatisme à la pensée :

> Le sujet s'ouvre dans l'espace, mais n'est-pas-au-monde. Le sans repos de la respiration, l'exil en soi-même, l'en soi sans repos, n'est pas une impossibilité de demeurer qui se ferait déjà mouvement d'*ici* à là-bas ; c'est un *halètement, un frémissement de la substantialité, un en-deca de l'Ici* – passivité de l'exposition qui n'arrive pas à prendre forme. Mon exposition à autrui, dans ma responsabilité pour lui, se fait sans « décision » de ma part ; [...] Exposition à l'ouverture du visage, qui est le « plus loin encore » de la dé-claustration du « soi-même », de la dé-claustration qui n'est pas l'être-au-monde. Un plus loin – une respiration profonde jusqu'au souffle coupé par le vent de l'altérité. L'approche du prochain est fission du sujet au-delà du poumon, jusqu'au noyau résistant du moi, jusqu'à l'indivis de son individu – fission de soi, ou soi comme fissibilité, passivité plus passive que la passivité de la matière.[69]

On ressent une certaine proximité entre ces deux auteurs dans la recherche d'un dépassement de l'ontologie et d'un « pas au-delà » de l'essence[70] qui réponde au tournant propre à l'ère atomique. La pensée, *psychè,* se fait souffle de l'esprit, ouvre un espace qui « n'est-pas-au-monde » (E.L.) lieu de « dis-location » « soufflant de nulle part » (M.B.). Exposition au Dehors ou à Autrui (lieu d'une différence cruciale d'inflexion entre nos deux auteurs) qui « ne forme pas système » (M.B.) ou qui « n'arrive pas à prendre forme » (E.L.). « Impossibilité de demeurer » (E.L.) qui n'arrive pas à soi comme l'après-coup d'un accident extérieur à l'Être, mais qui déjà est constitutif de l'être ; « halètement, frémissement de la substantialité », instabilité fondamentale de l'être qui fait écho chez Levinas à la « fissibilité » de la matière nucléaire et qui entraîne « l'instable interruption » (M.B.) de la pensée et la « fission de soi », « jusqu'au noyau résistant du moi » (E.L.). Si la *psychè* désigne traditionnellement l'intériorité d'une pensée (ou d'une âme) recroquevillée

> *...Après quoi je vis quatre Anges, debout aux quatre coins de la terre, retenant les quatre vents de la terre pour qu'il ne soufflât point de vent, ni sur la terre, ni sur la mer, ni sur aucun arbre...*

---

[69] Emmanuel Levinas, *Autrement qu'être ou au-delà de l'essence* (Martinus Nijhoff, 1978), pp. 276-277.

[70] Nous évoquons par cette formule à la fois l'ouvrage de Levinas (ci-dessus) et celui de Blanchot : *Le Pas au-delà, op. cit.*

sur la subjectivité qui lui est propre, en reconduisant ce terme à sa propre origine (*pneuma* : « respiration »), Levinas (comme Blanchot) opère la « de-claustration » de la pensée en lui « coupant le souffle » par le « vent d'une altérité » (E.L.) radicale qui entraîne une expiration salutaire. La respiration introduit un délai essentiel entre le même et l'autre, inspiration-expiration (diastole, systole) qui empêche l'être de coïncider avec lui-même, de (se) retenir (en) son propre souffle. Paradoxalement, « retenir son souffle » (indéfiniment) reviendrait à expirer (mourir) et c'est peut-être au voisinage de cette « expérience de mort imminente »[71] qu'opère l'écriture de Blanchot, « tout contre » Levinas qui veut simplement éveiller la pensée à son altérite constitutive.

2. Réversions : fiction du savoir – savoir de fiction.

Au-delà de cette différence de tonalité, ou d'inflexion, Blanchot et Levinas se rejoignent dans la recherche d'un dépassement de l'ontologie heideggérienne qui n'opère plus selon le dédoublement inhérent à une pensée apocalyptique du dévoilement car « en tant que *dévoilé* [nous dit Levinas] l'*autre* rentre dans le *même* et l'expérience de la transcendance se rend aussitôt suspecte d'artifice. »[72] En effet, les jeux (*spiegel-spiel*) de dévoilement ne seraient-ils pas :

> Effet de quelque machinerie de théâtre derrière la promesse de transcendance – d'extra-ordinaire – qu'ils prétendent tenir ? Dans leur *essence* ces moments extatiques ne se dégradent-ils pas déjà en reflets de nos propres regards – en mirages de nos besoins, en échos de nos prières ? Vanités des vanités, tout est vanité, rien n'est nouveau sous le soleil. Dans toute la componction du discours magique de Heidegger et l'impressionnisme de son jeu de lumières et d'ombres et le mystère de la clarté qui vient de derrière le rideau, dans toute cette marche du discours sur la pointe des pieds ou à pas de loup où la prudence extrême de

---

[71] Voir notamment Maurice Blanchot, *L'Instant de ma mort* (Paris, Gallimard, 2002). Yves Gilonne, « La temporalité du sublime : le *kairos* ou "l'instant critique", dans *La Rhétorique du sublime dans l'œuvre de Maurice Blanchot* (Paris, L'Harmattan, 2008), pp. 191-214. Yves Gilonne, « L'autoréflexivité du sublime », dans John McKeane et Hannes Opelz (eds.) *Blanchot Romantique* (Oxford, Peter Lang, 2011), pp. 93-107.

[72] Levinas, *Autrement qu'être ou au-delà de l'essence*, *op. cit.*, p. 278.

> ne pas effrayer le gibier dissimule peut-être l'impossibilité de le lever, ou chaque contact n'est que tangence – la poésie arrive-t-elle à réduire la rhétorique ?[73]

La pensée heideggérienne (tout comme l'apocalypse) *déçoit* donc, selon Levinas (et dans une certaine mesure selon Blanchot), car elle s'inscrit dans la continuité d'un geste qui « relève » des voiles. Déception rendue par Levinas dans la réduction du voile à sa *simulation* en tant que « rideau », à un faux-semblant « qui *dissimule* » toute « une machinerie de théâtre » (machination, technique, artifice) derrière un *simulacre* de transcendance qui ne fait que maintenir l'illusion d'une distance pour mieux renforcer les dispositifs d'appropriation et du retour au chez-soi d'une conscience nostalgique de sa propre perte. Fausse transcendance qui n'est que l'éternisation du même car rendue inaccessible à l'autre. En réduisant la transcendance à un Être dont on ne peut s'approcher sans une multiplication de tours et détours, Heidegger ne ferait que « lever un lièvre » selon Levinas sans pouvoir le déloger de la tanière du soi. Les tournants heideggériens ne seraient que des *simulacres* de « moments extatiques », *simulant* une ouverture à l'autre qui ne fait que *dissimuler* « le reflet de [son] propre regard ». Heidegger, représente l'être en tant qu'il apparaît pour mieux disparaître et disparaît pour mieux apparaître. Blanchot traduira les revirements de l'être heideggérien par les mouvements essentiels du questionnement dans *L'Entretien infini* :

> Il y a certes dans la question un manque qui cherche à être comblé. Mais ce manque est d'une étrange sorte […] *Le ciel est bleu, le ciel est-il bleu ?* A la première phrase, la seconde ne retire rien, ou c'est un retrait sur le mode du glissement, comme une porte qui tournerait sur son axe silencieux. Le mot « est » n'est pas retiré : allégé seulement, rendu plus transparent, promis à une dimension nouvelle. Dans d'autres langues, l'interrogation est précisément marquée par la promotion du verbe qui vient tout à coup au premier rang : *is the sky blue ? Ist der Himmel blau ?* Toute la lumière frappe ici, avec une sorte de violence et de vaillance soupçonneuse, l'être qui « vient en question » et par qui la lumière de la question frappe tout le reste. Promotion qui ressemble à celle de ces étoiles dont l'éclat augmente pour finir. La force éclairante qui porte l'être au premier rang et qui est comme l'apparence de l'être jusque-là inapparent, est, dans le même temps, ce qui menace de le dissoudre. L'interrogation est ce mouvement où l'être vire et apparaît comme le suspens de l'être en son tournant.[74]

---

[73] *Ibid.*, p. 280.
[74] Blanchot, *L'Entretien infini, op. cit.*, p. 15.

Selon Blanchot, « le questionnement » introduit un suspens essentiel de la pensée qui interrompt son arrogance et suspend le mouvement de l'être sans toutefois le remettre en cause, imperceptiblement, « comme une porte qui tournerait sur son axe silencieux ». Porte « tournante » qui symbolise un revirement de l'être entre apparition et disparition, ouverture où la pensée est appelée à une « dimension nouvelle ». L'axe silencieux est ici *crucial*, *cardinal*[75], d'autant plus que la tétralogie (le chiffre quatre) renvoie à la racine *cardo* : « qui appartient au gond sur quoi une chose roule. Important, capital. » La cata-strophe serait ce qui fait tourner violement le « *strophigx* »[76] par lequel le temps « sort de ses gonds », « out of joint » (on sait la « r*ai*sonnance » de cette formule shakespearienne dans l'œuvre de Derrida).[77] L'ère nucléaire, en faisant époque fait apparaître un moment

---

75 *Cardo* : qui appartient au gond sur quoi une chose roule, important, capital. Il n'est resté dans l'usage commun que joint à certains substantifs. Les points cardinaux, les quatre points cardinaux de l'horizon, nord, sud, est et ouest, auxquels on rapporte tous les autres. Vents cardinaux, vents qui soufflent des quatre points cardinaux de la sphère. Les quatre vertus cardinales, justice, prudence, tempérance et force.

76 Détienne et Vernant, *Les Ruses de l'intelligence, la Mètis des Grecs* (Paris, Flammarion, 1974), pp. 49-50 : « quand Hermès veut cacher à Apollon le larcin de ces bœufs, quand il veut le prendre au piège de sa malice, il inverse les traces du bétail, […] tandis que lui-même, retournant ses traces, avance en même temps qu'il recule et entremêle inextricablement l'avant et l'arrière. Vivant entrelacs, Hermès est aussi qualifié de *strophaios,* non seulement parce qu'il est souvent placé près de la porte qui tourne sur ses gonds (*strophigx*), mais parce qu'il est […] le retors, le *strophis.* » On retrouve ici au travers d'Hermès la duplicité que Blanchot accorde à la question essentielle. Hermès est la « promotion du [sens] qui vient au premier rang » (messagers des dieux) mais aussi le « retors » qui frappe tout d'une « vaillance soupçonneuse » (fausse transcendance don Levinas se méfiait). On notera la proximité des images entre Hermès qui pour « cacher son larcin » multiplie les précautions et efface ses propres traces et le discours de Heidegger qui selon Levinas opère « sur la pointe des pieds ou à pas de loup » montrant la « prudence extrême de ne pas effrayer le gibier. » L'Être heideggérien, comme Hermès, « disparaît en apparaissant et apparaît en disparaissant. »

77 On retrouve celle-ci dans Jacques Derrida, *Spectres de Marx* (Paris, Galilée, 1993), pp. 43-88. On citera notamment p.44 : « *Out of joint* qualifierait la déchéance morale ou la corruption de la cité, le dérèglement ou la perversion des mœurs. On passe facilement du désajustement à l'injuste. C'est notre problème : comment justifier ce passage du désajustement (valeur plutôt technico-ontologique affectant une présence) à une injustice qui ne serait plus ontologique ? Et si le désajustement était au contraire la condition de la justice ? ». Nous ne pourrons ici faire justice à la riche complexité du questionnement de Derrida, mais notons que la porte du temps, lorsqu'elle est « hors de ses gonds », se présente comme une apocalypse de la justice (« injustice ») mais aussi comme une apocalypse sans apocalypse, un désajustement entre les deux termes qui paradoxalement « enjoint » à penser la justice à la « jointure » de la raison (« la condition de la justice »)

où « tout est en question », et le mécanisme du passage à l'être apparaît. Mais en même temps, comme nous le montrions précédemment la force de questionnement de l'être *ne manque pas de décevoir*, frappant « tout » d'une « vaillance soupçonneuse » et si nous dit Blanchot, « le tournant du temps est ce mouvement par où se dégage, d'une manière qui la fait affleurer, la question du "tout". Affleurant, venant à la surface, elle s'arrache au fond et, ainsi, devenue superficielle, cache à nouveau en la préservant la question la plus profonde. »[78] La question essentielle du « tout » serait « superficielle » et exposerait à une dé-ception sans fin qui ne serait que simulacre car elle se détache – on se rappellera les quatre étapes de la déréalisation de l'image chez Baudrillard – de « toute réalité profonde ». Elle « s'arrache au fond » et, de fait, expose au sans-fond du simulacre lui-même. Des-saisissement auquel nous expose les revirements de l'Être qui disparaît en apparaissant et apparaît en disparaissant selon la figure de l'antimétabole. Réversion que Blanchot illustre ici par le dés-astre d'une étoile[79] qui, une fois à son apogée, viendrait à disparaître (selon ce mouvement en *apo-* que nous évoquions dans notre « avertissement »). Nous retrouvons, dans la figure de l'antimétabole, un rapport à quatre termes, figure d'une réversion qui « tourne autour d'un axe silencieux » que serait peut-être la pensée se cherchant au point de croisement entre la réalité et son double. On rappellera alors avec Baudrillard que :

> La simulation, en ce qu'elle s'oppose à la représentation, [...] part du principe d'équivalence du signe et du réel (même si cette équivalence est utopique, c'est un axiome fondamental). La simulation part à l'inverse de *l'utopie* du principe d'équivalence, part *de la négation radicale du signe comme valeur*, part du signe comme réversion et mise à mort de toute référence. Alors que la représentation tente d'absorber la simulation en l'interprétant comme fausse représentation, la simulation enveloppe tout l'édifice de la représentation lui-même comme simulacre.[80]

On pourrait dire en quelque sorte que la pensée, en essayant de se saisir de la « question du tout » qui émerge à l'ère nucléaire, tente de l'absorber, de la faire sienne « en l'interprétant comme fausse » (Baudrillard) ou

---

mais ne coïncidant pas nécessairement avec elle. Sur la notion d'« injonction » voir notamment notre chapitre IV, 2.

[78] Blanchot, *L'Entretien infini*, *op. cit.*, p. 13.

[79] Nous reviendrons sur ce rapport à l'astre au chapitre VI.

[80] Baudrillard, *Simulacres et simulation*, *op. cit.*, p. 16.

« superficielle » (Blanchot), mais dans un même temps elle risque de se trouver prise par le sans-fond du simulacre qui « enveloppe » le tout de la représentation sur laquelle cette pensée « s'édifiait ». Et derechef s'annonce, entre réalité et fiction, toutes les figures de l'enveloppement et de l'enroulement autour du vide constitué par le simulacre. On rappellera que le mouvement du « tourner autour » surdétermine le corpus de Blanchot, Heidegger et Derrida notamment, et se retrouve jusque dans le rouleau de parchemin scellé de *l'Apocalypse* annonçant une catastrophe dont on n'est jamais sûr si elle lui est intérieure ou extérieure (enveloppée ou enveloppante). On retiendra ici, pour parer au plus pressé, que le désastre propre à l'ère nucléaire ne tourne pas seulement autour d'une inversion entre la « réalité profonde » et son « double » mais constitue selon Baudrillard une « *réversion* et mise à mort de toute référence ». En effet, comme le rappelle Derrida :

> La terrifiante « réalité » du conflit nucléaire ne peut être que le référent signifié, jamais le référent réel (présent ou passé) d'un discours ou d'un texte. Du moins aujourd'hui. Et cela nous donne à penser *l'aujourd'hui*, la présence de ce présent à travers cette fabuleuse textualité. [...] La « réalité », disons l'institution générale de l'âge nucléaire, est construite par la fable, depuis un événement qui n'est jamais arrivé (sinon dans le fantasme, et ce n'est pas rien), un événement dont on peut seulement parler, un événement dont la venue reste une invention des hommes (à tous sens du mot « invention ») ou qui, mieux, reste à inventer. Une invention parce qu'elle dépend de nouveaux dispositifs techniques, mais une invention aussi parce qu'elle n'existe pas et surtout que, le jour où elle existerait, ce serait une grande première.[81]

Une guerre nucléaire au sens propre n'aura jamais eu lieu, nous dit Derrida, et donc elle n'existe qu'en tant que « référent signifié » qui emporte jusqu'au système de référence lui-même dans une apocalypse de l'apocalypse qui détruit « le principe d'équivalence entre le signe et le réel » dont nous parlait Baudrillard. Ce n'est plus le « réel » qui engendre ses « fictions » mais paradoxalement une fiction qui génère le « réel ». Fiction qui simultanément tue et ressuscite le « réel » qui ne fait plus que « hanter » la pensée. L'ère nucléaire reposerait donc dans une certaine mesure sur une formidable entreprise de déception car l'absence de référence permet de justifier en contrebande toutes nos « réalités » ainsi que nous le verrons dans notre prochaine section. La guerre nucléaire serait pour Derrida une

---

[81] Derrida, « No apocalypse, not now », *op. cit.*, pp. 369-370.

invention « en tous sens » du mot. On rappellera à cet effet que « inventer » vient de *inventum*, supin de *invenire* « trouver, rencontrer », « acquérir » et « inventer » ; lui-même composé de *in* et de *venire* (venir). Il désigne « l'action de trouver une idée, une découverte » d'où « moyen ingénieux, procédé » et « créer quelque chose de nouveau », « trouver grâce à son imagination », voire « donner pour réel ce qu'on a imaginé ». Difficile de distinguer donc entre la découverte de ce qui est déjà là, et la création de ce qui n'y est pas mais demande peut-être à venir. Le renvoi de l'étymologie latine à « venir » nous rappelle à *l'incartade* de l'inscription (*in-venire*) dans le *quadriparti* de toute « venue au monde » même si, nous rappelle Derrida, cette « venue » reste elle-même une invention. Il faudrait sans doute aussi souligner l'importance de cette voix du « venir » et de « l'à-venir » (sans pourtant pouvoir en faire ici l'inventaire) à travers l'œuvre de Derrida qui « l'invente » dans ses lectures de *L'Apocalypse* et de l'œuvre de Blanchot.[82] L'invention, irruption du nouveau, opère donc au croisement entre procédé scientifique ou technique, inspiration artistique, et création de toute pièce, mensonge. Ainsi, comme l'indique Derrida :

…et ma vision se poursuivit. Lorsque l'agneau ouvrit le premier des sept sceaux, j'entendis le premier des quatre vivants crier comme d'une voix de tonnerre : "Viens !"…

> Telle invention hésite donc *peut-être*, elle se suspend indécidablement entre fiction et vérité, mais aussi entre mensonge et véracité, c'est-à-dire entre parjure et fidélité. D'où, me semble-t-il, le rôle essentiel que joue l'intervention discrète mais décisive de cette marque de l'indécidable qu'est le « peut-être ».[83]

---

[82] Voir par exemple Jacques Derrida, « Pas », dans *Parages* (Paris, Galilée, 1986-2003), pp. 19-108. Notamment p. 24 où il décline les éléments d'une structure paradoxale du « viens » : « *viens,* qui n'est pas un ordre, n'est pas non plus une prière, une demande, un désir. Bien qu'il rende possibles tous ces modes, il ne leur est pourtant pas antérieur, en amont comme une origine transcendantale, pur et pour soi comme un mot primitif ou à *-priori.* C'est chaque fois un événement singulier à condition d'un *viens*, chaque fois unique mais éternellement répété […] » Voir aussi *D'un ton apocalyptique adopté naguère, op. cit.*, p. 87 et suivantes : « L'événement de ce "Viens" précède et appelle l'événement. Il serait ce à partir de quoi il y a de l'événement, le venir, l'à-venir de l'événement, qu'on ne peut pas penser selon la catégorie donnée d'événement. "Viens" m'a paru en appeler au "lieu", au temps et à l'avènement de ce qui dans l'apocalyptique en général ne se laissait plus contenir simplement par la philosophie, la métaphysique, l'onto-eschato-théologie et par toutes les lectures qu'elle a proposées de l'apocalyptique. » (*Ibid.*, p. 91.)

[83] Jacques Derrida, *Le parjure, peut-être (« Brusques sautes de syntaxe »)* (Paris, Galilée, 2017) p. 31.

L'invention, tout en engendrant le réel (techniques, créations, nouveauté de la « venue au monde »), est donc suspendue entre réalité et fiction. Le « peut-être » semble retirer son pouvoir à l'être (et rappelle cette recherche chez Blanchot et Levinas d'un dépassement de l'ontologie que nous évoquions plus haut) ; « c'est un retrait sur le mode du glissement, comme une porte qui tournerait sur son axe silencieux » disait Blanchot du questionnement. Le « peut-être » est une *inter-vention,* qui *vient* entre question et réponse faire r*ai*sonner « l'indécidable » tournant de l'époque. Inventer c'est aussi « trouver » qui, comme le rappelle Blanchot, ne « signifie d'abord nullement trouver, au sens du résultat pratique ou scientifique. Trouver, c'est tourner, faire le tour, aller autour [...] trouver, c'est chercher par rapport au centre qui est proprement l'introuvable. »[84] Faut-il encore souligner que « tourner » indique une même indécision entre technique (rouages et mécanismes), créativité (le tour de main, la tournure, l'inventivité d'un Ulysse *polytropos*) et mensonge (jouer des tours, détourner) ?

Tout cela donne le tournis et risque de nous égarer tout en invitant la raison à se ressaisir et à s'assurer de son propre fondement : « on doit distinguer cette "réalité" de l'âge nucléaire ; et l'on doit distinguer la fiction de la guerre. Mais, tel serait peut-être l'impératif d'une critique nucléaire, il faut aussi veiller à interpréter de façon critique cette distinction critique ou diacritique »[85] nous dit Derrida. Mais qu'arrive-t-il lorsque l'appel de la pensée à *rendre raison* de la distinction entre raison et fiction est déçue, essuie une fin de non-recevoir ? Le nucléaire « fait » en quelque sorte époque car elle « invente » et « fait venir » cette fin de la raison critique dont toute l'entreprise reposait sur la possibilité même d'une distinction entre réalité et fiction. Ceci amène Derrida à conclure :

> Un tel criticisme forclôt une finitude si radicale qu'elle annulerait le fond de l'opposition et permettrait de penser la limite même du criticisme. Celle-ci s'annonce dans le sans-fond d'une auto-destruction sans reste de l'*autos* même. Eclate alors le noyau du criticisme même.[86]

---

[84] Blanchot, *L'Entretien infini*, *op. cit.*, pp. 35-36.
[85] Derrida, « No apocalypse, not now », *op. cit.*, p. 370.
[86] *Ibid.*, p. 383.

L'époque atomique, en tant que précession du simulacre, est donc « un moment critique » (en tous sens du terme) qui touche à la question nucléaire (c'est-à-dire aussi première) de la raison. En « annul[ant] le fond de l'opposition » entre réalité et fiction, elle annule aussi toute opposition sur laquelle la raison critique pourrait se fonder. Par la suspension de sa capacité à distinguer le vrai du faux, donc entre « prétendants » légitimes à la vérité et usurpateurs, la raison renonce aussi à sa propre ambition à être le « grand prétendant » à la vérité. Elle renonce à son *auto-nomie*, c'est-à-dire à s'auto-proclamer garante de la vérité. « Eclate alors » l'auto-réflexivité de la raison, ce « noyau du criticisme », reposant sur l'auto-régulation du *speigel-speil* par la subordination du double à l'unique (Idée, vérité, etc…).[87] Or une même « *auto-destruction* » du criticisme informe la réflexion de Blanchot pour qui la menace de la bombe atomique est un *tournant* qui engage une mutation essentielle de notre rapport au temps et à son écriture en tant qu'*épochè* du sens : absence qui détermine la quête infinie d'une *tournure* (ou du ton juste) susceptible d'« arraisonner » l'être de l'époque. Ceci apparaît notamment dans la logique de *contournement* que suscite le *détour* par l'incessante alternance entre deux voix narratives dans *L'Entretien infini* :

> – Admettez-vous cette certitude : que nous sommes à un tournant ?
> – Si c'est une certitude, ce n'est pas un tournant. Le fait d'appartenir à ce moment où s'accomplit un changement d'époque (s'il y en a), s'empare aussi du savoir certain qui voudrait le déterminer, rendant inappropriée la certitude comme l'incertitude. Nous ne pouvons jamais moins nous contourner qu'en un tel moment : c'est cela d'abord, la force discrète du tournant.[88]

La notion d'époque se présente ici dans sa dimension étymologique en tant que coupure (scission ou fission des voix) et suspension du jugement (fin des certitudes) qui ne peut être re-saisie par « aucun savoir certain qui voudrait le déterminer », résistant ainsi à la compréhension, à toute logique préhensile de la pensée, et donc à tout pro-jet technique de maîtrise. Il semblerait alors que le *tournant* auquel nous expose la menace de la bombe

---

[87] Ainsi que nous le verrons, la destruction de « *l'autos* » sera interprétée par Levinas comme une destruction (*sans* destruction) du « soi-même » sur lequel la philosophie occidentale se base.

[88] Blanchot, *L'Entretien infini*, *op. cit.*, p. 394.

atomique ne peut être accompagné que par le *détour* d'une écriture elle-même *catastrophique* (ou *catas-tropique*) qui s'abîme dans l'espace sans retour que creuse l'alternance entre les deux voix, substituant au principe de la raison critique un principe d'incertitude que marque dans l'extrait ci-dessus la parenthèse « (s'il y en a) ». Déception qui dé-joue jusqu'à l'idée de tournant (« ce n'est [*peut-être*] pas un tournant ») qui la fait pourtant apparaître. L'irruption de l'époque atomique expose ainsi la pensée à une fracture des temps narratifs à « un temps de coupure, séparant les temps » [89] qui déclenche une faillite de la raison. « Certitude » et « incertitude » sont rejetées dos à dos comme appartenant encore à un savoir passé qui, en tant que tel, n'a plus de prise sur « l'époque ». C'est aussi ce qu'observe Derrida :

> On ne peut plus opposer la croyance et la science, la *doxa* et l'*épistêmè* une fois parvenu […] au lieu critique de l'âge nucléaire […] il n'y a plus de place pour une distinction entre croyance et science, donc plus de place pour un « nuclear criticism » *stricto sensu.* Ni même pour une vérité en ce sens. Pas de vérité, pas d'apocalypse. Non, la guerre nucléaire n'est pas *seulement* fabuleuse parce qu'on peut *seulement* en parler mais parce que l'extraordinaire *sophistication* des technologies – qui sont aussi des technologies de l'envoi, du missile en général, de la mission, de l'émission et de la transmission, comme toute *teckhne* – coexiste, coopère essentiellement avec la sophistique, la psychorhétorique et la psychagogie la plus sommaire, la plus archaïque, la plus vulgairement doxique.[90]

Nous retrouvons ici le schème central de la déception de l'apocalypse. La fission de l'*autos*, le noyau dur de la raison, est une apocalypse *sans* apocalypse (« pas de vérité », « pas d'apocalypse »). La marque du superlatif (« la plus », répété trois fois, renforcé par l'hyperbole « extraordinaire ») indique une structure d'emportement absolu, *à double tour* qui *excède* la raison. On pourrait ici rapprocher la raison de l'étoile blanchotienne « dont l'éclat augmente pour finir » (cité précédemment). Ceci se ressent notamment dans l'hésitation presque imperceptible entre « sophistication » (*teckhne*) et « sophistique » (*doxa*). La pensée sans la mesure (*ratio*) nécessaire pour distinguer entre le réel et son double, risque de s'égarer dans sa dimension rhétorique (« on peut seulement en parler ») annonçant un monde de « science-fiction » livré à l'autorité de tous les

---

[89] *Ibid.*, p. 395.

[90] Derrida, « No apocalypse, not now », *op. cit.*, p. 371.

faux-semblants. A moins que cette expérience du simulacre, entraînant « l'humiliation de la raison » (comme le disait Blanchot)[91] ne soit une étape nécessaire à la découverte de son humilité. Peut-être le véritable danger pour la pensée serait son arrogance et sa persistance à résister à ce qui l'excède au lieu de s'offrir à la dé-ception, au des-saisissement salutaire qui s'annonce à elle. La dé-ception permettrait peut-être d'éviter un double écueil : ou bien se replier « *seulement* » sur la sécurité illusoire de la « sophistication » technique, par laquelle la pensée se retrouverait réduite à la rationalité (la « pensée calculante » chez Heidegger) ; ou bien « *seulement* » rejeter la « sophistication » comme un artifice, geste par lequel la philosophie se fonde sur l'exclusion de la technique et de la « sophistique » comme son autre.

C'est dans l'optique d'une dé-ception salutaire que semble se placer la réflexion de Blanchot, toujours sensible à déjouer les prétentions d'une raison « arrogante » (*rogare* : prétendre avoir toute les réponses). Ceci informe notamment sa déception face à la réflexion de Jaspers sur la bombe atomique : « je suis frappé par la manière dont la pensée peut ici sous prétexte de sérieux se jouer d'elle-même avec une sorte de frivolité. »[92] La pensée peut donc paradoxalement devenir « frivole » par excès de rationalité et une accélération et un raidissement du principe de raison. La « frivolité » de la raison habillerait « l'irruption de l'irrationalisme [qui] vient de ce que la raison s'est progressivement vidée de son propre sens en devenant trop purement ratiocinante. »[93] On serait alors tenté de

---

[91] Voir notre chapitre I.

[92] Blanchot, « L'Apocalypse déçoit », *op. cit.*, p. 119.

[93] Jean Beaufret, « Le principe de raison », dans *Dialogue avec Heidegger ; Approche de Heidegger* (Paris, Les Editions de Minuit, 1974), p. 51. C'est peut-être dans cette optique qu'il faudrait interpréter l'ambiguïté de la raison hégélienne selon Blanchot : « On ne saurait « lire » Hegel, sauf à ne pas le lire. Le lire, ne pas le lire, le comprendre, le méconnaitre, le refuser, cela tombe sous la décision de Hegel ou cela n'a pas lieu. Seule l'intensité de ce non-lieu, dans l'impossibilité qu'il y en ait un, nous dispose pour une mort – mort de lecture, mort d'écriture – qui laisse Hegel vivant, dans l'imposture du Sens achevé. (Hegel est l'imposteur, c'est ce qui le rend invincible, fou de son sérieux, faussaire de Vérité : « donnant le change » jusqu'à devenir à son insu maitre de l'ironie). » Blanchot, *L'Écriture du désastre, op. cit.*, p. 79. « L'imposture du sens achevé » rejoint ici notre propos sur la « prétention de la raison » et cet excès de rationalité (une raison « trop purement ratiocinante ») dont parle Jean Beaufret et qui nous rendrait « fous de notre sérieux », « frivoles ». Voir aussi le chapitre V de notre ouvrage.

dire que, tout au contraire, afin d'échapper aux pièges de la raison, la pensée blanchotienne « sous prétexte de frivolité se joue d'elle-même avec une sorte de sérieux ». Le frivole ne renvoie qu'à sa propre vacuité ; il déçoit car il ne semble être qu'une enveloppe vide de sens, mais en même temps, tel l'ironie socratique à l'orée de sa propre mort, la pensée (du frivole) peut se jouer d'elle-même et déjouer avec sérieux la prétention de la raison en tant que garante de la distinction vérité et fiction. La « fable » du nucléaire nous place donc bien, comme le dit Derrida, au lieu critique où on « ne peut plus opposer la croyance et la science, la *doxa* et l'*épistêmè* », où toutes les dichotomies sur lesquelles se fonde « le sérieux » de la raison, s'effondrent. C'est à cette même « indistinction » que nous reconduit l'alternance des voix dans *L'Entretien infini* de Blanchot :

> Aujourd'hui où il s'agit manifestement d'un changement bien plus important, dans lequel viennent se rassembler tous les bouleversements antérieurs, ceux qui ont eu lieu dans le temps de l'histoire, pour provoquer la rupture de l'histoire, tout le monde aussi le pressent si chacun de nous ne peut affirmer qu'il le sait. C'est un savoir qui n'est pas à la mesure d'un particulier.
> – Pourtant, vous-même vous l'affirmez.
> – C'est que je ne suis qu'une voix épisodique, une parole sans contour. Et, bien entendu, j'affirme plus que je ne sais, mais ce que je veux dire n'est pas privé d'indices : cela court les rues et ce courant anonyme est fort ; il faut essayer de l'entendre.
> – Et il dit que nous sommes parvenus à un temps de coupure, séparant les temps ?
> – Il le dit, à la manière peut-être de l'ancien oracle, lorsque la Pythie parlait en un langage de violence et d'élément que l'interprète-poète – le scripteur-descripteur – devait élever jusqu'à la langue plus calme et plus claire des hommes.
> – Langue obscure.
> – Non pas obscure, mais ouverte à ce qui n'est pas encore vraiment divulgué, quoique pourtant su de tous. Langue où justement passe l'indécision qu'est le destin du tournant, tournant individuel, tournant du monde.[94]

Le tournant de l'époque, est un moment « d'in-décision » qui se soustrait aux critères de « savoir » et « d'ignorance » qui ne sont alors que les deux faces d'une même prétention de la raison qui pense encore « saisir » le sens du tournant en s'agrippant à son vieux monde de dichotomies inflexibles. Or le tournant de l'époque offre un « savoir qui n'est pas à la mesure » de la raison, savoir incommensurable qui « affirme plus [qu'il] ne sait », c'est-

---

[94] Blanchot, *L'Entretien infini*, *op. cit.*, p. 395.

à-dire en introduisant un dépassement par la parole (et l'écriture) de la raison que celle-ci ne peut contenir (ou même saisir). Là où Kant (d'après Derrida) dénonçait ceux qui « pervertiss[ent] la voix de la raison, en mêlant les deux voix de l'autre en nous, la voix de la raison et la voix de l'oracle »,[95] Blanchot semble placer sa « voix » à leur croisement dans « l'indécision » qui précède leur distinction diacritique. Pour Kant, « la voix d'un oracle se prête toujours à toute sorte d'interprétations. Les prêtres mystagogues sont aussi des interprètes ; l'élément de leur pouvoir agogique, c'est la séduction herméneutique ou hermétique. »[96] Une déception donc qui repose sur un « langage de violence » (donc de « pouvoir » pour Kant) qui désaccorde la raison en l'exposant à tous les obscurantismes. Cependant Blanchot en appelle à une voix qui, loin d'être « obscure »[97] ou (re)fermée sur un savoir privé,[98] abscond, soit « ouverte à ce qui n'est pas encore vraiment divulgué, quoique pourtant su de tous ». Il y a ici une « communauté » des voix où s'effacent les frontières des distinctions de la raison critique. La voix blanchotienne se dépersonnalise, tend à n'être « qu'une voix épisodique, une parole sans contour » qui, au moment même où elle (s')affirme (n'affirmant rien), s'ouvre à ce qui lui échappe (dessaisissement) pour se fondre dans l'anonymat du neutre (« courant anonyme » de ce qui « court les rues »). Ce glissement du privé au public s'accompagne aussi d'un passage du « dit » au « dire » comme le précise alors Blanchot : « la puissance de la rumeur n'est pas dans la force de ce qu'elle dit, mais en ceci : qu'elle appartient à l'espace où tout ce qui se dit a toujours déjà été dit, continue d'être dit, ne cessera d'être dit. »[99] Nous

---

[95] Derrida, *Dun ton apocalyptique employé naguère*, *op. cit.*, p. 32.

[96] *Ibid.*, p. 33.

[97] Obscur, *skoteinos* ; élément *-scurus* à rapprocher du sanscrit *skauti* « il couvre », et, dans le groupe germanique, du vieil islandais *skuggi*, de l'ancien haut allemand *scuwo* « ombre », *scur* et *scura* « grange » d'où l'anglais *sky*, anciennement « nuage » puis « ciel (couvert) » et enfin « ciel ». Voir Yves Gilonne, « Blanchot "l'obscur" : vers une approche héraclitéenne du neutre » dans Eric Hoppenot & Alain Milon (dir.), *Maurice Blanchot et la philosophie* (Paris, Presses Universitaires de Paris Ouest, coll. Résonances de Maurice Blanchot, 2010), pp. 217-227.

[98] Derrida nous rappelle que pour Kant : « les mystagogues prétendent détenir comme en privé le privilège d'un mystérieux *secret*. La révélation ou le dévoilement du secret se réserve à eux, ils le préservent jalousement. La jalousie est ici un trait majeur. Ils ne le transmettent jamais à autrui dans le langage courant, seulement par initiation ou par inspiration. » Derrida, *D'un ton apocalyptique*, *op. cit.*, pp. 27-28.

[99] Blanchot, *L'Entretien infini*, *op. cit.*, p. 26.

reviendrons dans un instant sur la question du « toujours déjà » en tant qu'essence du « tournant de l'époque », mais notons ici que l'indistinction à laquelle nous invite le neutre fait appel à une voix intemporelle comme venue « hors temps », et qui se tient « hors je ». Cette indistinction est parfois déroutante, notamment car il est difficile d'assigner entre les voix celle qui appartiendrait à son auteur (Blanchot). En effet, « l'entretien infini » sur l'éventuel « changement d'époque » que semble annoncer l'ère atomique se disperse dans une multiplication des voix qui se font l'écho de périodes, genres, et auteurs les plus divers, sans offrir d'autre cohérence que leur « r*ai*sonnance. » « L'air du temps » serait en quelque sorte la sonorité de leur accord discordant, voire leur déflagration au moment où ils passent « le mur du son ». Or comme le précise Stiegler :

> Tout se passe alors comme si le temps sautait hors de lui : non seulement parce que les processus de prise de décision et d'anticipation passent irrésistiblement du côté de la « machine » ou du complexe technique, mais parce que, en quelque sorte, comme l'écrit Blanchot reprenant un titre de Jünger, l'époque passe le *mur du temps*. Passer le mur du temps, ce serait, s'il fallait l'entendre depuis ce en quoi consiste le passage du mur du son, aller *plus vite que le temps* : un appareil supersonique, plus rapide que son propre son, provoque, au *passage* du mur, un violent choc sonore.[100]

Le nucléaire, ainsi que nous l'annoncions dans notre « avertissement », est ce qui échappe à toute compétence et à toute « décision », non seulement

---

[100] Bernard Stiegler, *La technique et le temps I, La faute d'Epiméthée* (Paris, Galilée, 1994), p. 29. Il faudrait cependant objecter à Stiegler l'attribution de cette pensée à Blanchot puisque la figure de l'auteur disparaît dans le jeu de voix sans contours. Nous lisons au contraire dans *L'Entretien infini* (p. 397) : « J'ai entendu dire que nous étions en train de franchir le mur du temps. Ce genre de métaphore abonde chez Teilhard de Chardin qui ne manque pas d'ajouter, avec la naïveté qui lui est propre : c'est en savant que je parle, je ne quitte pas le terrain de l'observation scientifique. » Si dans une certaine mesure nous pouvons dire, suivant l'une des voix de Blanchot, qu'« il est possible que cette mixture de vague science, de confuse vision, d'incertaine théologie, telle qu'on la trouve chez Teilhard », et du coup dans une certaine mesure chez Blanchot, « ait aussi une valeur de symptôme et peut-être de pronostic » il ne faudrait pas oublier cette distanciation par la voix qui efface les critères établis du savoir constitué. L'alternance des voix, loin de constituer les étapes progressives d'une maïeutique ou d'une com-préhension plus assurée de la raison, l'expose à un dessaisissement et une dé-ception qui en quelque sorte libère un champ de « r*ai*sonnance. » Blanchot dénoncera alors toutes « prétentions » de la raison à un savoir : « ce qui est pénible, c'est que cet homme sincère et courageux ne se rende pas compte de l'horrible mélange dont il doit se contenter, parlant au nom du savoir, alors qu'il parle en auteur de science-fiction. »

à cause de la structure d'emportement de la technique moderne qui dépasse la pensée tant par la vitesse et la complexité des questions qu'elle soulève, mais aussi car elle entraîne la compétence[101] (rivalité, tension vers un même point) de l'avant et de l'après qui disparaissent dans la profondeur du « toujours déjà », « hors temps ». La « tonalité », « l'air » de l'époque aurait dépassé le mur du temps, provoquant une « déflagration » universelle du sens qui en quelque sorte précède sa venue. La voix impersonnelle de Blanchot est dans une certaine mesure à l'écoute de ce qui n'est pas encore dit ; comme si la « r*ai*sonnance » précédait la raison, vibration sonore qui toujours déjà dépasse la voix et son entente.

3. (Dés)illusions du « toujours déjà »

Selon Blanchot, le désastre à l'ère nucléaire nous exposerait à la force incontournable du tournant du « toujours déjà » :

> Quand, pour la première fois, dans l'histoire du monde, on détient le pouvoir matériel de mettre fin à cette histoire et à ce monde, c'est qu'on est *déjà* sorti de l'espace historique. Le changement d'époque a eu lieu. Cela peut s'exprimer simplement : désormais, le monde est une bâtisse qu'on peut brûler.[102]

Le tournant qu'opère l'événement de la bombe expose au paradoxe temporel du « toujours déjà » qui brise toute contemporanéité pour remettre en cause la relation espace-temps. Blanchot développe la question de la fin du temps historique qui domine l'époque et qui amènera notamment Levinas à observer : « l'énergie atomique libérée a précisément soustrait la marche du réel aux volontés humaines. Cela s'appelle très exactement, arrêt de l'histoire. »[103] Pour Levinas la physique a en quelque sorte remplacé toute politique : « les éléments [atomiques] débordent les états qui, jusqu'alors, les contenaient. La raison n'apparaît pas dans la sagesse de la politique, mais dans les vérités sans conditionnement historique, annonçant les dangers cosmiques. A la politique, se substitue une cosmo-politique qui est une physique. »[104] L'effet le plus visible de

---

101 Voir notre premier chapitre.
102 *Ibid.*, p. 402. Je souligne.
103 Emmanuel Levinas, « Sur l'esprit de Genève », dans *Les Imprévus de l'histoire* (Paris, Fata Morgana, 1994), p. 161.
104 *Ibid.*, p. 164.

cette fin de l'histoire sur laquelle s'appesantit Blanchot est la transformation de l'idée de guerre qu'entraîne le développement de la bombe atomique où « les prétentions de prestiges, les coutumes des frontières, les habitudes de la politique héroïques » [105] soudain disparaissent. On pourrait alors rappeler avec Blanchot que si « la raison est la totalité elle-même au travail », « elle s'accomplit non par l'effet de quelque bonne volonté tranquille, mais par l'antagonisme, la lutte et la violence. »[106] La transformation de l'idée de guerre serait donc aussi, toute raison gardée, celle de la raison « armée » amenée à renoncer à ses « prétentions » à la vérité (qui disparaît dans le simulacre), et à ses « frontières » (notamment entre réalité et fiction).[107] La fin du « mythe héroïque » est donc aussi celle de cet « héroïsme de la raison que Husserl oppose à la "crise" de la raison. »[108]

Cependant nous dit Blanchot en quelque sorte « cette fin n'a jamais pris fin. »[109] Bien au contraire elle pousse à la recherche d'une nouvelle origine qui néanmoins a toujours déjà eu lieu. Ainsi le déclin du « mythe héroïque » qui selon Blanchot « caractérise notre temps », aurait été annoncée par le culte du soldat inconnu de la Grande Guerre, et au-delà, nous amène à ré-envisager « ce temps originel, celui de la préhistoire [où] il n'y a pas de héros, l'homme est sans nom, il est sans visage »[110], dans une fuite sans fin vers un passé toujours plus originaire. Nous pourrions alors questionner la prétention de la technique moderne, de la science atomique, à faire époque puisque loin de marquer l'irruption du nouveau, elle semble faire signe vers ce qui a « toujours déjà » eu lieu et donc n'être que la trace d'un schème déceptif.

Pour Blanchot, si l'énergie atomique fait époque ce n'est pas tant parce qu'elle marque la fin des temps historiques mais plutôt parce qu'elle en révoque le commencement, offrant une autre lecture du passé qui

---

105 Blanchot, *L'Entretien infini*, *op. cit.*, p. 404.
106 Blanchot, « L'Apocalypse déçoit », *op. cit.*, p. 125.
107 Pour une approche des rapports entre la raison et la guerre, voir Yves Gilonne, « Premunitions: the cunning of armed reason », *op. cit.*, pp. 189-210.
108 Jean Beaufret, « Le principe de raison », *op. cit.*, p. 51.
109 Blanchot, *L'Entretien infini*, *op. cit.*, p. 401.
110 *Id.*

n'appartiendrait plus aux mesures de l'histoire en faisant signe vers l'autre de toute histoire, ainsi que le précise Blanchot : « naturellement, si les valeurs historiques passent et prennent fin, cela signifie leur domination en cette fin qui ne fait que commencer. Nous ne pensons pas absolument l'idée de fin, nous ne la pensons qu'en rapport avec l'idée de commencement. La fin révoque le commencement. »[111] Le « toujours déjà » est la marque d'un passage par l'absolu (*ab-*, suspension et *solvere*, déliaison), un mouvement apologétique (*apo-*, équivalent grec de *ab-* et *logos*, de *legein*, lien) un « double-bind » qui porte « les valeurs historiques » (ou « la raison dans l'histoire ») à leur apogée (« domination ») tout en les effaçant. Le « toujours-déjà » est donc une structure d'*emportement* absolu – « le toujours-déjà est le sens de tout commencement qui n'est que recommencement »[112] nous dit Blanchot – emportement qui remet en cause jusqu'à l'absolu (« nous ne pensons pas absolument ») et son mécanisme de « lier-délier » (*ab-solvere*) et donc la possibilité même de dénouement. C'est ce que précise Derrida :

> Par « époque » nucléaire, j'entends aussi l'*épochè* suspendant le jugement ; « époque » avant la décision absolue. Ce n'est pas le savoir absolu et la fin de l'histoire, c'est l'époque du savoir absolu. La littérature appartient à cette époque nucléaire, celle de la crise et de la critique nucléaire, si du moins l'on entend par là l'horizon historique et anhistorique d'une auto-destructibilité absolue sans apocalypse, sans révélation de sa propre vérité, sans savoir absolu.[113]

L'époque nucléaire est l'épochè du « savoir absolu » ou, ainsi que nous l'avons vu, la suspension absolue du « savoir » diacritique entraîné par l'impossibilité de distinguer entre réalité et fiction à l'ère du simulacre. Si le « savoir absolu » entraîne « la fin de l'histoire », le nucléaire, lui, entraîne la fin du « savoir absolu », donc la fin de la fin et cela sans fin. On retrouve ici le redoublement inhérent à une apocalypse de l'apocalypse, savoir absolu « sans savoir absolu », apocalypse *sans* apocalypse qui donc *déçoit*, en suspendant jusqu'à la « révélation de sa propre vérité » (voire de toute vérité ?). En nous interrogeant sur notre temps, nous faisons donc face à

---

[111] *Ibid.*, pp. 400-401.
[112] *Ibid.*, p. 19.
[113] Derrida, « No apocalypse, not now », *op. cit.*, p. 377.

une « interrogation qui n'interroge pas, ne veut pas de réponse »[114] qui se dérobe à tout savoir et à toute fin :

> Lorsque la question vient à s'affirmer manifestement comme question d'ensemble, dans tous les grands mouvements dialectiques propres à notre temps, elle nous *déçoit,* pauvreté abstraite, pauvreté qui se renverse aussitôt en exigence, car cette abstraction est nous-même, est notre vie même, notre passion et notre vérité, chaque fois qu'elle nous force à nous porter, impersonnellement, vers la question d'ensemble que nous portons.[115]

L'ère nucléaire opère donc un passage par l'absolu du « tout ou rien », ressenti ici dans la simultanéité de « l'exigence » et de « la pauvreté » que Blanchot nomme « question d'ensemble », question *incontournable* qui exerce une force (« nous force ») centrifuge de « contournement » (« qui se renverse ») là où pourtant, on le rappelle, « nous ne pouvons jamais moins nous contourner qu'en un tel moment. » Mouvement de détournement et de déception (« elle nous déçoit ») qui est perçu à la fois comme illusion (au moment où le tout apparaît, ce n'est rien) mais aussi comme une déception essentielle en ce qu'elle nous expose à un des-saisissement et un dénuement (pauvreté) qui est l'(im)pouvoir de l'homme. La question essentielle nous prive de nous-même et de toute venue au monde, nous « abstrait »[116], c'est-à-dire nous attire (*-trait*) vers une séparation (*ab-*), un détachement de tout l'être, marqués par la perte de soi (« impersonnellement »). Cette question essentielle, tout comme la technique (ainsi que nous le verrons), est ce qui nous révèle à notre indigence (*endo-*, à l'*intérieur ; egere* : manque) constitutive. Par ailleurs, nous retrouvons dans la citation ci-dessus la structure du chiasme : la question *porte* le tout, en étant *portée*[117] par nous, elle est donc (*im*)*portante*, essentielle, cruciale : elle nous croise et nous la croisons au tournant du temps qui, nous rappelle Blanchot, se « manifeste » dans « les grands mouvements dialectiques » sous la figure du cercle :

---

114 Blanchot, *L'Entretien infini*, *op. cit.*, p. 17.

115 *Ibid.*, p. 18. Je souligne.

116 Sur ce rapport à « l'abstraction », voir la partie VI, 1 de cet ouvrage.

117 Nous reviendrons sur l'importance de la thématique du « port » dans notre dernier chapitre, notamment autour de la lecture que fait Derrida d'un vers de Celan : « *Die Welt ist fort, ich muss dich tragen* » (le monde s'en est allé, il me faut te porter), où la douleur ressentie du désastre entraîne la fission des voix en plusieurs « portées ».

> Pour la dialectique, il n'y a pas de question terminale. Là où nous terminons, nous commençons. Là où nous commençons, nous ne commençons vraiment que si le commencement est à nouveau au terme de tout, c'est-à-dire le résultat – le produit – du mouvement du tout. C'est l'exigence circulaire. L'être se déploie comme le mouvement tournant en cercle, et ce mouvement va du plus intérieur au plus extérieur, de l'intériorité non développée à l'extériorisation qui l'aliène et de cette aliénation qui l'extériorise jusqu'à la plénitude accomplie et réintériorisée. Mouvement sans fin et cependant toujours déjà achevé. L'histoire est la réalisation infinie de ce mouvement toujours déjà accompli.[118]

Le mouvement d'*emportement* du « toujours déjà » est à son apogée dans la « circularité » de la raison dialectique, mouvement « *sans* fin » puisque toute fin, toute négativité, est « relevée » (*aufheben*) par la raison qui la *comporte*. La dialectique représente l'apogée d'une raison qui est sa propre fin, qui *se rend raison.* Le cercle est perfection (*per-fectum* : action menée à bout, donc bout à bout) de ce qui fonctionne « comme sur des roulettes »[119], une machine qui ronronne et tourne à plein régime. Peut-être la dialectique, cette « machine de guerre de la raison », partage avec la technique son association à la notion « d'époque ». En effet, tout comme la dialectique décrite ici par Blanchot, la technique pourrait être envisagée comme « déploiement » de l'être – à condition de considérer celle-ci non pas comme un simple accident sur-venu de l'extérieur mais comme la croisée en l'homme du dehors et du dedans, leur co-implication.[120] La

> *...Et voici qu'il y avait une roue à terre, à côté des animaux aux quatre faces [...] toutes les quatre avaient la même forme ; quant à leur aspect et leur structure : c'était comme si une roue se trouvait au milieu de l'autre [...] quand ils avançaient, elles avançaient [...] car l'esprit de l'animal était dans les roues...*

118 Blanchot, *L'Entretien infini*, *op. cit.*, p. 18.

119 Derrida, *La vérité en peinture* (Paris, Champs-Flammarion, 1978), p. 91 : « si ça marche comme sur des roulettes, c'est peut-être que ça ne va pas si bien, en raison d'une infirmité interne de la thèse qui demande à être suppléée par une prothèse ou n'assure le progrès dans l'exposition qu'à l'aide d'un fauteuil roulant ou d'une poussette d'enfant. On fait ainsi avancer ce qui ne tient pas debout, ne s'érige pas tout seul en son procès [...]. Or que nous dit la *Critique de la raison pure ?* Que les exemples sont les roulettes (*Gängelwagen*) du jugement. [...] Mais comme tous les exemples, Hegel l'aura fait remarquer, elles jouent, ont du jeu, donnent du jeu [...] elles peuvent alors renverser, déséquilibrer, incliner le mouvement naturel en mouvement parergonal. »

120 C'est notamment ce que rappelle Bernard Stiegler au travers de sa lecture de Leroi-Gourhan : « *le mouvement contenu dans ce processus d'extériorisation est paradoxal* dans cette mesure ou Leroi-Gourhan dit en effet que c'est *l'outil*, c'est-à-dire la *tekhne*, qui invente l'homme, *et non l'homme qui invente la technique*. Ou encore : *L'homme s'invente dans la technique en inventant l'outil* – en "s'extériorisant" *techno-logiquement. Or l'homme est "l'intérieur"* : il n'y a pas d'extériorisation qui ne désigne un mouvement *de l'intérieur vers l'extérieur.* Cependant

technique, ainsi considérée, est « l'invention » de l'homme, c'est-à-dire non seulement ce qui provient de l'homme mais aussi ce qui lui donne naissance (sa fin et son commencement). Elle serait « ce mouvement qui va du plus intérieur (l'homme *comporte* la technique) au plus extérieur (la technique *porte* l'homme), de l'intériorité non développée (la technique *reporte* l'homme à ses lendemains) à l'extériorisation qui l'aliène (la technique *déporte* l'homme) et de cette aliénation qui l'extériorise (la technique *exporte* l'homme) jusqu'à la plénitude accomplie (la technique *(r)apporte*) et réintériorisée (la technique *importe*). » La technique, tout comme la dialectique, implique donc un « mouvement sans fin et cependant toujours déjà achevé », c'est à dire à la fois mobilité et immobilité, commencement et fin, vie et mort de l'être. Le toujours déjà serait donc une structure *d'emportement* absolu ainsi que le suggère Derrida :

> Est-ce un phénomène irréductiblement nouveau, une invention liée à un ensemble d'inventions de l'âge dit nucléaire, ou bien l'accélération brutale d'un mouvement qui fut à l'œuvre *depuis toujours* ? Non pas seulement *toujours déjà*, comme on dit, et comme si l'expression « toujours déjà » décrivait cette structure de la même façon qu'elle en caractérise d'autres. Il s'agirait ici au contraire d'une structure d'emportement absolu, un « gagner de vitesse » quasi infini qui rendrait possible le « toujours déjà » *en général*.[121]

L'emportement serait « un gagner de vitesse » quasi infini du moment où fin et commencement rivalisent pour *l'emporter*. *L'emportement* est ce mouvement excessif et excédant de rivalité mimétique entre début et fin qui entraîne leur *Mutually Assured Destruction*, *emportant* tout sur leur passage. Le « toujours déjà », à l'ère atomique, est cette précipitation des mesures d'anticipation qui accélèrent paradoxalement le danger. Folie de la raison dialectique qui veut *emporter* avec elle jusqu'à la mort qui pourtant la dépasse. Course de vitesse d'une pensée qui veut se réapproprier sa mort en prétendant avoir toujours déjà pensé le désastre nucléaire, de tout temps. La raison, nous dit Blanchot, « risque, en se réalisant, de provoquer l'événement déraisonnable contre lequel et aussi, en quelque façon, à l'aide

---

l'intérieur est *inventé par ce mouvement* : il ne peut donc pas le précéder. Intérieur et extérieur se constituent par conséquent dans un mouvement qui les invente à la fois l'un *et* l'autre : un mouvement où ils s'inventent l'un *en* l'autre, comme s'il y avait une maïeutique technologique de ce que l'on appelle l'homme. » Bernard Stiegler, *La Technique et le temps*, *op. cit.*, p. 152.

121 Derrida, « No apocalypse, not now », *op. cit.*, pp. 364-365.

duquel, elle s'édifie. »[122] Course de vitesse entre la raison destructrice et la destruction de la raison, comme si pour « dénouer l'équilibre de la terreur où les humains se sont enfermés », « la seule façon de pallier ce scenario [catastrophique] serait de *faire arriver* la catastrophe, de produire ou de reproduire la catastrophe *réelle.* »[123] Emportement aussi d'une machine rationnelle (dialectique, spéculative, etc…) qui, devenant folle (*M.A.D*), s'emballe et tourne à fond perdu. Nous savons combien, sous prétexte de raison, l'équilibre de la terreur peut être rompu et donner lieu à toutes les figures de l'emportement, « course de vitesse », raidissement des rapports, hausse de ton, destruction absolue. Précipitation de la technique face à laquelle on ne pourrait mettre un coup de frein mais seulement ralentir une échéance inévitable ou accélérer le mouvement pour anticiper sa fin ; force centrifuge (explosive) ou centripète (implosive) qui au-delà d'une certaine vitesse risque de s'emporter dans une autodestruction sans reste de la raison. Ralentir ou accélérer se retrouve aussi dans l'approche initiale de Derrida :

> Je voulais commencer le plus vite possible par cette mise en garde, autrement dit par ce geste de dissuasion : attention, n'allez pas trop vite, il n'y a peut-être aucune invention, aucun prédicat radicalement nouveau dans la situation dite de l'« âge nucléaire ». De toutes les dimensions d'un tel âge on peut dire : ce n'est ni la première, ni la dernière fois […]. Mais le coup de frein dissuasif comporte ses propres risques. Le zèle critique qui pousse à reconnaître partout les précédents, les continuités, les répétitions, peut nous faire passer comme des somnambules suicidaires, sourds ou aveugles, à côté de l'inouï, à côté de ce qui, malgré la ressemblance assimilatrice des discours (par exemple ceux du genre apocalyptique ou bi-millénaristes), malgré l'analogie des situations technico-militaires, des dispositifs stratégiques, avec leurs composantes de paris, de calculs au bord de l'abîme, d'aléas, de surenchère mimétiques, etc., serait absolument unique et chercherait dans le fonds historique […] de quoi neutraliser l'invention, traduire l'inconnu en connu, métaphoriser, allégoriser, domestiquer la terreur, contourner à l'aide de tours, de tropes, de strophes, l'incontournable catastrophe, la précipitation sans détour vers un cataclysme sans reste. L'inouï serait ici l'abyssal, et « passer à côté » du gouffre, pour le somnambule dont je parle, reviendrait aussi bien à y tomber sans voir et sans savoir.[124]

---

[122] Blanchot, « L'Apocalypse déçoit », *op. cit.*, p. 125.
[123] Baudrillard, « China Syndrom », dans *Simulacres et simulations*, *op. cit.*, p. 87.
[124] Derrida, « No apocalypse, not now », *op. cit.*, p. 365.

Derrida semble dans un premier temps opposer au mécanisme d'emportement, marqué par le « toujours déjà », la sagesse d'un ralentissement : « attention, n'allez pas trop vite » ; face à la précipitation, à l'accélération du monde de la technique, il faudrait opérer un geste de retrait pour se donner le temps de penser ce qui arrive. Cependant ce ralentissement se présente dès le départ sous les traits d'un paradoxe : il faut « le plus vite possible » ne pas « aller trop vite », comme si la pensée, déphasée, n'était pas à la mesure de l'emportement absolu de l'ère atomique. Ceci s'explique sans doute par le fait que ce qui se présentait comme mesures palliatives – ralentir ou accélérer – correspond *toujours déjà* au régime opératoire de la machine d'emportement et donc ne lui échappe pas. *Ralentir* ne serait que la forme par laquelle la pensée, succombant à l'illusion de pouvoir « domestiquer » l'emportement, de « contourner à l'aide de tropes, des strophes l'incontournable catastrophe », ne ferait, *en réalité*, qu'*accélérer* un processus de « destruction » sans reste. « Reconnaître partout les précédents », loin de nous protéger contre l'emportement, ne fait que participer à son mouvement constitutif : l'anticipation et la prémunition. [125] Mouvement de sur-attention (« zèle-critique ») tous-azimuts, de traque sans fin de tous commencements et de toutes fins possibles afin d'en prévenir, fût-ce par la force, la venue. Ainsi « pré-venir », loin d'arrêter la venue du désastre, pourrait aussi, paradoxalement, en être le prélude. Nous verrons notamment comment la « fable » de la guerre nucléaire, entraîne une destruction « réelle » par la surenchère des mesures d'assurance, de mise en sécurité[126] par la technologie. Afin de

---

125 Sur la logique de « prémunition » de la « raison armée », voir Gilonne, « Premunitions: the cunning of armed reason », *op. cit.*, pp. 189-210. Derrida développe son analyse autour de deux termes clefs, « prevent » et « prevail », omniprésents dans la rhétorique nucléaire de l'époque : « Que se passe-t-il du côté de la croyance américaine du temps de Reagan ? On assiste d'une part à une évolution de la croyance, d'autre part à une apparente innovation rhétorique, le choix d'un nouveau mot, tout à coup accompagné d'une double herméneutique, d'une exégèse secrète et d'une exégèse publique ; il s'agit de ce seul petit mot "*to prevail*", dont la charge, l'investissement et les effets supposés ont au moins autant d'importance que telles mutations technologiques qui, de part ou d'autres, seraient de nature à déplacer les données stratégiques d'une éventuelle confrontation armée. » (Derrida, « No apocalypse, not now », *op. cit.*, p. 373). Il s'agit bien ici, derrière la logique dissuasive, de « prétention » (prétendre à la suprématie, donc prétendre avoir raison et *se rendre raison*). Les « prétentions » de la raison feront l'objet de la section V de notre ouvrage.

126 Voir notamment nos chapitres V et IV, 3.

recevoir l'in-ouï, c'est-à-dire ce qui *déçoit* la raison et ne peux que faire l'objet d'une entente, il faudrait peut-être alors faire appel à une tout autre mesure que la raison, non plus la com-préhension, d'une saisie, mais le savoir (s'il s'agit encore de savoir) d'un des-saisissement (d'une dé-ception) qu'indique ici la fragmentation des sens (« l'in-ouï » où, chez Blanchot, « l'*odeur* de la fin des temps ») qui appelle à l'écoute d'une tout autre « r*ai*sonnance. »

III
Dissuasions

Le « geste de dissuasion » cherche à assagir[127] la raison, à l'adoucir ou, comme le disait Derrida, à « neutraliser », « traduire », « métaphoriser », « allégoriser », « domestiquer », « contourner » le désastre, de sorte qu'on puisse dire avec Blanchot, « oui, cette leçon de l'entendement est sage. Elle l'est seulement presque trop, parce qu'elle nous expose à perdre la peur, celle qui égare, mais aussi celle qui avertit. »[128] Redoublement d'une raison qui par excès de rationalité (« trop sage ») peut devenir folle (« égarée ») et perdre jusqu'à la mesure de la peur, voire renoncer, au nom de la raison, à sa capacité de destruction ; là où peut-être, comme l'indiquait Baudrillard, seule la destruction de la raison peut mettre fin à la raison de la destruction. Par la dissuasion, la raison repose ainsi sur une rhétorique de la terreur (*deterrence*) qui régule toutes les peurs, qui les amplifie et les fait circuler pour mieux s'assurer d'un contrôle absolu ; phénomène d'autant plus redoutable qu'une guerre nucléaire n'a pas (encore) eu lieu, le cercle ne tourne donc pas autour d'une mort « réelle » (qui puisse être repris dans un travail de deuil) mais autour d'un simulacre de mort. Le spectre de la dissuasion est donc ce qui, à l'ère atomique, installe le monde dans une dimension rhétorique toute particulière ainsi que le précise Derrida :

---

[127] Dissuader : emprunté au latin *dissuadere* « parler pour détourner (qqn) de faire qqch. », forme de *dis-* et de *suadere* "conseiller", seulement représenté en français par ses composés (persuader). *Suadere*, qui appartient à la même famille que *suavis* (suave) se rattache à une racine indoeuropéenne que l'on retrouve dans le grec *andanein* « plaire, être agréable » et dans le védique *svadati*.

[128] Blanchot, « L'Apocalypse déçoit », *op. cit.*, p. 127.

> L'organisation mondiale du *socius* humain est aujourd'hui suspendue à la rhétorique nucléaire. C'est immédiatement lisible dans le fait qu'on appelle (du moins en français) « stratégie de la dissuasion » toute la logique officielle de la politique nucléaire. Dissuasion (*deterrence*) veut dire « persuasion ». La dissuasion est un mode ou un effet négatif de la persuasion. L'art de persuader est, comme vous savez, l'un des axes de ce qu'on appelle depuis l'Antiquité la rhétorique. Dissuader, c'est sans doute persuader, mais non pas seulement de penser ou de croire ceci ou cela, qui peut être un état de fait ou *une interprétation*, mais qu'il *faut ne pas faire* quelque chose. On dissuade quand on persuade quelqu'un qu'il est dangereux, inopportun ou mauvais de décider de *faire* quelque chose.[129]

Selon Derrida [D] la dissuasion, forme « négative » de persuasion, appartient au domaine de la rhétorique et donc repose sur une certaine articulation entre la réalité et son double. Rappelons les quatre étapes de la « déréalisation du simulacre » selon Baudrillard [B]. Dans le contexte d'une « rhétorique » du nucléaire, on peut dire que la persuasion *Un* : cherche à convaincre d'un « état de fait [D] » en « reflétant une réalité profonde [B] » ou *Deux* : à convaincre d'une « interprétation [D] », « masquant ou dénaturant une réalité profonde [B]. » La persuasion opère alors à l'intérieur du système de la représentation où la réalité entretient encore un rapport avec son double. Elle cherche à convaincre du « bien-fondé » de sa raison, elle est donc pensée du fondement. La dissuasion, au contraire, ne présuppose pas le bien-fondé de sa raison, elle est *de-terrence* c'est-à-dire qu'elle fait trembler l'idée même de fondement pour *s'assurer du manque d'assurance* de toute pensée. *Trois* : La dissuasion ne repose donc plus « vraiment » sur un « *penser* [D] », car elle « masque l'*absence* de réalité profonde [B] » ; *Quatre* : ni même sur un « *croire* [D] » car elle est « sans rapport avec quelque réalité que ce soit, son propre simulacre pur [B] ». Selon Baudrillard, « ce n'est pas la menace directe de destruction atomique qui paralyse nos vies, c'est la dissuasion qui leucémise. Et cette dissuasion vient de ce que *même le clash atomique réel est exclu* — exclu d'avance comme l'éventualité du réel dans un système de signes.[130] Nous retrouvons ici ce que Derrida nommait « un effet négatif de persuasion », car dans une certaine mesure la dissuasion repose sur un déni de réalité. Là où la persuasion opère sur du « vrai-semblable » (sur la réalité et/ou son

---

[129] Derrida, « No apocalypse, not now », *op. cit.*, p. 373.

[130] Baudrillard, *Simulacres et simulation*, *op. cit.*, p. 57. Nous retrouvons, dans le doublet – système de mort et résurrection – qui clôt ce passage, l'un des schèmes centraux de L'Apocalypse.

double), la dis-suasion repose sur le dis-semblable du simulacre, c'est-à-dire la dis-continuation du vrai comme du faux. C'est ce que précise Baudrillard :

> Dans ce passage à un espace dont la courbure n'est plus celle du réel, ni celle de la vérité, l'ère de la simulation s'ouvre donc par une liquidation de tous les référentiels – pire : par leur résurrection artificielle dans les systèmes de signes, matériau plus ductile que le sens, en ce qu'il s'offre à tous les systèmes d'équivalences, à toutes les oppositions binaires, à toute l'algèbre combinatoire. Il ne s'agit plus d'imitation, ni de redoublement, ni même de parodie. Il s'agit d'une substitution au réel des signes du réel, c'est-à-dire d'une opération de dissuasion de tout processus réel par son double opératoire, machine signalétique métastable, programmatique, impeccable, qui offre tous les signes du réel et en court-circuite toutes les péripéties. Plus jamais le réel n'aura l'occasion de se produire — telle est la fonction vitale du modèle dans un système de mort ou plutôt de résurrection anticipée qui ne laisse plus aucune chance à l'événement même de la mort.[131]

La dissuasion repose donc non seulement sur l'évacuation du réel et de ses doubles, mais aussi sur « leur résurrection artificielle » en tant que « simulacre ». A l'ère nucléaire au moment où « tout » semble en question (« liquidation »), le « tout » est remis en jeu (« artifice ») en tant que « tout est possible » (« résurrection »), objet de toutes les hantises (*de-terrere*) qui dissuadent de penser ou d'agir. En l'absence de fondement, il n'y a plus lieu à une con-frontation, au sens d'une lutte entre la réalité et ses doubles, entre prétendants à la vérité. La dissuasion est guerre non seulement à la guerre (fin de l'idée de guerre chez Blanchot, « no apocalypse » chez Derrida, « simulacres » pour Levinas), mais aussi à tout ce qui viendrait menacer son système et ceci jusqu'à la « dissuasion de tout processus réel ». La dissuasion fonctionne comme un principe de précaution absolu qui en prévenant contre tout accident, risque de « court-circuiter » la vie même. On retrouve ici l'idée d'un immobilisme dans le mouvement, « machine métastable », sans « péripéties », sans fin, donc « système de mort » qui évacue « l'événement même de la mort ». Circularité parfaite de la dialectique de la raison spéculative qui emporte (*aufhebung*) jusqu'à l'idée de sa fin, « mouvement sans fin et pourtant toujours déjà achevé », nous disait Blanchot, au sein duquel « nous ne pouvons penser l'idée de fin

---

[131] *Ibid.*, p. 11.

qu'en rapport avec le commencement. ». Avec la « dissuasion », « nous avons perdu la mort » nous dit donc Blanchot :

> Nous nous détournons toujours plus de la présence passagère pour nous affirmer dans un univers construit à la mesure de notre savoir et libre de ce hasard qui toujours nous fait peur, parce qu'il recèle l'obscure décision. Cependant, dans cette victoire, il y a une défaite, dans cette vérité, celles des formes, des notions et des noms, il y a un mensonge et, dans cet espoir, celui qui nous confie à un au-delà d'illusion ou à un avenir sans mort ou à une logique sans hasard, il y a peut-être la trahison d'un plus profond espoir que la poésie (l'écriture) doit nous apprendre à réaffirmer.[132]

La déception, en tant qu'« illusion » et « mensonge » et « trahison » serait de croire « saisir » par le langage le monde stable d'un savoir à notre image préservé contre tout accident (et contre la mort même) au lieu de s'en remettrer à « l'espoir » de son des-saisissement. Tout l'enjeu, afin d'échapper à la machine infernale de la raison nucléaire et sa rhétorique de dissuasion, serait donc paradoxalement de *redoubler* la fin (apocalypse de l'apocalypse) en réintroduisant la mort qu'elle cherchait à évacuer. C'est dans cette optique qu'il faudrait sans doute replacer la démarche de Blanchot qui, loin de vouloir se soustraire au désastre (fut-il nucléaire), le *redouble* par son écriture. Il s'agirait de réintroduire la « réalité » de la mort afin d'interrompre le cercle infernal de la raison (qui *se rend raison*), en rappelant avec Stiegler « [qu'] entre l'origine et la fin se tient un processus accidentel, et non seulement essentiel, au cours duquel des choses arrivent, qui font que, contrairement à l'illusion métaphysique, la fin n'est pas déjà là dans l'origine. Et je crois que c'est cette accidentalité (et la généalogie qu'elle appelle) que la philosophie doit savoir penser. Or, cette accidentalité est précisément le sens premier de la technique. »[133] Comment répondre à ce défi ? Comment penser sans entrer dans le cercle mortifère d'une raison où commencement et fin s'enchaînent bout à bout dans la plénitude des fins et des moyens ? Comment accueillir une pensée de l'accident dans sa dis-continuité, et son refus de l'enchaînement, là où la pensée serait la continuité même ? Peut-on encore penser à l'ère nucléaire du simulacre et de l'effondrement des hiérarchies entre réalité et fiction ? Est-ce que la « philosophie » peut dans ce contexte répondre à

---

[132] Blanchot, *L'Entretien infini*, *op. cit.*, p. 47.

[133] Bernard Stiegler, *Philosopher par accident* (Paris, Galilée, 2004), p. 19.

l'injonction de Stiegler, lorsque l'accidentalité propre au nucléaire est l'horizon irréel-réalisé d'une destruction sans reste qui emporte jusqu'au concept même d'accidentalité ?

1. Phénoménologies de la déception.

Levinas nous rappelle que le savoir (scientifique, rationnel) repose traditionnellement sur la circularité de ses enchaînements et l'évacuation de l'erreur (« accidentalité » du simulacre) perçue comme son autre :

> Elle n'a pourtant fait rien d'autre notre, notre culture savante – impatiente de connaitre et qui a réussi à réveiller et à déranger l'énergie nucléaire sommeillant dans les atomes – sinon de tourner autour des choses en changeant de points de vue, en bonne science méthodique, sinon de retenir les « silhouettes, apparitions et apparences » des êtres, sinon de surmonter les conflits où elles se mettent et d'approcher ainsi du vrai en corrigeant toutes ces vues les unes par les autres.[134]

Notre « culture savante » fait appel à une raison « atomique », c'est-à-dire insécable (*a-tomos*), car reposant sur l'enchaînement des rapports dans la continuité d'une présence à soi, « arrondissant les angles » en « tournant autour des choses » et donc en s'embobinant[135], c'est-à-dire en enroulant le réel autour de soi pour en faire son monde (mais aussi peut-être par la même, s'illusionnant, en prétendant accéder au tout du réel par la seule rationalité, fut-elle scientifique ?). Le vrai entretient alors un rapport essentiel avec le mouvement du « tourner autour » que nous exposions plus haut. « En bonne science méthodique », si quelque chose « ne tourne pas rond », cet « accident » est « surmonté » (*Aufhebung*) par une raison scientifique qui autocorrige ses points de vue successifs qui soit se complètent, soit se « mett[ent] en conflit comme des simulacres et progressivement se corrig[ent] pour se rapprocher de la vérité, toujours plus profonde et plus cohérente. »[136] Pensée rationnelle qui « emporte » ou évacue le simulacre au profit d'une vérité « insécable » comme

---

[134] Levinas, « Simulacres », *op. cit.*, p. 11.
[135] Embobiner : v. tr., d'abord au sens « d'enjôler, tromper par des paroles captieuses » puis au sens concret « d'envelopper de vêtements ou de linge », signifie aussi « enrouler autour d'une bobine ».
[136] Levinas, « Simulacres », *op. cit.*, p. 9.

« cohérence » et « *profondeur* ». On rappellera alors comment à l'ère nucléaire, selon Baudrillard, la « cohérence » de la quadrature de l'être était tout au contraire détruite par le règne du simulacre qui, comme nous le montrions, « met en quart » la pensée précisément par « l'absence de réalité *profonde.* » Levinas indique alors que cette « possibilité » d'une destruction sans reste de la conscience et du monde par le simulacre, était envisagée par Husserl dans l'un des textes fondateurs de la phénoménologie qui vise précisément à (re)fonder la philosophie à partir d'une rationalité « scientifique » dont le modèle serait l'idéalité mathématique. La description de la science méthodique par Husserl, nous dit Levinas, est alors « suivie au *paragraphe 49* des *Idées I* d'un texte qui fit couler beaucoup d'encre » :

> « Il est tout à fait pensable [dit Husserl] que l'expérience se dissipe en simulacres à force de conflits internes, et non pas seulement dans le détail ; que chaque simulacre, à la différence de notre expérience de fait, n'annonce pas une vérité plus profonde ; que chaque conflit considéré à sa place ne soit pas justement celui qu'exige un nouvel élargissement du réseau enchaîné des expériences afin de sauvegarder la concordance de ensemble ; il est pensable que l'expérience fourmille de conflits irréductibles, et irréductibles non pas seulement pour nous mais en soi ; que l'expérience se rebelle tout d'un coup contre toute prétention de maintenir constamment la concordance entre les positions de choses ; que de son enchaînement disparaisse tout ordre cohérent entre les esquisses, les appréhensions, les apparences ; bref qu'il n'y ait pas de monde. Dans ce cas il serait possible que dans une certaine mesure il vienne pourtant à se constituer des formations offrant une unité rudimentaire : ce seraient des points d'arrêt provisoires pour les intuitions, qui n'auraient ainsi qu'une simple analogie avec les intuitions de choses, puisqu'elles seraient totalement inaptes à constituer des « réalités » permanentes, des unités durables, qui « existent en soi, qu'elles soient ou non perçues. »[137]

Si le passage ci-dessus « fit couler beaucoup d'encre », peut-être faut-il y voir un épanchement de sens tentant de cautériser une plaie ouverte au sein même du texte de Husserl. Ce « *paragraphe 49* » semble interrompre, au premier abord, la « cohérence » et « l'enchaînement » de la méthode phénoménologique en menaçant d'effondrement tout l'édifice de la raison, dans la mesure où la « machine rationnelle », opérant à double tour, selon le programme d'une distinction réel/double, heurte un « conflit insurmontable » (le simulacre, en tant qu'il échappe au binarisme du

[137] *Ibid.*, p. 9.

programme). Il se pourrait alors que « ordre cohérent », « enchaînement », « vérité profonde », « concordance », « réalité permanente » (c'est-à-dire son mode de fonctionnement) ne soient que « prétention », c'est-à-dire illusion d'une raison « prétendant » à la vérité ». Cette « vision » de désastre ne serait pas sans rappeler celle de Derrida (que nous évoquions plus haut) d'une « autodestruction de l'*autos* » ou « fission du criticisme » ce noyau dur de la raison qui « à force de conflits » (Levinas) entraîne une « réaction en chaîne » détruisant « en profondeur » la réalité du monde (« il est pensable qu'il n'y ait pas de monde »), ou du moins la fin de sa « *conception* ». C'est peut-être aussi dans ce tournant d'une fin des *concepts* que s'inscriront l'écriture de Blanchot et celle de Derrida en proposant le *désœuvrement* ou la *déconstruction* de la pensée conceptuelle qui, pour eux, repose sur la hiérarchie de binarismes *déceptifs*. Ces deux auteurs les remplaceront par la notion de « *quasi-concepts* » que l'on pourrait peut-être décrire comme des « unités rudimentaires, points d'arrêt provisoires pour les intuitions », reconduisant la pensée à son instabilité constitutive.

Cette destruction sans reste du monde, nous dit alors Levinas, « est certes, pensable et possible, comme tout ce qui n'est pas contradictoire ! Mais, pratiquement, si invraisemblable ! Les sciences exactes ne sont-elles pas en plein essor ? [...] Peut-on d'ailleurs imaginer véritablement ce que serait concrètement un monde s'invertissant en non-monde ? »[138] Cette interrogation, semble laisser entendre une certaine *déception* face à ce qui risque de n'être qu'une « pure vue de l'esprit », qui peut être possible, voire nécessaire, dans la détermination philosophique des concepts et l'établissement de sa raison d'être, mais n'en reste pas moins « invraisemblable ». Elle n'aurait de valeur qu'en tant que « fiction ». Cependant, la *dé-ception*, serait peut-être aussi, ce qui empêche le mouvement englobant de « prise » ou de « saisie » (*-cep* de *capere*, prendre) de la pensée *con-cept-uelle* (*cum*, avec) qui désigne le rapport, l'assemblement ou la cohérence perçues de « l'enchaînement » comme report du réel à l'image de la raison. La dé-ception permettrait de se dessaisir de l'illusion d'une pensée qui ne pense que « le possible », c'est-à-dire la « non-contradiction » par laquelle elle *prétend* au « tout » du réel en le ramenant

[138] Levinas, « Simulacres », *op. cit.*, p. 10.

au *toujours déjà* connu, c'est-à-dire à sa mesure. La dé-ception indiquerait le dessaisissement nécessaire à une nouvelle pensée qui s'expose non plus au « possible » mais à « l'impossible » ; défi que Blanchot, Derrida et Levinas n'auront de cesse de relever. Pensée qui, libérée des chaînes de la simple rationalité, se ferait « imagination », voire « invention », c'est-à-dire qui opèrerait à la limite des catégories de « réalité », « vérité » et « monde » qu'elle ferait trembler. On remarquera comment, dans la citation ci-dessus, Levinas marque le déni de « réalité » de la proposition husserlienne (par lequel se ressent la déception), à travers l'insistance et le redoublement de termes associés à la « réalité » : « véritablement » (critère de la pensée) et « concrètement » (critère de réalité) ; redoublement qui menace d'emporter « pensée » comme « réel » dans une destruction dont on ne peut *rendre raison.* Il faut cependant souligner que Husserl n'est bien sûr pas dupe de la dimension « fictive » de la destruction qu'il évoque au fameux *paragraphe 49,* puisqu'il nous dit : « l'être de la conscience, et tout flux du vécu en général, serait certes nécessairement modifié si le monde des choses venait à s'anéantir, mais [il] ne serait pas atteint dans sa propre existence ». Selon Husserl, l'hypothèse d'une « annihilation du monde » modifierait l'être de la conscience « vécue », sans « atteindre » la conscience transcendantale, comme une autre apocalypse *sans* apocalypse qui au premier abord, semble s'accorder avec les prémisses de *L'Écriture du désastre* de Blanchot : « le désastre ruine tout en laissant tout en l'état. Il n'atteint pas tel ou tel, « je » ne suis pas sous sa menace. C'est dans la mesure où, épargné, laissé de côté, le désastre me menace qu'il menace en moi ce qui est hors de moi, un autre que moi qui devient passivement autre. »[139] Derrida nous précise alors l'ambiguïté stratégique de cette « fiction » d'une « annihilation du monde » dans la démarche phénoménologique de Husserl :

> Husserl ne contestait pas que, dans ce cas, toute conscience serait *en fait* détruite et, dans son existence mondaine, s'engloutirait avec le monde. C'est même l'intention la plus claire de cette analyse et de cette fiction : expliciter une réduction qui doit révéler la relativité essentielle du sens du monde, comme totalité des régions, à *l'Ur-région* de la conscience transcendantale. Celle-ci pouvant toujours, en toute liberté, modifier ou suspendre la thèse de *chaque*,

---

139 Blanchot, *L'Écriture du désastre, op. cit.*, p. 7. Nous verrons plus loin que Blanchot se distingue néanmoins de Husserl en ce que la « réduction », étape nécessaire pour la pensée, ne serait pas assez radicale.

> donc de *toute* existence contingente, de *chaque*, donc de *toute* transcendance, elle est en droit, dans son sens, absolument indépendante à l'égard de la totalité du monde.[140]

Le désastre, cette « annihilation sans reste du monde », serait donc une « invention » que Derrida rend par la dualité des termes « analyse » et « fiction ». Invention d'une apocalypse venue « révéler » la relativité non pas du monde ou de la conscience mais du « sens » du monde en son rapport à la conscience transcendantale. La « destruction », étape essentielle de la réduction phénoménologique, est destruction (par le simulacre) de notre monde en tant que conscience « naturelle » du monde, c'est-à-dire notre capacité à retenir un monde « com-pris » dans la cohérence et l'enchaînement d'une vision plénière. L'hypothèse de l'*épochè* phénoménologique repose donc sur une hésitation fondamentale entre la « réalité » (« en fait ») de la destruction et sa suspension en tant que « fiction ». La destruction husserlienne est ici une mise entre parenthèse du monde, la mise « hors-jeu » sans cesse reconduite de son évidence, pour faire apparaître l'inapparent de ce qui semble naturellement aller de soi. Comme le rappelle Merleau-Ponty :

> Tout le malentendu de Husserl avec ses interprètes [...] et finalement avec lui-même vient de ce que, justement pour voir le monde et le saisir comme paradoxe, il faut rompre notre familiarité avec lui, et que cette rupture ne peut rien nous apprendre que le jaillissement immotivé du monde. Le plus grand enseignement de la réduction est l'impossibilité d'une réduction complète.[141]

L'épochè est donc dé-ception, il appelle à nous des-saisir de « notre familiarité » en indexant « la facticité » de notre conscience « naturelle » du monde. Il interrompt notre « mise au monde » sans rien révéler d'autre (« cette rupture ne peut rien nous apprendre ») que le « jaillissement immotivé » de la venue au monde de la conscience. Cependant « l'impossibilité d'une réduction complète » nous indique que la réduction n'est jamais achevée, puisqu'elle repose sur une connaissance inachevée de sa facticité constitutive. Il faudrait donc sans cesse reconduire l'*épochè* afin d'éviter le double malentendu d'une fiction coupée de sa réalité

---

[140] Jacques Derrida, introduction à Edmund Husserl, *L'Origine de la géométrie*, (Paris, PUF/Epiméthée, 1962), p. 95.

[141] Maurice Merleau-Ponty, « avant-propos » à *Phénoménologie de la perception* (Paris, Gallimard, 1945), p. viii.

(déréalisation de la conscience transcendantale perçue comme idéalité, isolée) ou d'une réalité coupée de sa fiction (la conscience transcendantale comme une « présence subsistante » (*vorhandenheit*), c'est-à-dire encore trop au monde, constituant un « objectivisme transcendantal »). Si pour Levinas, Blanchot et Derrida, la réduction est une étape essentielle pour toute pensée en ce qu'elle révèle une facticité essentielle, en quelque sorte la réduction n'irait pas assez loin mais se sauve dans l'acte intentionnel et la subordination du monde à la conscience transcendantale. La pensée phénoménologique repose sur une « réduction » qui est encore trop « intellectualisée » et en quelque sorte gagne à cette destruction qui s'arrête au « seuil de son historicité interne »[142] sans l'atteindre, la laissant saine et sauve, « transcendantale » ainsi que le présente Derrida :

> Tous les écrits factices, en lesquels la vérité a pu se sédimenter, ne seront jamais en eux-mêmes que des « exemplaires » sensibles, des événements individuels dans l'espace et dans le temps (ce qui n'est vrai qu'à un certain degré pour les idéalités « enchaînées »). La vérité *ne* dépendant essentiellement *d'aucun d'eux*, ils pourraient *tous* être détruits sans que l'idéalité absolue, *dans son sens même*, en soit atteinte. Sans doute serait-elle modifiée, mutilée, bouleversée *en fait*, peut-être disparaîtrait-elle en fait de la surface du monde, mais son sens-d'être de vérité, qui n'est pas dans le monde – ni dans ce monde-ci, ni dans un autre – resterait en lui-même intact. Il garderait sa propre historicité *intrinsèque*, ses propres enchaînements et la catastrophe de l'histoire mondaine lui resterait *extérieure*.[143]

Derrida semble dénoncer ici l'illusion d'une pensée qui se veut saine et sauve. Husserl, en suspendant la réalité du monde par la fiction de son annihilation, entraîne aussi jusqu'à la suspension de l'annihilation (qui n'est que fictive) et au terme duquel le monde et la conscience semblent comme « intacts ». La conscience libérée des entraves du monde semblerait inaltérée par une catastrophe qui lui serait « *extérieure* » et donc la réduction risque de décevoir en reconduisant la conscience à une simple « intériorité. » Pour Levinas, avec la réduction phénoménologique, « nous

---

142 Derrida, introduction à *L'Origine de la géométrie*, *op. cit.*, p. 97 : « De la même façon, les enchaînements et les sédimentations de la vérité géométrique étant libérés de toute facticité, aucune catastrophe mondaine ne peut la mettre *elle-même* en danger. Tout danger factice s'arrête donc sur le seuil de son historicité interne. Même si tous les « *documents* » géométriques – et aussi bien tous les géomètres réels – devaient sombrer un jour, en parler comme d'un événement « de » la géométrie serait commettre la plus grave des confusions de sens et abdiquer la responsabilité de tout discours rigoureux. »

143 *Ibid.*, pp. 93-94.

considérons la vie dans tout son aspect concret mais nous ne la vivons plus. »[144] La démarche de Husserl est donc par trop intellectualiste, et ne sait pas encore s'ouvrir à la véritable transcendance de l'Autre qui, elle, serait éthique. La philosophie de Husserl serait peut-être « pavée de bonne *intentions* », semble en quelque sorte nous dire Levinas pour qui l'intention a un caractère objectivant car *toujours déjà conscience de* quelque chose (saisie par devant soi de ce qu'on se représente) à laquelle il opposera le dessaisissement inhérent à l'acte de « *vivre de* » quelque chose.[145] Pour Levinas, le monde ne se réduit pas à la conscience que nous en avons car nous *vivons de* lui. La conscience husserlienne, au contraire, loin de *vivre de* son monde extérieur, vit de la suspension de toutes (co)relations avec un « extérieur » quel qu'il soit ; la conscience se « retrouve » dans l'acte même de sa perte.

Pour Levinas, seule la sortie de la conscience de soi entamerait l'ouverture à une véritable transcendance, tout comme Blanchot, pour qui : « toute *rencontre*, celle où l'Autre, surgissant par surprise, oblige la pensée à sortir d'elle-même, comme il oblige le Moi à se heurter à la défaillance qui le constitue et dont il se protège, est déjà marquée, frangée de neutre. »[146] Là où la conscience intentionnelle permettait de suspendre la facticité du monde, pour redécouvrir son « surgissement » en tant que conscience transcendantale néanmoins inaltérée, « protégée » contre tout « accident » qui ne saurait lui survenir, la « phénoménologie de l'autre », elle, interrompt cette conscience insécable en l'éveillant à sa « défaillance » constitutive. On pourrait dire que si la « phénoménologie de la perception » met le monde « hors-jeu », Levinas et Blanchot développent en quelque sorte une « phénoménologie de la déception » qui opère « hors-je ». Pour Blanchot la « réduction », cette « neutralisation du monde », ne va donc pas assez loin dans son entreprise de destruction. Il s'agirait alors

---

144 Emmanuel Levinas, *La Théorie de l'intuition dans la phénoménologie de Husserl* (Paris, Alcan, 1930), p. 222.

145 Voir Emmanuel Levinas, *Totalité et Infini*, *op. cit.*, pp. 112-117., et pp. 133-137. Notamment p.136 : « le corps est une permanente contestation du privilège qu'on attribue à la conscience de "prêter sens" à toute chose. Il vit en tant que contestation. Le monde où je vis n'est pas simplement le vis-à-vis ou le contemporain de la pensée et de sa liberté constituante, mais conditionnement et antériorité. Le monde que je constitue me nourrit et me baigne. Il est aliment et "milieu". »

146 Blanchot, *L'Entretien infini*, *op. cit.*, p. 450.

de *redoubler* la réduction par une pensée du « *neutre* », quasi-concept (non-transcendantal) qu'il envisage comme :

> « Un surenchérissement de l'époché : ce n'est pas seulement la position naturelle ni même d'existence qui en effet serait à suspendre pour que, dans sa pure lumière désaffectée, puisse apparaître le sens ; c'est le sens lui-même qui ne porterait sens qu'en se mettant entre parenthèses, entre guillemets, et cela par une réduction infinie, finalement restant hors de sens, comme un fantôme que le jour dissipe et qui cependant ne manque jamais puisque le manque est sa marque. « D'où l'on en viendrait à conclure que la phénoménologie était déjà dévoyée vers le neutre. » – « ainsi que tout ce qu'on appelle littérature, si l'un de ses caractères est de poursuivre indéfiniment l'époché, la tâche rigoureuse de suspendre et de se suspendre, sans que pour autant, ce mouvement puisse être mis au compte de la *négativité.* » – « Neutre serait l'acte littéraire qui n'est ni d'affirmation ni de négation et (en un premier temps) libère le sens comme fantôme, hantise, simulacre de sens, comme si le propre de la littérature était d'être spectrale, non pas hantée d'elle-même, mais parce qu'elle porterait ce préalable de tout sens qui serait sa hantise, ou plus facilement parce qu'elle se réduirait à ne s'occuper de rien d'autre qu'à *simuler la réduction de la réduction*, que celle-ci soit ou non phénoménologique et ainsi, loin de l'annuler (même s'il lui arrive de s'en donner l'apparence), l'accroissant, selon l'interminable de tout ce qui la creuse et la rompt. »[147]

Si pour Blanchot la réduction husserlienne indique un pas essentiel vers le Neutre (« la phénoménologie était déjà dévoyée ver le neutre »), sa portée est encore trop « réduite » car elle n'envisage l'époché de la venue au monde de la conscience que pour mieux en restituer le sens. Il faudrait pour Blanchot, redoubler de patience et suspendre jusqu'au mouvement de reprise par le sens, perte « infinie » contre laquelle toute conscience se prémunit. Là où précisément la pensée se garde, il faut donc être attentif à ce qui lui échappe (le neutre) comme par mé-garde. Ce « surenchérissement de l'époché » par le neutre semble en quelque sorte en appeler à la « réalisation » de la « proposition fictive de Husserl au *paragraphe 49* ». En effet, le neutre qui « libère le sens comme fantôme, hantise, simulacre de sens » en ne « s'occup[ant] de rien d'autre qu'à *simuler la réduction de la réduction* », n'est pas sans rappeler l'évocation de Husserl d'une « expérience qui se dissipe en simulacres à force de conflits internes ». Si la réduction « simule » la destruction *externe* du monde pour s'assurer de son fondement, le Neutre « simule la réduction de la réduction » pour « accroitre » le geste de destruction et le redoubler par

[147] *Ibid.*, p. 448.

une destruction *interne* (« tout ce qui la creuse et la rompt »). Si dans la réduction l'apparent disparaît, avec la « réduction de la réduction » l'inapparent disparaît. Le neutre, tout comme le simulacre, détruit non seulement le « réel » mais aussi « son double ». Le « monde » et la « conscience », tout comme le « fantôme », en quelque sorte n'existent pas. Ils ne font sens que dans la mesure où ils sont la « hantise de l'absence de sens ». Cette hantise « d'une fin du monde » informera la critique de Mattei à l'encontre de Blanchot et Derrida lorsqu'il nous dit : « quand la diffusion des fantômes se généralise à l'échelle du monde réel, c'est le monde réel qui devient le fantôme de sa propre image au point qu'il n'est que le prétexte à sa duplication. [...] Le règne absolu de l'image fait que, aujourd'hui, le monde a disparu en tant que monde. » On retrouve ici la vision apocalyptique d'une fin du monde. Cependant, là où pour Mattei cette « fin du monde » est réalisée – car Mattei pense encore à l'horizon d'une différence irréductible entre réalité et fiction) – pour Blanchot elle est en quelque sorte « irréalisée », car le neutre ruine jusqu'à la dichotomie réalité/fiction.

2. Feu, le nucléaire : (ir)réalités.

Dans la réflexion de Levinas sur le fameux *paragraphe 49* de Husserl, il semblerait que la réalité rattrape la fiction dans la mesure où, nous dit-il :

> Sans doute les soixante-dix ans qui nous séparent du texte husserlien – deux guerres mondiales, totalitarismes de droite et de gauche, les massacres, les génocides et l'holocauste – ont-ils déjà signifié – si on peut encore parler ici de sens – une expérience mise en lambeaux et qu'il est impossible de recoller, et cet échec du « je pense » que Kant appelait unité de l'aperception transcendantale – s'efforçant de rassembler en monde les images fantastiques du réel. Échec vécu non pas comme démenti opposé à une audace philosophique, mais déjà comme une catastrophe cosmique, comme celle que nomme le Psaume 82, 5 : « Tous les fondements de la terre sont ébranlés. »[148]

La rupture de l'histoire, entraînant l'irruption de tous les discours sur la fin dans le tournant du temps qui, ainsi que nous l'avons vu, fait « époque », semble ici « réaliser » cette autre épochè qu'Husserl évoque dans sa

[148] Levinas, « Simulacres », *op. cit.*, p. 10.

« fiction » de « l'annihilation du monde ». Seulement là où la vision *apocalyptique* husserlienne *révélait* l'avènement d'une « conscience transcendante » qui sauve le monde par sa venue et lui donne « sens », ici, comme chez Blanchot, nous faisons face à une « apocalypse de l'apocalypse » qui emporte jusqu'à la notion de « sens » (« si on peut parler encore de sens ») et donc qui ne « révèle » rien que le fragmentaire (« mise en lambeaux ») et l'échec de « l'aperception transcendantale » tenue « hors-je » (« échec du je pense »). Trois schèmes qui informent *L'Écriture du désastre* de Blanchot. Cette destruction n'est plus alors une simple « vue de l'esprit », mais est devenue « réalité » selon Levinas (« catastrophe cosmique ») ou plutôt la fin d'une distinction entre réalité et fiction (que l'on perçoit dans l'hésitation du « sans doute », entre certitude et incertitude) qui appelle à une autre mesure que le savoir (ici la foi, indiquée par la référence au « Psaume »). Au-delà de tous les cataclysmes irréductibles en soi (« guerres mondiales, totalitarismes, massacres, génocides et l'holocauste ») qu'évoquait Levinas, il semblerait alors que le nucléaire émerge à nouveau comme figure privilégiée du tournant de l'époque :

> Ce qui caractérise, dès lors notre époque, c'est peut-être le fait que la réflexion épistémologique de Husserl [...] prend aujourd'hui un sens apocalyptique. [...] La menace nucléaire qui pèse sur notre planète, l'explosion ou la conflagration universelle que l'humanité redoute « pour demain », ne laissent-elles pas enfin mesurer la concrétude horrible des propositions négatives de Husserl sur la « non-concordance de l'ensemble », sur le « fourmillement de conflits irréductibles en soi », sur l'expérience « rebellée tout d'un coup contre toute concordance dans les positions des choses », sur le non-ordre, sur le non-monde, sur les non-choses et sur « les intuitions inaptes à constituer des réalités et des unités durables » ? [...] L'éclatement de l'être lui-même n'est-il pas à la lettre et non pas seulement par métaphore « l'expérience qui se dissipe en simulacres » que – sans penser à mal – Husserl disait « tout à fait pensable » au début de ce siècle cruel ?[149]

La catastrophe nucléaire « active » en quelque sorte la « fiction de « l'annihilation » husserlienne de la conscience qui ne peut plus réduire le « fourmillement de conflits » en une « cohérence » ou une « unité durable ». Si ces conflits sont « irréductibles en soi » (c'est-à-dire en eux-mêmes) c'est peut-être aussi car la raison ne peut les « réduire » ou les

---

[149] *Ibid.*, pp. 10-11.

garder « en soi » sans que ceux-ci débordent les limites auparavant « insécables »[150] du soi, tout comme les éléments aléatoires (absence de « concordance dans les positions des choses ») de l'atome peuvent entraîner sa « fission » dans une réaction en chaîne (« de *l'enchaînement* dispar[ait] tout ordre cohérent », disait Husserl) qui déclenche une « déflagration » universelle du sens. La fission, serait donc bien une *réalisation* de « l'éclatement de l'être » dont nous parlait Levinas. Si la réflexion de Husserl prend « un sens apocalyptique » c'est donc d'abord selon une apocalypse du sens, qui s'abîme entre réalité (« à la lettre ») et fiction (« par métaphore ») dans la suspension d'un « peut-être » et d'un questionnement infini où s'épuisent certitudes comme incertitudes. Le nucléaire permet sans doute de « mesurer la concrétude » des propositions de Husserl, c'est-à-dire d'ancrer cette fiction dans une certaine réalité, mais il ne faudrait pas oublier que cet événement fait époque précisément en ce qu'il « n'a pas eu lieu » et donc résiste à toute « mesure ». Mesure et démesure se rapportent à du déjà connu, là où le nucléaire serait « l'incommensurable. » C'est notamment ce que précise Derrida :

> Or ce que donne peut-être à penser l'unicité de la guerre nucléaire, son être-pour-la-première-et-peut-être-pour-la-dernière-fois, son inventivité absolue, ce qu'elle donne à penser même si elle reste un leurre, une croyance, une projection fantasmatique, c'est évidemment la possibilité d'une destruction irréversible, sans reste, de l'archive juridico-littéraire, donc du fondement de la littérature et de la critique. Cette possibilité n'implique pas nécessairement la destruction de l'humanité, de la terre humaine, ni même d'autres discours (arts ou sciences), voire de la poésie ou de l'épopée ; celles-ci pourraient reconstituer leur processus vivant et leur archive, du moins dans la mesure où la structure de cette archive (celle d'une mémoire non littéraire) implique structurellement la référence à un référent réel et extérieur à l'archive même. Je dis bien : dans cette mesure et dans cette hypothèse. Il n'est pas sûr que toutes les autres archives, quel qu'en soit le support matériel, aient un tel référent absolument hors d'elles-mêmes, hors de leur propre possibilité. Si elles l'ont, alors elles peuvent en droit se reconstituer et donc d'une autre manière survivre. Mais si elles ne l'ont pas, ou dans la mesure où elles ne l'ont pas hors d'elles-mêmes, elles se trouvent dans le cas de la littérature. On pourrait dire qu'elles participent de la littérature en tant que celle-ci produit son référent comme référent fictif ou fabuleux, dépendant en lui-même de la possibilité de l'archivation, constitué en lui-même par l'acte d'archivation.[151]

---

[150] Insécable, c'est-à-dire à la fois « atomique » (selon l'étymologie) mais aussi ici indubitable, comme la certitude du *Cogito*, cette monade « sans fenêtre ».

[151] Derrida, « No apocalypse, not now », *op. cit.*, p. 376.

On retrouve ici l'incommensurabilité (« unicité », « inventivité absolue ») de l'événement nucléaire précisément en ce qu'il se soustrait à la mesure du réel (« destruction sans reste ») comme de l'irréel (« une leurre ») entraînant la fission de ce que Derrida nommait le noyau du criticisme entre « mesure » et « hypothèse » qu'il tente en vain ici de stabiliser par la répétition insistante d'une certaine certitude (« je dis bien ») avant de s'effondrer dans l'incertitude (« il n'est pas sûr »). L'incommensurabilité de la guerre nucléaire tient alors non seulement à son irréalisation mais aussi à l'invention d'une destruction « absolue » qui pour la première fois peut-être emporterait le « tout » et jusqu'à la possibilité de la survie du « sens » qui repose sur sa capacité « d'archivation. » La guerre nucléaire menacerait l'archive, c'est-à-dire les techniques de stockage et de transmission de l'information qui assurent la préservation et le renouvellement de l'humain. Un cataclysme partiel peut toujours donner lieu au travail symbolique du deuil puisque, nous dit Derrida :

> De toute mort une culture et une mémoire sociale peuvent se charger symboliquement, c'est même leur fonction essentielle et leur raison d'être. Elles en limitent d'autant plus la « réalité », elles l'amortissent dans le « symbolique ». Le seul référent absolument réel est donc à la mesure d'une catastrophe nucléaire absolue qui détruirait irréversiblement l'archive totale et toute capacité symbolique, la « survivance même au cœur de la vie.[152]

L'archivation est donc « la survivance au cœur de la vie » qui peut « *amortir* » le « réel », c'est-à-dire suivant l'étymologie, ce qui « fige, paralyse, ou rend comme mort » (*ad-, mors, mortis*) mais aussi ce qui « calme, émousse et rend moins vif », d'où « rendre moins violent. » La « réalité » de la mort peut donc être atténuée par la « capacité symbolique » inhérente à l'archive. La mise à mort (amortissement) de la mort est ce qui permet de la rendre moins vive et donc de lui survivre. Cependant la catastrophe nucléaire laisse penser la disparition sans reste de l'archive et du symbolique et donc aussi la destruction de cet *amortissement* du « réel ». La catastrophe nucléaire est « absolue » en ce qu'elle redouble la destruction par une mise à mort (destruction) de la mise à mort (amortissement) de la mise à mort (mort). La catastrophe nucléaire, en tant que désastre absolu, est ainsi ce qui à la fois détruit le réel et révèle le réel. Mais alors si, comme

---

[152] *Ibid.*, p. 379.

le disait Derrida, « la catastrophe nucléaire absolue est à la mesure du référent absolument réel », c'est peut-être que le seul « référent absolument réel » serait ici la mort même ? La mort possible-impossible (selon la réversibilité de ces termes) est donc à la fois un « référent », puisqu'elle constitue l'horizon indépassable de toute expérience humaine, mais elle est sans « référent » car elle est inconnue et inconnaissable, un « insaisissable » qui expose à un « dessaisissement » ou à une « dé-ception » sans retour. On peut dire que la mort est « un référent absolu » car elle est un « référent » *sans* « référent. » « Dans ce que j'appelle en un autre sens une époque absolue », nous dit Derrida, « la littérature naît et ne peut vivre que sa propre précarité, sa menace de mort et sa finitude essentielle. Le mouvement de son inscription est la possibilité même de son effacement. »[153] La mort, en tant que présence absente et absence présente – c'est-à-dire en tant que « référent absolu » – ne peut donc s'inscrire qu'en s'effaçant ce qui, ainsi que nous le rappelle Derrida, est le propre de toute littérature :

> Ce référent absolu de toute littérature possible est à la mesure de l'effacement absolu de toute trace possible. Il est donc la seule trace ineffaçable, comme trace du tout autre. Le seul « sujet » de toute littérature possible, de toute critique possible, son référent ultime et a-symbolique, non symbolisable, voire in-signifiable, c'est, sinon l'âge nucléaire, sinon la catastrophe nucléaire, du moins ce vers quoi le discours et la symbolique nucléaires font *encore signe* : la destruction sans reste et a-symbolique de la littérature. La littérature et la critique littéraire ne peuvent pas, *finalement*, parler d'autre chose. Elles ne peuvent pas avoir d'autre référence ultime, elles ne peuvent que multiplier les manœuvres stratégiques pour assimiler cet inassimilable tout autre.[154]

La littérature aurait donc toujours déjà été constituée autour de la possibilité de son autodestruction « sans reste » ; elle ne « peut parler d'autre chose » que de sa disparition au moment de son inscription, elle peut tout au plus « multiplier les manœuvres stratégiques » au bord de son vide constitutif, elle est « effacement absolu », désœuvrement, dirait Blanchot, emporté dans un mouvement d'inscription sans fin de « l'ineffaçable » mort qui en constitue le cœur nucléaire. La littérature opère selon le « fantasme » de cette destruction sans reste où elle

---

[153] *Ibid.*, p. 378.
[154] *Ibid.*, p. 379.

disparaîtrait sans laisser de trace, selon la logique de ce que Derrida décrit comme l'expérience de « la cendre » :

> La cendre, c'est évidemment une trace – en général on pense, comme première figure de la trace, à celle du pas, dans le chemin, dans l'acheminement, du pas qui laisse une empreinte, une trace ou un vestige - ; mais « cendre » dit mieux ce que je voudrais dire sous le nom de trace, à savoir quelque chose qui reste sans rester. Qui n'est ni présent ni absent ; qui se détruit lui-même, soi-même, qui se consume totalement, qui est un reste sans reste. C'est-à-dire quelque-chose qui n'est pas. [...] Dire qu'il y a la cendre, c'est dire que dans toute trace, dans toute écriture, et par conséquent dans toute expérience (pour moi toute expérience est, d'une certaine manière, une expérience de trace et d'écriture) dans toute expérience il y a cette incinération qui est l'expérience même. Alors, naturellement, il y a de grandes expériences spectaculaires d'incinération, je pense aux fours crématoires, je pense à toutes les destructions par le feu, mais, avant même ces grandes expériences mémorables d'incinération, il y a l'incinération comme expérience, comme forme élémentaire de l'expérience.[155]

On pourrait rapporter la catastrophe nucléaire telle que l'envisage Derrida, à l'évocation blanchotienne de l'Holocauste dans *L'Écriture du désastre* en tant qu'« événement *absolu* de l'histoire, historiquement daté, cette toute-brûlure où toute l'histoire s'est embrasée, où le mouvement du Sens s'est abîmé. »[156] La destruction sans reste de l'archive, dont il ne resterait que « cendres », appelle en retour à penser la trace comme figure limite de l'inscription entre littérature et expérience. [157] La « trace de pas » participerait encore du système de la représentation et donc de la raison spéculative puisque, en s'enlevant, elle laisse une empreinte qui coïncide avec la chaussure (un référent réel) et donc opère dans l'identité retrouvée de la réalité et de son double. La trace laisse encore poindre un principe de réversibilité vers un référent qui lui

Les sept anges aux sept trompettes s'apprêtèrent à sonner. Et le premier sonna... Il y eut alors de la grêle et du feu mêlés de sang qui furent jetés sur la terre : et le tiers de la terre fut consumé, et le tiers des arbres furent consumé, et toute herbe verte fut consumée...

---

[155] Jacques Derrida, « Il n'y a pas *le* narcissisme », dans *Points de suspension* (Paris, Galilée, 1992), p. 222.

[156] Blanchot, *L'Écriture du désastre, op. cit.*, p. 80.

[157] Nous souhaitons rappeler ici l'importance de ce principe d'indécidabilité entre réalité et fiction dans l'œuvre de Derrida et celle de Blanchot ; notamment le statut ambigu de la « scène primitive » qui rayonne au cœur de *L'Écriture du désastre*, ou de *L'Instant de ma mort*, ou chez Derrida, dans « *Un ver à soie* » (dans *Voiles*, Galilée, 1998) – pour s'en tenir aux exemples les plus connus d'une hésitation fondamentale entre « expérience vécue » et fiction qui « brûle » toute « trace » décisive qui puisse reconduire à ce partage illusoire.

serait extérieur. La cendre, tout au contraire, ne serait « ni présente, ni absente », elle se détruit elle-même, et s'auto-consume de façon irréversible. On perd tout rapport entre une réalité et son double. La cendre en appelle donc à une pensée qui ne soit plus celle de la représentation. La disparition de tout référent réel s'accompagne de la disparition de toute trace. « La différence entre la trace "cendre" et d'autres traces », nous dit Derrida, « c'est que le corps dont la cendre est la trace a totalement disparu, non identifiable. Et l'oubli même est oublié. Dans la cendre tout est anéanti. La cendre est la figure de ce dont il ne reste même pas de cendre d'une certaine manière. Il n'en reste rien. »[158] Là où dans la disparition du pas la trace « reste », la cendre laisse donc penser « ce qui reste *sans* rester » [je souligne]. Or « écrire », pour Derrida comme pour Blanchot ouvrirait à une même expérience de ce qui s'inscrit (reste) en s'effaçant (sans reste) ou s'efface en s'inscrivant. La cendre tout comme la littérature « produit et emporte avec soi son propre référent. »[159]

La littérature invente son référent absolu qui est absence de référent (soit la mort absolue) et « lui donne lieu pour l'empêcher d'avoir lieu. »[160] D'où l'ambiguïté de tout récit qui en préservant la mémoire, en en constituant « l'archive », pour empêcher la mort d'avoir lieu, lui donne lieu en détruisant son « référent » et reconduisant à l'oubli. En écrivant nous mettons à jour mais, en même temps, reste (sans rester) ce qui affleure à la conscience sans être actualisé. Pour Derrida, « l'expérience de la cendre, c'est l'expérience non seulement de l'oubli, mais de l'oubli de l'oubli, de l'oubli dont il ne reste rien. Alors, c'est le pire et, en même temps, c'est une bénédiction. Les deux à la fois. »[161] Pour Heidegger, « l'oubli de l'oubli » est bien le pire qui s'annonce, ainsi que nous le verrons, avec la technique moderne et le nucléaire. L'avènement de la technique, en offrant une surenchère d'assurances face à la menace de la destruction qu'elle a déclenchée, nous installe dans un monde où non seulement « l'être » est oublié dans la sollicitation de tous les « étants », mais aussi, en nous

---

158 Jacques Derrida, « Passages – du traumatisme à la promesse », dans *Points de suspension*, *op. cit.*, p. 405.
159 Derrida, « No apocalypse, not now », *op. cit.*, p. 377.
160 *Ibid.*, p. 378.
161 Derrida, « Il n'y a pas *le* narcissisme », *op. cit.*, p. 221.

donnant l'illusion d'un monde où tout fonctionne, l'homme n'est plus concerné par cet oubli de l'être. Il oublie qu'il oublie l'être. La détresse fait alors place à une détresse plus grande qui est l'absence de détresse. C'est à cet endroit de détresse absolue, où « tout » est en question et menace de disparaître sans reste, qu'apparaît pour Blanchot la chance de ce qu'il nomme « la question la plus profonde ». Nous avons vu auparavant comment les grands mouvements du tournant de l'époque se manifestent notamment par la pensée dialectique du « tout est en question » que Blanchot désigne comme « question essentielle » qui nous concerne (que l'on cerne et qui nous cerne conjointement selon les mouvements du cercle que nous exposions plus haut). Or pour Blanchot :

> [La « question la plus profonde »] nous prend à partie sans nous concerner. Nous la portons, nous qui sommes par excellence les porteurs de la question, et elle fait en sorte qu'elle ne nous importe pas. C'est comme si, dans la question même, nous étions aux prises avec ce qui est autre que toute question ; comme si, ne venant que de nous, elle nous exposait à tout autre que nous. Interrogation qui n'interroge pas, ne veut pas de réponse et semble nous attirer dans l'irresponsabilité et l'esquive d'une fuite tranquille.[...]D'un côté, celle-ci n'est que l'ombre de la question de tout, une ombre de question, l'illusion qu'il reste encore à questionner lorsqu'il n'y a plus de question, en ce sens la plus superficielle, la plus trompeuse, d'un autre côté la plus profonde, parce qu'elle ne semble pouvoir être pensée et formulée que si nous faisons toujours un pas en arrière, vers cela qui demande à être encore pensé, même lorsque tout, le tout, est pensé. C'est bien pourquoi « la question la plus profonde » est toujours réservée : maintenue en réserve jusqu'à ce tournant temps où l'époque tombe et s'achève le discours. A chaque changement d'époque, elle paraît un instant émerger.[162]

La question la plus profonde est en quelque sorte « le reste sans reste » de toute question (qui est la question du tout). Elle est un « simulacre » de question (son « ombre ») et « oubli de l'oubli » ; oubli de la question (« elle n'interroge pas ») puisque tout est déjà en question ; et oubli de la réponse (« elle ne veut pas de réponse »). Elle est ce qui ne nous « concerne » pas, c'est-à-dire une question que nous ne pouvons pas poser et qui ne se pose pas. Tout comme l'écriture de la cendre évoquée plus haut, lorsque nous mettons (tout) à jour par l'écriture, elle est ce qui reste sans rester et qui affleure à la pensée sans être activée. La question la plus profonde expose la pensée non plus à l'identité d'une question-réponse à notre image, mais

---

162 Blanchot, *L'Entretien infini*, *op. cit.*, pp. 18-20.

à ce qui en nous est autre que nous. Elle expose alors à une déception essentielle qui, ainsi que le disait Derrida de « l'oubli de l'oubli », « est le pire et, en même temps, c'est une bénédiction. » La déception est le pire car elle peut renvoyer à une simple « illusion » et donc être « superficielle, trompeuse » mais c'est aussi une « bénédiction » car elle nous expose à la « profondeur » d'un dessaisissement qui nous force à « faire un pas en arrière, vers cela qui demande à être encore pensé, même lorsque tout, le tout, est pensé. » La dé-ception s'annonce alors comme *dépouillement*, humilité et dénuement d'une ouverture au tout autre et notamment à « l'in-savoir » de notre mort (*dépouille*) qui selon Levinas commanderait une responsabilité infinie :

> Poser la subjectivité de cette responsabilité, c'est entrevoir en elle une passivité jamais assez passive de consumation pour autrui dont la lumière même luit et éclaire à partir de l'ardeur sans que la cendre de cette consumation puisse se faire le noyau d'un en soi et pour soi ; sans que le moi oppose à autrui aucune forme qui le protège ou lui apporte une mesure. Consumation de Holocauste. « Je suis cendre et poussière », dit Abraham intercédant pour Sodom.[163]

Nous retrouvons ici l'image d'une cendre en tant que « reste *sans* reste » qui résiste aux formes de réappropriation du moi/même en l'exposant à une forme « d'apocalypse *sans* apocalypse » qui entraîne la « consumation » et la fission de son « noyau » ; destruction sans reste (« aucune forme qui le protège ») mais aussi sans fin (« passivité jamais assez passive », « Holocauste ») et donc peut-être sans destruction (« ardeur »[164] : énergie active, zèle, ferveur). Au terme de ce premier parcours, il se peut alors, comme l'affirme par ailleurs Blanchot, que :

> Tout en restant troublés, nous soyons *déçus*. Et il serait surprenant que nous ne le fussions pas. Notre *déception* est la preuve du mystère, et notre inquiétude son épreuve. Dans la loi qu'on nous montre, c'est le mystère qui nous fait entendre la loi, mais lui-même est sous-entendu. C'est sous-entendu, et comme derrière l'esprit qu'il accomplit l'entente et provoque l'esprit à la lumière. Que celui-ci se retourne et assurément il découvre quelque chose, quelque chose qui le *déçoit*, parce que ce qu'il voit c'est lui-même, mais quelque chose qui l'inquiète, parce que dès qu'il se détourne, il devine à nouveau la présence et la provocation

---

[163] Levinas, *De Dieu qui vient à l'idée* (Paris, Librairie Philosophique J. Vrin, 1986), p. 118.

[164] L'étymologie de « ardeur » (Cf. Alain Rey, *op. cit*) a par ailleurs rapport à la cendre : « du latin *ardere* « brûler » et dérivé comme *ardor* et *aridus* (aride) de *arere* (« être sec »). Ce verbe indoeuropéen a des correspondants en sanskrit (*asah* « cendre »), en grec (*azein* « sécher » ; azalée), en ancien haut allemand (*asca*, « cendre »).

> d'une force à lui-même inconnue. Aussi, tantôt prend-il le parti de l'expliquer : en le rendant pareil à ce qu'il sait de soi ; tantôt se résigne-t-il à l'éloigner : en lui donnant les mots les plus vagues, indicible, ineffable, secret.[165]

Il y aurait donc une « loi » de la déception qui nous reconduise à l'épreuve d'une inquiétude essentielle sur laquelle nous reviendrons dans la dernière section de cet ouvrage. La raison, comme le rappelait Heidegger précédemment, ne saurait résister à « cette habitude presque inextirpable de représenter l'être comme un en-face qui se tient en soi » ; elle ne connait que ce qu'elle « saisit » comme « devant soi » dans la hantise de ce qui s'opère à son insu, dans son dos. Lorsqu'elle se retourne pour faire face à l'altérité radicale, c'est encore comme « un en-face » et dans la mesure où ce qu'elle comprend de l'autre c'est ce qu'elle « sait de soi », c'est-à-dire le même. La raison peut donc se faire « illusion » et être source d'une auto-déception car « ce qu'[elle] voit c'est [elle]-même ». Cette illusion constituerait sa « prétention »[166], terme où il faudrait entendre à la fois son règne comme simulacre (simulation et dissimulation d'une pensée pareille à son image) et l'ambition sans limite d'une emprise sur tout le réel. Illusion à laquelle la pensée ne saurait échapper que par le détour de la dé-ception qui seule laisse advenir l'altérité. Retour et détour se ressemblent mais ne reviennent pas au même. Au contraire, par le détour, la pensée « revient de loin. »

---

165 Maurice Blanchot, « Le Mystère dans les Lettres », dans *La Part du feu* (Paris, Gallimard, 1949), p. 64. Je souligne.

166 Nous développons cette question de la « prétention » de la raison (et de son principe) au chapitre V. Le chapitre IV qui suit constitue en quelque sorte une « fission » dans « l'enchaînement » logique de notre argument mais aussi son « cœur nucléaire ».

IV
Apocalypse (*sans*) apocalypse

1. Prière d'insérer

« Prière d'insérer », comme une « page volante », exposée *aux quatre vents*, courant donc le risque d'être perdue à jamais, trouvant pourtant dans cette pseudo-catastrophe annoncée son lieu (*sans* lieu), au cœur du livre, à la charnière entre *la raison de l'apocalypse* (nos trois premiers chapitres) et *l'apocalypse de la raison* (nos trois suivants) et cependant hors-livre (qui lui, peut toujours s'en passer), échappant à sa logique, pour s'effacer dans la vaine « *apology* » d'une « apocalypse *sans* apocalypse. » Insertion, à la dérobée, qui s'enlève, sans laisser de traces, sans rien introduire de nouveau qui retienne l'attention (décevante donc) et pourtant trouvant dans cette absence sa nécessité. Prière d'insérer qui serait l'insertion d'une prière, l'ajournement d'une trêve entre apocalypse et apocalypse qui retarde l'échéance de ce qui pourtant a déjà eu lieu et appelle à *redoubler* (apocalypse – et – apocalypse) de patience. Prière qui serait toujours adressée à un tiers exclu, à un autre absent et donc répondant à l'inconditionnalité du « sans ».[167] Logique du « sans » qui dès le départ informe l'apocalypse et notamment ses (re)formulations blanchotiennes et derridiennes, en les traversant « de part

> *…Et lorsque l'Agneau ouvrit le septième sceau, il se fit un silence dans le ciel, environ une demi-heure…*

[167] On renverra en particulier au chapitre VII, 2 où nous analysons cette notion « d'inconditionnalité » du rapport à la mort qui ne peut se dire sans témoin tout en restant sans témoin. La « prière » répond à l'injonction du « pas sans lui », « tout sauf lui », etc.

en part », pour designer ce qui n'est ni intérieur, ni extérieur, ni début, ni fin mais « scelle » leur sort. Le « prière d'insérer », ni quatrième de couverture (cette fin qui commence) ni page de garde (commencement qui veut en finir), opérerait selon l'encart du « sans » qui semble, *toute raison gardée*, en appeler à l'interruption de la logique du sens tout en la (*sauve)gardant.* La coupe de « sans » marque alors peut-être ce qui se sauve (fuit, disparaît) dans le « sauf » et donc échappe à la catastrophe tout en s'y exposant, soit la pause entre deux *salves*[168] de destruction qui à la fois menace l'intégrité du sens et la maintient.

168 Comme l'indique le *Dictionnaire étymologique de la langue française* : « "salve" 1. Vient du Latin *salve* "salut", "porte-toi bien", impératif de *salvere* "être sain et sauf, bien portant." le verbe dérive de l'adjectif *salvus* "entier, intact", puis "sauf, sain et sauf, en bonne santé." 2. Mais d'autre part, *Salve* désigne d'abord une décharge simultanée d'armes à feu et, plus tard, de coups de canon, tiré en l'honneur de quelqu'un, puis pour annoncer une nouvelle. 3. Le mot s'emploie aussi en parlant d'une décharge d'armes à l'exercice ou au combat, d'où la locution *tirer en salve*. 4. Par analogie, le mot correspond dans "*salve d'applaudissement*" à "applaudissements éclatant ensemble". 5. Au XXe s. il désigne par analogie en physique l'apparition brusque d'un grand nombre de paires d'ions (1975 ; aussi *salve de neutrons*). 6. Il est aussi le premier mot d'une antienne latine dite en l'honneur de la Vierge. 7. La locution figurée *il faut chanter le salvé*, "l'affaire est terminée" est sortie d'usage. » Ce terme, exposé à la brisure de sept sens, semble indiquer le lieu de l'injonction entre promesse (1) et menace (3), venue (1) et départ (2, 7), protection (1, 6) et désastre (3), prière (6) et mot de la fin (7) tout en marquant la déflagration du sens par la répétition (4) et enfin l'apparition brusque de « neutrons » (5) qui peut entraîner une réaction en chaîne. Ce chapitre proposera de suivre les inflexions du « *sans* », ce mot en apparence « neutre », et la déflagration qu'il entraîne.

2. L'in-jonction de la voix

La coupure, l'ajournement du « sans » s'entendrait alors dans l'impatience d'un questionnement (de Derrida) qui, contre toute attente, n'appelle pas de réponse :

> Mais que fait alors celui qui vous dit : moi je vous le dis, je suis venu vous le dire, il n'y a pas, il n'y a jamais eu, il n'y aura pas d'apocalypse, « l'apocalypse déçoit » ? Il y a l'apocalypse sans l'apocalypse. Le mot *sans*, je le prononce ici dans la syntaxe nécessaire de Blanchot qui dit souvent X sans X. Le *sans* marque une catastrophe interne et externe de l'apocalypse, un renversement de sens qui ne se confond pas avec la catastrophe annoncée ou décrite dans les écrits apocalyptiques sans pourtant leur être étrangère. La catastrophe, ici, serait peut-être *de* l'apocalypse même, son pli et sa fin, une clôture sans fin, une fin sans fin.[169]

Que fait ici Derrida au moment où il questionne (« que fait ? ») *sans* questionner (dans la mesure où il n'y aurait pas ici de réponse), nomme (« Blanchot ») *sans* nommer (« celui qui vous dit »), attribuant (par la marque des guillemets)[170] *sans* attribuer la parole (que l'on ne peut pourtant pas ne pas rendre à l'article de Blanchot portant ce nom dans *L'Amitié*) dans un ton qui est à la fois celui de Blanchot (« je le prononce ici dans la syntaxe nécessaire de Blanchot ») *sans* l'être, puisqu'elle semble être portée par une voix aux accents prophétiques (« moi je vous le dis, je suis venu vous le dire ») qui lui reste étrangère ? Que dire d'un discours qui, loin de maintenir une simple distance critique, semble se laisser traverser de part en part par la logique du *sans* qu'il identifie pourtant comme le cœur d'une

---

[169] Derrida, *D'un ton apocalyptique employé naguère*, *op. cit.* p. 96-97.

[170] Derrida remarquait lui-même (quelques pages plus haut) le jeu complexe des « guillemets » dans le texte de *l'Apocalypse* : « puis Jésus reprend la parole, naturellement sur ce mode rapporté en direct que Platon appelait mimétique ou apocryphe, et le jeu des guillemets dans la traduction pose tous les problèmes que vous pouvez imaginer. On sait chaque fois que c'est un tel qui parle parce qu'il se présente ; moi, un tel ; mais il le fait dans le texte écrit par le témoin ou par le narrateur général qui est toujours partie prenante. » *Ibid.*, pp. 89-90.

« dé-ception » où l'apocalypse se déroberait à elle-même ? En effet la voix de Derrida emprunte ici un ton apocalyptique en se laissant contaminer par la résonnance de voix sans origine et sans fin, redoublant un geste qu'il identifie lui-même au cœur de *L'Apocalypse* :

> Chaque fois que l'Agneau ouvre l'un des sept sceaux, l'un des quatre vivants dit « Viens » [...] et surtout à la fin des fins, « Viens » se lance ou se répercute dans un échange d'appels et de réponses, qui précisément n'est pas un échange. Les voix, les lieux, les trajets de « Viens » traversent la paroi d'un chant, un volume d'échos citationnels et récitatifs, comme si ça commençait par répondre ; et dans cette traversée où ce transfert les voix trouvent leur espacement, l'espace de leur mouvement mais elles l'annulent d'un trait, elles ne lui donnent plus le temps.[171]

Le ton « déraille », suspendu à nouveau à la logique du « *sans* » : échange *sans* échange, question *sans* question (il s'agit tout au plus d'un « appel »), réponse *sans* réponse (« comme si »), espace *sans* espace (« annulent d'un trait »), comme si la voix « apocalyptique » reposait sur sa dé-faillance, *tremolo* imperceptible de la suspension oscillatoire de toute identité et de toute origine. Voix qui donc « ne s'adresse pas à une identité d'avance déterminable. C'est une dérive indérivable depuis l'identité d'une détermination » ou tout du moins « absolument dérivable, mais seulement de l'autre, de rien qui soit une origine ou une identité vérifiable, décidable, présentable, appropriable »[172]. Il s'agirait donc d'un « appel » étrange qui semble provenir de ce qu'il n'est pas : non pas un « échange » (qui enjoint à parler), mais ce qui tranche (« traverse », « traversée ») sur toute question-réponse (qui disjoint la parole), et qu'il faudrait peut-être donc nommer « in-jonction » : soit l'appel enjoignant de la disjonction que pourrait expliquer l'usage même du « *sans* » dans la mesure où, ainsi que le rappelle Derrida, « "sans" signifie toujours, vous vous en doutez, "sans-avec" ou "avec-sans", "et-sans". C'est une loi générale de logique formelle : une conjonction se glisse et s'insinue d'avance dans toute disjonction, et *vice*

---

[171] *Ibid.*, pp. 88-89.
[172] *Ibid.*, p. 95.

versa. »[173] Or cette « in-jonction » de la parole sous-tend la syntaxe de Blanchot qui « dit souvent X sans X » :

> Aucun mot n'est jamais avancé qui ne soit aussitôt soustrait, retiré, sapé, remplacé par son contraire apparent, sans (c'est l'étrange syntaxe du *sans* qu'il nous faudra patiemment interroger) que telle trace de pas *s'annule* ni se *pose* tout à fait dans cette double négation postulée. Voilà donc une parole, des paroles qui ne s'entendent pas, dérangent l'ordre du temps et du discours auquel nous disons la parole appartenir, qui ont leur lieu sans essence dans l'allure d'un « va et vient errant ».[174]

Nous retrouvons ici la logique « apparemment » contradictoire que Derrida présentait à la fois comme « nécessaire » (*ne* + *cedere* « marcher, s'en aller » : impossibilité d'en sortir) et ici « étrange » (*extraneus* : du dehors, extérieur, hors de) faisant écho au « pas au-delà » de Blanchot : « trace de pas » (à la fois terme de négation et élément de la marche) qui avance en se retirant et se retire en avançant et qui pourrait se moduler selon les inflexions suivantes : sans « pas », pas « sans » ; pas sans pas. Démarche qui opère selon le principe d'« une double négation » qui se démultiplie pour entraîner le désastre de l'apocalypse même, son autodestruction qu'il faudrait entendre à la fois comme la « fin de l'apocalypse » (« il n'y a pas, il n'y a jamais eu, il n'y aura pas d'apocalypse ») mais aussi comme une apocalypse qui arrive à ses fins (« sans pourtant leur être étrangère ») ; « fin *sans* fin » disait Derrida, ce qu'indiquait déjà le préfixe *apo-* (suspension, fin, accomplissement) dans notre « avertissement ». Le redoublement de la négation déroge à la logique du sens sans la quitter : ni positif (« ni se *pose* ») ni négatif (« sans [qu'elle] s'annule ») elle marque ainsi que nous le verrons l'interruption des notions d'espace-temps (« dérangent l'ordre du temps » et « lieu sans essence »). Dans la formule « X *sans* X », un « X » redouble (à la fois avance et retard) l'autre dans un « va et viens errant »[175] sans que l'on

---

[173] Jacques Derrida, « Et cetera… (*and so on, und so weiter, and so forth*, et ainsi de suite, *und so überall*, etc.) » dans Marie-Louise Mallet et Ginette Michaud (eds.), *Jacques Derrida* (Paris, Cahier de L'Herne, 2004), p. 26.

[174] Derrida, *Parages*, *op. cit.*, p. 77.

[175] La notion d'errance en tant qu'absence d'origine et dislocation du lieu se retrouve au cœur de la conception de *Khora* (sur laquelle nous reviendrons) développée par Derrida : « *Khora* marque une place à part […]. Elle échappe à tout schème anthropo-théologique, à toute histoire, à toute révélation, à toute vérité. Pré-originaire, *avant* et hors de toute génération, elle n'a même plus le sens d'un passé, d'un présent passé. *Avant* ne signifie

puisse assigner au premier l'origine de l'autre. Face à l'injonction inassignable de la voix, Derrida nous dit alors :

> Vous serez peut-être tentés d'appeler cela le désastre, la catastrophe, l'apocalypse. Or justement s'annonce ici, promesse ou menace, une apocalypse sans apocalypse, une apocalypse sans vision, sans vérité, sans révélation, *des envois*, des adresses sans message et sans destination, sans destinateur ou destinataire décidable, sans jugement dernier, sans autre eschatologie que le ton du « Viens », sa différence même [qui] n'annonce pas telle ou telle apocalypse : déjà il résonne d'un certain ton, il est en lui-même l'apocalypse de l'apocalypse.[176]

Nous retrouvons ici l'oscillation sans fin de la double négation, ni positif (« menace ») ni négatif (« promesse ») et l'in-jonction du *sans* qui entraîne une réaction en chaîne sans fin où vient se briser l'assignation identitaire de l'apocalypse même. L'injonction de la voix enjoignante (« Viens ») n'annonce rien (« elle n'annonce pas telle ou telle apocalypse ») que sa propre venue. Elle serait le cœur nucléaire de l'apocalypse, sa r*ai*sonnance mais aussi son point de disparition (« l'apocalypse de l'apocalypse »). L'injonction invite à un autre rapport que la mesure du savoir (« sans vérité ») souvent attachée au langage héliotropique de la vision (« sans vision »). Ce « rapport sans rapport » se ressent ici dans l'espace laissé entre deux « illusions » : « vous serez peut-être tentés d'appeler cela désastre » « or justement s'annonce ici une apocalypse sans apocalypse » ; comme si la première illusion s'effaçait dans la seconde, par leur redoublement, illusion sans illusion, c'est-à-dire désillusion, ou dé-ception qui ne serait catastrophe que pour une raison « gardée », recroquevillée sur la possession de son savoir. L'apocalypse, en

Et il cria d'une voix forte, comme rugit un lion. Quand il cria, les sept tonnerres firent entendre leurs voix. Et quand les sept tonnerres eurent fait entendre leurs voix, j'allais écrire ; et j'entendis du ciel une voix qui disait : Scelle ce qu'ont dit les sept tonnerres, et ne l'écris pas.

---

aucune antériorité temporelle. Le rapport d'indépendance, le non-rapport ressemble davantage à celui de l'intervalle ou de l'espacement au regard de ce qui s'y loge pour y être reçu. Et pourtant le discours sur *khora* [...] se trouve inauguré par un nouveau retour à l'origine : nouvelle surenchère dans la régression analytique. Tout le *Timée* est ainsi scandé par des retours en arrière [...] : "*D'après cela, si l'on veut dire réellement comment le Monde est né, il faut faire intervenir dans le récit l'espèce de* la cause errante." » Jacques Derrida, *Khora* (Paris, Galilée, 2006), p. 93.

[176] Derrida, *D'un ton apocalyptique employé naguère*, *op. cit.*, p. 95.

appelle donc à la suspension (*apo-*) de ce que l'on entend habituellement par « révélation » (*kaluptein*) ainsi que le rappelle Levinas :

> La révélation est parole et point image offerte aux yeux. Et si, dans l'Écriture, les mots désignant la Révélation sont empruntés à la perception visuelle, l'apparaître de Dieu se réduit à un message verbal (*dvar elokhim*) qui, le plus souvent, est ordre. Le commandement plutôt que la narration constitue le premier mouvement allant vers l'entendement humain ; est, de soi, le commencement du langage.[177]

La notion de « commandement » partage avec « l'in-jonction » le rapport à la voix (« message verbal »), à l'autorité (« ordre ») du « commencement » qui ne saurait se réduire à la « vision » de l'origine, c'est-à-dire à son assignation identitaire ou à sa localisation. Dans une certaine mesure, le commandement *enjoindrait à interrompre* le règne de la vision, en annonçant une « révélation » *sans* « révélation », la suspension (*apo-*) de ce qui cherche à se cacher dans la vision (*kaluptein*). Le commandement s'annonce alors comme rapport *sans* rapport au savoir, qui s'entendrait dans le tremblement de la voix, sous l'oscillation des concepts qu'initie la coupe du « *sans* ». Or, comme le rappelle Derrida, « quand la voix tremble, quand on entend cette voix, on entend une voix qui ne se localise pas ; elle se fait entendre *par ce que* son lieu d'émission n'est pas fixé. »[178] On serait alors tenté de dire que là où la raison vacille (sans se perdre) s'entend un nouveau rapport au savoir que l'on pourrait nommer « r*ai*sonnance »[179] :

> Quand on dit « vibration différentielle pure », on a l'impression de voir se dérober toute identité, toute présence, toute plénitude, tout contenu ; on n'a plus à faire qu'à un système de rapports qui vibre ou qui chante. On serait ainsi dans la *déception* ou le manque. [...] Cette « vibration différentielle », c'est pour moi la seule forme de réponse possible au désir, la seule forme de jouissance, et qui ne peut donc être qu'une jouissance écartée, ce qui veut dire jouissance a deux ou à plusieurs, jouissance où l'autre soit appelé ; je n'imagine pas une jouissance vivante qui ne soit pas plurielle, différentielle. Cela se marque de manière minimale en ceci qu'un timbre, un souffle, une syllabe, est déjà une vibration différentielle ; en quelque sorte, il n'y a pas d'atome.[180]

---

177 Emmanuel Levinas, *L'Au-delà du verset* (Paris, Editions de Minuit, 1982), p. 174.

178 Jacques Derrida, « Dialangues », dans *Points de Suspension* (Paris, Galilée, 1992), p. 144. Je souligne.

179 Nous reviendrons sur cette question dans la dernière partie de notre ouvrage.

180 Derrida, « Dialangues », *op. cit*, pp. 146-147. Je souligne.

La r*ai*sonnnance serait l'entente de cette « vibration différentielle pure » dont le « *sans* » porte la trace. Entre X et X il n'y a plus rapport ou, tout du moins, seulement le rapport (*sans* rapport) de la différ*a*nce à soi. Dans le rapport d'homologie entre X et X s'inscrit le suspend d'une marque infime, la dis-jointure du *sans* qui empêche le X de se refermer sur son « identité », sa « présence », « sa plénitude » et l'« appelle » à s'ouvrir à « l'autre ». La voix, notamment la polyphonie inassignable des voix dans l'*Apocalypse* ou dans les textes de Blanchot, ferait donc résonner la pensée selon la « vibration différentielle pure » de l'injonction qui « se marque de manière minimale » par la syntaxe du « *sans* ». Le « sans » semble annoncer une métaphysique des particules (ressentie ici dans la quasi intangibilité des illustrations : « timbre », « souffle », « syllabe ») qui menace l'intégrité du même et toute pensée qui se refermerait sur une identité insécable : « il n'y a pas d'atome » nous dit Derrida. Notons à nouveau ici comment le concept de « déception » est associé à l'interruption du « *sans* » qui « se dérobe » à tout processus unificateur pour exposer la pensée à son dessaisissement, à son désintéressement et donc à sa « dé-ception ». Une même approche semble alors informer la conception blanchotienne de la littérature :

> – Je ne puis pas ne pas remarquer que tous les traits que nous avons évoqués tour à tour pour ressaisir ce qui est en jeu dans la littérature, nous les avons renversés et effacés l'un après l'autre, dans *un mouvement assez décevant* – C'est que la littérature est peut-être *faite essentiellement pour décevoir*, étant comme toujours en défaut par rapport à elle-même. Et c'est vrai, le mot chef-d'œuvre, le mot œuvre, et celui de postérité et de gloire et celui de culture, celui de création et d'être, celui de destruction et de néant et, pour finir, le mot d'origine, tour à tour ils se sont offerts et ils se sont retirés, mais peut-être chaque fois ne s'effaçant pas tout à fait, laissant dans ce mouvement de retrait une trace et un trait presque ineffaçable. [...] Dans la littérature se jouerait quelque affirmation irréductible à tout processus unificateur, ne se laissant pas unifier et elle-même n'unifiant pas, ne provoquant pas à l'unité. C'est pourquoi, nous ne pouvons la saisir que par le biais d'une suite de négations, car c'est toujours en termes d'unité que la pensée, à un certain niveau, compose ses références positives. C'est pourquoi aussi la littérature n'est pas vraiment identifiable, si elle est *faite pour décevoir* toute identité et pour *tromper la compréhension* comme pouvoirs d'identifier.[181]

---

[181] Blanchot, *L'Entretien infini*, *op. cit.*, pp. 594-595. Je souligne.

L'« essence » de la littérature semble bien être pour Blanchot « la dé-ception » puisque elle expose la pensée à un des-saisissement (« nous ne pouvons la saisir ») qui résiste à sa com-préhension (« tromper la compréhension ») et ne se laisse pas « res-saisir » dans son « projet unificateur », c'est-à-dire dans l'identité à soi de la raison rendue.[182] Pour entendre l'appel de la littérature, il faudrait dans une certaine mesure renoncer au savoir et s'ouvrir à « l'entente » (de ce qui se dérobe à la pensée). On entrevoit à nouveau ici la marque du « *sans* » à travers le redoublement de la négation présent dans le double-bind du « je ne puis pas ne pas », mais aussi la syntaxe dis-joignante (« évoqués »/« renversés », « ressaisir »/« effacés », « offerts »/« retirés »), et le redoublement d'une dé-ception qui ne peut se saisir que par « un mouvement [lui-même] assez décevant » puisqu'il « ne s'effaç[e] pas tout à fait, laissant dans ce mouvement de retrait une trace et un trait presque ineffaçable ». Il semblerait alors que, tout comme l'apocalypse, la littérature ainsi conçue n'en finisse pas de ne pas arriver.

---

182 Nous reviendrons sur le dispositif unificateur du « principe de raison » au chapitre V.

3. *Sans* indemnités

Le recours à la négation, voire à la dénégation[183], appartient, on le sait, à l'héritage de la « théologie négative », même si, ainsi que le rappelle Derrida, « on n'est pas sûr, pour des raisons essentielles, on le verra, de pouvoir attribuer à quiconque un projet de théologie négative *comme tel* »[184], rappelant le défaut d'attribution (Blanchot disait : « en défaut par rapport à elle-même ») de la voix apocalyptique telle que nous l'évoquions précédemment. Le « double-bind » du déni, l'injonction du « je ne peux pas ne pas », de son propre aveu, marque le texte de Derrida entre fascination (« j'ai toujours été fasciné par les mouvements dits de théologie négative. »[185]) et rejet : « non, ce que j'écris ne relève pas de la "théologie négative". » [186] La dénégation se tiendrait donc entre affirmation et négation pour nier *sans* nier :

> Ainsi au moment où surgit la question « comment ne pas parler ? », il est déjà trop tard. Il n'était plus question de ne pas parler. Le langage a commencé sans nous, en nous, avant nous. C'est ce que la théologie appelle Dieu et il faut, il aura fallu parler. Ce « il faut » est *à la fois* la trace d'une nécessité indéniable (autre façon de dire qu'on ne peut éviter de la dénier : on ne peut que la dénier) *et* d'une injonction passée. Toujours déjà passée, donc sans présent passé. Il a bien fallu pouvoir parler pour laisser venir la question « comment ne pas parler ? »[187]

On entend au travers de l'injonction du « il faut », le commandement et l'obligation, et cette polarité par laquelle Derrida désignait la syntaxe

[183] Comme le rappelle Derrida : « Qui a jamais assumé *comme tel*, le revendiquant explicitement sous ce nom, au singulier, le projet de *la* théologie négative, sans le soumettre et le subordonner, sans le pluraliser au moins ? Au sujet de ce titre, *la* théologie négative, peut-on faire autre chose que *dénier* ? » Derrida, « Comment ne pas parler », dans *Psyché*, *op. cit.*, p. 536, note.

[184] *Ibid.*, pp. 535-536.

[185] *Ibid.*, p. 545.

[186] *Ibid.*, p. 540.

[187] Derrida, « Comment ne pas parler, dénégations », *op. cit.*, p. 561.

(dé)négatrice de Blanchot comme « nécessaire » et « étrange » auxquels font écho ici la « nécessité » et le dehors du « toujours déjà passé » (pour Blanchot : « l'allure d'un va et vient errant » qui « dérange l'ordre du temps »). L'injonction serait ici « indéniable », presque « ineffaçable », nous disait Blanchot, et cela dans la mesure où elle échappe à la raison par son « impropriété », ayant « commencé sans nous ». L'injonction renverrait en quelque sorte à l'expérience de « l'intraduisible » au sens où Barbara Cassin le présente : « parler d'intraduisible n'implique nullement que les termes en question [...] ne soient pas traduits ou ne puissent pas l'être – l'intraduisible c'est plutôt ce qu'on ne cesse pas de (ne pas) traduire. »[188] La dénégation serait ce qu'on ne cesse pas de (ne pas) nier, tout comme l'ineffaçable serait ce qu'on ne cesse pas de (ne pas) effacer et dont le « sans » porte la marque.

Cette structure de pensée se retrouverait non seulement chez Blanchot et Derrida mais aussi chez Levinas, qui « reste par là fidèle à la ligne de *Totalité et Infini* où l'accueil du transcendant se définit déjà comme un "toucher et ne pas toucher" : "rapport sans rapport", rapport qui "à la fois franchit et ne franchit pas la distance", "contact de l'intangible" [...]. Arrimé à la structure "x sans x", cette équivoque ferait-elle écho au tour apophatique de la théologie négative ? » [189] Derrida semble souscrire à cette interprétation de la démarche levinassienne en tant que dénégation : « marquée dans l'analyse par la récurrence du "*comme si*" et du "*sans*" (x sans x, "essence de la non-essence", "apparaît sans apparaître", etc.), cette équivoque de négation sans négativité aura donc été l'ambiguïté assumée de ce discours quant à ce qui s'appelle la vérité, le phénomène, l'apparaître, l'ontologie et la phénoménologie. Rien que ça »[190] ; et cela, même si/dans la mesure même où (à nouveau la logique déroutante de l'in-jonction) Levinas opposera à cette lecture de son œuvre la marque révélatrice du « déni » : « toutes les négations intervenant dans la description de cette

---

188 Barbara Cassin, « Présentation », dans *Vocabulaire européen des philosophies, Dictionnaire des Intraduisibles, op. cit.*, p. XVII.

189 David Brezis, « Ethique et violence du Sacré », dans Danielle Cohen-Levinas, *Lire* Totalité et Infini *d'Emmanuel Levinas. Études et interprétations* (Paris, Éditions Hermann, 2011) p. 167.

190 Jacques Derrida, *Le Toucher, Jean-Luc Nancy* (Paris, Galilée, 2000), pp. 96-97.

"relation à l'infini" ne se bornent pas au sens formel et logique de la négation, ne constituent pas une théologie négative »[191] ou encore dans une lettre adressée à Derrida : « pour Heidegger j'ai l'impression que vous acceptez sa "théologie" négative et toutes ses hypothèses. »[192]

Or, selon Derrida, la dénégation tiendrait au fait qu'il n'y ait aucun discours « qui ne soit en rien contaminé de théologie négative, et même parmi ceux qui apparemment n'ont, ne veulent ou ne croient avoir aucun rapport avec la théologie en général. La théologie négative est partout, mais elle n'est jamais seule. C'est par là aussi qu'elle appartient, sans l'accomplir, à l'espace de la promesse philosophique ou onto-théologique qu'elle parait renier [...]. »[193] La théologie négative affecterait donc l'ordre du discours lui-même, sa logique (tout comme sa « chrono-logie » ou sa « topo-logie ») mais aussi (geste Derridien par excellence) elle serait auto-affectée, puisque elle « n'est jamais seule » : elle traverse tout en se laissant traverser par tout discours dans un geste d'auto-effacement. Il n'y aurait donc pas « une » théologie négative, mais en quelque sorte un *point* d'effacement (« théologie négative *sans* théologie négative ») entre menace (« contamination ») et la « promesse philosophique » d'empêcher la pensée de se refermer sur son ipséité. Ainsi, pour Derrida, à travers l'héritage de la théologie négative, « c'est l'idée même d'une identité ou d'une intériorité à soi de toute tradition (*La* métaphysique, *l'*onto-théologie, *la* phénoménologie, *la* révélation chrétienne, *l'*histoire même, *l'*histoire de l'être, *l'*époque, *la* tradition, *l'*identité à soi en général, un, etc.) qui se trouvent contestée en sa racine »[194], dans un geste qui n'est pas sans

---

191 Emmanuel Levinas, *Le Temps et l'autre,* conférence de 1946-1947 (Paris, Fata Morgana, 1979), p. 91.

192 Emmanuel Levinas, « Deux lettres d'Emmanuel Levinas à Jacques Derrida », dans Danielle Cohen-Levinas (dir.), *Lire* Totalité et Infini *d'Emmanuel Levinas* (Paris, Hermann, 2011), pp. 213-214.

193 Jacques Derrida, *Sauf le nom* (Paris, Galilée, 1993), p.81. Derrida identifiera notamment une certaine « théologie négative à l'œuvre dans la réduction phénoménologique : « En quoi son *épochè* a quelque affinité aussi bien avec la *skepsis* du scepticisme qu'avec la réduction phénoménologique. Et contrairement à ce que nous disions tout à l'heure, la phénoménologie transcendantale, en tant qu'elle passe par la suspension de toute *doxa*, de toute position d'existence, de toute thèse, habite le même élément que la théologie négative. L'une serait une bonne propédeutique à l'autre. Assez surprenant, n'est-ce pas ? » (*Ibid.*, p. 78.)

194 Derrida, *Sauf le nom*, *op. cit.*, p. 85.

évoquer celui de la déconstruction elle-même. C'est donc « l'atomisme » de toute pensée qui se trouve contestée. Or selon Jean-Luc Marion : « "La théologie négative" n'offre pas à la déconstruction un nouveau matériau ou une anticipation inconsciente, mais sa première concurrence sérieuse, peut-être la seule possible. Bref, pour la déconstruction, il y va, dans la "théologie négative", non pas d'abord de la "théologie négative", mais d'elle-même, de son originalité et de sa prééminence finale. »[195]

L'enjeu pour Derrida sera alors de dénoncer dans la théologie négative la préservation d'une métaphysique de la présence sous couvert de dénégation, « présence » de Dieu sans l'être : « "L'apophase a toujours représenté une sorte d'hyperbole paradoxale" et la négation "partout mais jamais seule", comme l'adverbe *sans*, "transmue en affirmation sa négativité" ; bref, elle ne nie pas l'essence, l'être ou la vérité de Dieu mais les dénie pour mieux les rétablir, à une hyperbole près. »[196] C'est bien contre ce surenchérissement de la présence (« hyperbole paradoxale ») par-delà la négativité que Derrida tente de se prémunir : « dans la mesure où [la théologie négative] semble réserver, au-delà de toute prédication positive, au-delà de toute négation, au-delà même de l'être, quelque suressentialité, un être au-delà de l'être. C'est le mot dont Denys use si souvent dans les *Noms divins : hyperousios, - ôs, hyperousiotes.* Dieu comme être au-delà de l'être ou aussi bien Dieu *sans* l'être. »[197] La déconstruction se méfiera d'une négation qui se laisse encore trop facilement absorber dans le mouvement d'une positivité qui ne ferait que préserver la pureté inaltérée du même. Elle rejoint en cela la pensée de Blanchot pour qui « il y a encore trop de positivité dans le néant. L'énormité de ce mot, comme l'énormité du mot être les ont l'un et l'autre fait s'écrouler sous leur ruines

---

195 Jean-Luc Marion, *De Surcroît* (Paris, PUF, 2001), pp. 159-160. Il précise alors : « Il importe donc stratégiquement à la déconstruction de déconstruire aussi radicalement que possible la double revendication de la prétendue "théologie négative" : déconstruire Dieu et néanmoins l'atteindre ; faute de quoi, la déconstruction selon la différance subirait d'abord une concurrence (on pourrait déconstruire la présence sans elle), ensuite une marginalisation (la déconstruction n'interdirait pas l'accès à Dieu, hors présence et sans l'être). Lorsque la déconstruction s'attaque à ce qu'elle désigne encore, avec toute la tradition, sous le titre imprécis de "théologie négative", elle n'attaque donc pas tant qu'elle ne se défend elle-même. » (*Id.*)

196 *Ibid.*, p. 161.

197 Derrida, « Comment ne pas parler, dénégations », *op. cit.*, p. 540.

(ruines du reste encore trop avantageuses). Voilà des termes dont il vaut mieux se garder. »[198] Tout l'enjeu de la syntaxe du « X *sans* X » telle que Blanchot et Derrida la réinterprètent, serait d'opérer une « négativité *sans* négativité » qui ne laisse en quelque sorte aucune trace de son passage, qui « détruise tout en laissant tout en l'état »[199] : sans « reste », sans ces « ruines » de concepts qui sont « encore trop avantageuses » car elles préservent la trace et la nostalgie d'une présence ainsi préservée. Blanchot essaiera, au travers de sa conception de l'écriture comme désœuvrement, de parachever le travail de destruction. Il semble par exemple mettre l'accent, dans son interprétation de la théologie négative de « Maitre Eckhart », sur une destruction sans reste qui ne laisse que peu de place pour cette « suressentialité de L'Être au-delà de l'être » que dénonçait Derrida: « Il est significatif qu'Eckhart, parallèlement à une intuition [...] qui lui fait ressentir comme seul digne d'être vécu un état qui exige la mort de l'homme, la mort de l'esprit et même la mort de Dieu, se tienne à un emploi rigoureux de la pensée et fasse porter par la raison son propre anéantissement. » [200] Blanchot semble retenir ici une inflexion déterminante qui résonne avec la scène intellectuelle contemporaine française et son obsession pour les fins (« mort de l'homme », etc...), et informera son œuvre, notamment *L'Écriture du désastre* : soit l'expérience (*sans* expérience) incontournable, par la pensée, de son propre anéantissement. Ainsi, pour Blanchot, Maitre Eckhart :

> ne recourt pas seulement à une forme violente parce que sa pensée exige cette violence, ce oui et ce non intimement unis, mais il choisit consciemment la forme la plus lourde de scandale pour que la pensée ne puisse la recevoir que dans une tension qui lui enlève son repos et la déchire et la prépare au silence. Maitre Eckhart sent pleinement que s'il a le droit de se servir de l'entendement devant laquelle la pensée se disloque, c'est en lui faisant tenir l'un de ses rôles qui est de se contredire sans cependant être englouti dans la contradiction.[201]

La violence de la dénégation se soustrait à la volonté (à tout ce que la « pensée exige ») pour dépasser l'alternative du « oui » et du « non », et

---

198 Blanchot, *L'Entretien infini, op. cit.*, p. 593.
199 Blanchot, *L'Écriture du désastre, op. cit.*, p. 7.
200 Maurice Blanchot, « Maitre Eckhart », dans *Faux-Pas* (Paris, Gallimard, 1943, 1971), p. 32.
201 *Ibid.*, p. 34.

briser le principe de « non-contradiction » de la pensée tout comme celui de « contradiction » qui ne ferait que préserver l'unité du principe (« ce oui et ce non intimement unis »), pour s'en remettre à « l'anéantissement » (« disloque », « déchire ») qui l'expose à cette expérience essentielle du dessaisissement de la dé-ception (« ne puisse la recevoir », « enlève son repos ») en se soutirant à la volonté et l'(em)prise de la pensée (et du savoir). Blanchot conclu alors : « c'est dans la perspective de ce détachement que l'échec devient victoire et la chute mouvement vers le haut, parce que les notions de salut, d'espérance et de béatitude ne comptent plus au regard de l'expérience suprême de la foi qui est au-dessus de toute mesure et de toute fin. »[202] Expérience paradoxale dans la mesure où rien ne semble être « sauf », et même la positivité des termes (victoire, salut, espérance, béatitude, foi) et leur transcendance (au-dessus, suprême, vers le haut) semblent tenus en « échec » et céder le pas à l'expérience d'un « détachement » proprement excédant. Ce que Blanchot, Derrida (et dans une certaine mesure Levinas) opèrent au sein de la théologie négative serait donc une reformulation du concept de délaissement (auquel s'apparente celui de dé-ception) ou *Gelassenheit* que Levinas traduira par « des-inter-essement »[203] et qui s'entend peut-être dans ce fragment de *L'Écriture du désastre* de Blanchot : « la passivité d'un laisser-aller qui ne renonce pas, n'annonce pas, sinon l'impropre retour. »[204] Le « retour » décrirait en quelque sorte le geste dés-appropriant, désarmant du *sans* qui scande la syntaxe blanchotienne, puisque le X *sans* X marque le retour d'un X en apparence identique, *indemne* mais qui ne peut toutefois coïncider avec lui-même (sous l'effet de soustraction du *sans*) donc « impropre » (« inappropriable »). La question que pose l'héritage de la théologie négative à la philosophie (et vice versa) serait donc celle de son *indemnité*. Ainsi, si pour Jean-Luc Marion, la violence des objections formulées par la déconstruction à l'encontre de la théologie négative :

> pourrait conduire à les sous-estimer et à les écarter, nous ne cèderons pas à cette tentation [...]. D'abord parce qu'au moins l'une d'entre elles oblige la théologie chrétienne à une interrogation sérieuse : dans quelle mesure la négation ne travaille-t-elle pas en effet seulement à rétablir dans la *via eminentiae*

---

202 *Ibid.*, p. 36.
203 Voir notamment notre chapitre VII, 1.
204 Blanchot, *L'Écriture du désastre*, *op. cit.*, p. 15.

> ce que l'apophase avait disqualifié ? En particulier, l'éminence divine n'aurait-elle pas pour fonction de protéger valider et maintenir l'attribution réelle à Dieu de l'être, de l'essence, de la pensée, etc., bref, de tous les concepts fondateurs de la métaphysique – aux prix seulement d'un passage hyperbolique (par l'hyper et ses substituts) ?[205]

De la même manière on pourrait montrer que cette question de l'indemne (protection, validation, maintenance) et de ses indemnités (ce qui lui en coute : « au prix de »), de ses dommages (« disqualifier ») et intérêts (« rétablir », « au prix d'un passage hyperbolique ») « oblige » à son tour toute philosophie à une « interrogation sérieuse » dans la mesure où la question de l'indemne est l'héritage commun aux traditions philosophiques et théologiques. Ainsi pour Blanchot :

> Jadis les dieux, jadis Dieu nous ont aidés à ne pas appartenir à la terre où tout disparaît et, le regard fixé sur l'impérissable qui est le supraterrestre, à organiser cependant cette terre en demeure ; aujourd'hui où manquent les dieux, nous nous détournons toujours plus de la présence passagère pour nous affirmer dans un univers construit à la mesure de notre savoir et libre de ce hasard qui toujours nous fait peur, parce qu'il recèle l'obscure décision.[206]

Le théologique et le philosophique auraient donc en commun une quête de « l'impérissable » et cela malgré les dénégations qui ne font que rétablir son emprise « au prix d'un passage hyperbolique » (ici marqué par le « supra-terrestre »). De même, là où les dieux viennent à manquer, prendrait racine ce que Levinas nomme :

> La théologie rationnelle [qui] est une théologie de l'être où le rationnel équivaut au Même, dans son identité, suggéré par la fermeté ou la positivité de la terre ferme sous le soleil [...]. La notion de subjectivité coïncidant avec l'identité du Même et sa rationalité signifiait la liaison du divers du monde en l'unité d'un ordre, ne laissant rien au dehors.[207]

La marque du *sans* viendrait alors interrompre cette « liaison » du *logos* – cette ligature du sens qui se resserre sous l'emprise de la raison – en l'exposant au « dehors » de l'in-jonction qui brise les tables de la loi du même, de l'identité, et de l'unité de l'indemne. Blanchot semble souscrire

---

[205] Jean-Luc Marion, *De Surcroît*, *op. cit.*, pp. 161-162.
[206] Blanchot, *L'Entretien infini*, *op. cit.*, pp. 46-47.
[207] Levinas, *L'Au-delà du verset*, *op. cit.*, p. 179.

à cette vision de la « stricture » du *logos* qui sous la dictature de l'indemne aurait entraîné la perte de la « mort » même :

> Luttant et d'une manière superbe, avec des ressources merveilleuses, il ne se peut que, dans cette lutte, nous n'ayons pas sacrifié quelque chose, perdu, pour nous sauver, la vérité de cela contre quoi il nous appartenait de nous garder saufs. Mais ici, nous entrons dans un ordre plus secret, disant par des mots qui trahissent : nous avons perdu la mort. Perdu la mort ? [...] est-ce que nous aurions oublié que nous somme mortels ? Est-ce qu'à tout instant nous ne nommons pas ce qui fait de nous des mortels ? Nous le nommons, mais pour le maîtriser par un nom et, en ce nom, à la fin nous en défaire. Tout notre langage – est c'est là sa nature divine – est agencé pour révéler, en ce qui « est », non ce qui disparaît, mais ce qui toujours subsiste et en cette disparition se forme : le sens, l'idée ; l'universel ; ainsi ne retient-il, de la présence, que ce qui, échappant à la corruption, marque le sceau de l'être (sa gloire aussi), n'est donc pas vraiment non-plus. Le recul devant ce qui meurt est recul devant la réalité. Le nom est stable et stabilisé, mais laisse se perdre l'instant unique déjà évanoui ; de même que le mot, toujours général, a toujours déjà manqué ce qu'il nomme.[208]

On retrouve ici la dénégation du « *sans* » au détour du redoublement étrange de la négation qui ouvre ce passage (« il ne se peut que nous n'ayons pas ») et qui est la marque de cette syntaxe « étrange et nécessaire » de Blanchot par laquelle il cherche à se soustraire à la ligature du *logos* en l'exposant à la rupture de deux forces (négations) opposées. Le *logos* s'édifie par la construction d'un discours « bien ficelé »[209], sur ses gardes, tenant à se protéger de toute erreur pour atteindre à la pureté inaltérable de l'idée et la préserver saine et sauve. Il aurait, ce faisant, succombé au piège narcissique d'une raison qui rend le monde à son image. En « perdant la mort » elle se serait paradoxalement « donné la mort » car toute raison qui échappe à la mort (au principe de « réalité ») « n'est donc pas vraiment non plus. » Le langage (*logos*), dans une certaine mesure, selon un certain usage, ne parle qu'en vue de la subsistance de la raison (*logos*) selon un geste autotélique (*logos* = *logos,* X = X) qui vise à préserver la stabilité de ce « qui toujours subsiste ». Les mots visent à saisir l'être de la chose nommée soit pour la garder, soit pour s'en garder, c'est à dire tenir à distance ce qui la menace afin de mieux la « maîtriser ». La raison, ne

---

208 Blanchot, *L'Entretien infini*, *op. cit.*, p. 7.

209 Nous retrouvons cette ligature du mal « bien ficelé » dans l'iconographie du sceau que nous attribuons à la présente section (« *Sans* indemnités »).

s'exposerait à sa mort, que selon la logique apocalyptique de la venue rédemptrice de sa vérité, de sa « révélation. » Ainsi, pour Blanchot :

> Cette mort, par une étonnante vocation, l'esprit et le langage ont réussi à faire d'elle un *pouvoir*, mais à quel prix ? En l'idéalisant. Qu'est-elle maintenant en effet ? Non plus la dissolution immédiate en quoi tout disparaît sans pensée, mais cette mort fameuse qui est le commencement de la vie de l'esprit. Et comment ne serions-nous pas amenés à prétendre qu'en cette dénaturation idéalisante, c'est l'obscurité même et la noire réalité de l'événement indescriptible qui s'est perdue, détournée par nous, grâce à un étonnant subterfuge, en moyen de vivre et en pouvoir de penser.[210]

Au travers d'une critique à peine voilée de l'idéalisme hégélien qui relève la négativité dans la positivité de *l'Aufhebung*, semble poindre un schème déceptif qui s'étend à l'usage du *logos* « en général ». La raison se fait ici illusion (« dénaturation idéalisante »), jouant d'un « étonnant subterfuge » en faisant un usage « positif » (« fameuse », « idéalisant », « commencement », « vie », « esprit », « moyen », « pouvoir ») de la « négation » (« mort », « dissolution », « disparaît », « obscurité », « noire réalité »). On comprend alors comment pour Derrida et Blanchot, la dénégation ou redoublement de la négation représenterait une tentative pour se soustraire à la réintégration du négatif dans le mouvement englobant du positif auquel tout *logos* semble souscrire. Il s'agirait d'exposer à une désillusion, une dé-ception radicale qui soustrait la pensée à sa propre emprise. Blanchot, Derrida et Levinas n'auront de cesse de dénoncer cet « étonnant subterfuge » d'une pensée qui ne saisit que l'unique et l'indemne et vit de l'évacuation de son autre, exposant ce que Blanchot nomme une « ruse du moi : sacrifier le moi empirique pour préserver un Je transcendantal ou formel, s'anéantir pour sauver son âme (ou le savoir, y compris le non-savoir). »[211] Blanchot cherche à suspendre la vision apocalyptique d'une pensée qui se révèlerait à travers sa fin. Il opère donc une apocalypse *de* l'apocalypse (donc une « apocalypse *sans* apocalypse ») et rejette le jeu de cache-cache (*kaluptein*) qu'initie l'alternance entre le positif (« le savoir ») et ce négatif qui peut toujours masquer le retour du positif sous la forme du « non-savoir », n'offrant qu'une négativité dont la pensée peut encore se « saisir ».

---

[210] *Ibid.*, p. 49.
[211] Blanchot, *L'Écriture du désastre*, *op. cit.*, p. 26.

L'*Écriture du désastre* cherchera alors à formuler un *logos* qui se soustrait au « savoir » comme à la fausse alternative du positif et du négatif : « le désastre nous ôtant ce refuge qu'est la pensée de la mort, nous *dissuadant* du catastrophique ou du tragique, nous *désintéressant* de tout *vouloir* comme de tout mouvement intérieur, ne nous permet pas non plus de jouer avec cette question : qu'as-tu fait pour la connaissance du désastre ? »[212] Le désastre reconduit à une mort qui ne saurait être idéalisée, « la dissolution immédiate en quoi tout disparaît sans pensée » qui ne permet pas à la pensée de trouver « refuge » fût-ce dans le subterfuge d'une approche négative. Nous retrouvons une modulation de la *Gelassenheit* comme *désintéressement*, mouvement essentiel qui ne puisse se (re)constituer en « connaissance », donc hors d'atteinte de la pensée. Derrida essaiera de mettre la pensée à l'épreuve d'un même désappointement ou dé-ception :

> Ce renoncement infini qui en quelque sorte *se rend à l'impossible*. Se rendre à l'autre, et c'est l'impossible, reviendrait à se livrer en allant vers l'autre, à y venir mais sans passer le seuil, et à respecter, à aimer même l'invisibilité qui garde l'autre inaccessible. A rendre les armes. Rendre cette fois ne signifie plus restituer, reconstituer une intégrité, rassembler dans le pacte ou le symbolique. Se rendre et rendre les armes sans défaite, sans mémoire ni projet de guerre : Faire que ce renoncement ne soit pas encore une ruse de séduction ou un stratagème supplémentaire de la jalousie.[213]

Il ne s'agit plus ici de suivre la logique du *logos* et de son puissant principe de raison qui repose (ainsi que nous le verrons dans le chapitre suivant) sur la *ratio reddenda,* la raison rendue. Il ne s'agit donc pas de se plier à un système qui rend raison du monde en « restituant et reconstituant une intégrité » à son image, mais d'un « renoncement infini », une (ab)négation, qui résiste à toute topologie, à tout lieu, à tout « X » qui en marquerait l'emplacement (où l'on pourrait encore « se rendre » et donc trouver refuge). « Se rendre » serait au contraire l'expérience d'un laisser-être propre à la *Gelassenheit*, qui expose à « l'inaccessible » du dehors, à une altérité sans retour. Défaillance « *sans* défaite » de la pensée entre deux négations, celle de « l'un » qui doit se faire violence pour s'ouvrir à l'autre et celle de « l'autre » auquel l'un ne peut pourtant se sacrifier entièrement sous peine de reconduire à une nouvelle tyrannie identitaire. Le dés-intér-

---

212 *Ibid.*, p. 10. Je souligne.

213 Derrida, *Sauf le nom*, *op. cit.* pp. 91-92.

esse-ment (pensée qui résiste au « intérêts » de la raison, et à ses « dommages ») ou mouvement de dé-ception expose donc à une « apocalypse *sans* apocalypse » de la pensée (à son désastre) dans la mesure où elle renonce à son auto-affection, à son amour-propre, à sa propriété, et toutes ces « ruses de séduction » ou « stratagèmes » qui peuvent encore faire du sacrifice une « ruse du moi » visant à « s'anéantir pour sauver son âme », disait Blanchot pour qui il s'agira, au terme de cette expérience *sans* expérience, de la persistance d'un questionnement au sein du désastre[214]:

> *Que veut dire alors survivre, sinon vivre d'un acquiescement au refus, dans le tarissement de l'émoi, en retrait de l'intéressement à soi, dé-sintéressé, extenué jusqu'au calme, n'attendant rien ? – par conséquent, attendant et veillant, puisque soudain éveillé et, le sachant désormais, jamais assez éveillé.* [215]

« L'expérience » du désastre, qui n'est pas celle d'une mort idéalisée, ou idéalisante et salvatrice, déroge à l'ordre (chrono)logique, faisant irruption contre toute attente (« n'attendant rien ») et ne pouvant s'exprimer que par la marque d'une négation *sans* négation (« acquiescement », « refus ») exposant à la dé-ception (« en retrait de l'intéressement à soi, dés-intéressé »), expérience qui pourrait être récupérée comme « sur-vie » (où pourrait se lire le geste « hyperbolique » d'une « suressentialité » que Derrida rejetait en tant que ruse de la théologie négative, son regain d'immunité) si elle n'était au contraire « exténuation », c'est à dire la « défaillance » du moi. Il s'agira alors pour Blanchot de multiplier les formules qui permettent de ressaisir ce mécanisme de la dé-ception, notamment au travers de son écriture du « neutre » : « toute rencontre, celle où l'Autre, surgissant par surprise, oblige la pensée à sortir d'elle-même, comme il oblige le Moi à se heurter à la défaillance qui le constitue

---

[214] On rappellera la position centrale que prend dans *L'Écriture du désastre,* cet épisode de la *Scène Primitive* qui entre réalité autobiographie et fiction (ou plutôt par leur effacement) semble (des)organiser les fragments de l'ouvrage de Blanchot pour en constituer le point de convergence-divergence un peu à la manière du « sans » dans la structure « X *sans* X ».

[215] Blanchot, *L'Écriture du désastre*, *op. cit.*, p. 179. Levinas parlera dans un même esprit de « veille sans intentionnalité mais seulement réveillée sans cesse de son état même de veille, se dégrisant de son identité pour le plus profond que soi. » Levinas, *De Dieu qui vient à l'idée, op. cit.*, p. 51.

et dont il se protège, est déjà marqué, frangé de neutre. »[216] Le Neutre blanchotien se dit alors dans la syntaxe « étrange et nécessaire » du « *sans* » :

> Neutre, ce mot apparemment fermé mais fissuré, qualificatif *sans* qualité, élevé (selon l'un des usages du temps) au rang de substantif *sans* subsistance ni substance, terme où se ramasserait *sans* s'y situer l'interminable [...] l'interrogation n'entame pas le neutre, le laissant, ne le laissant pas intact, le traversant de part en part ou plus probablement se laissant neutraliser, pacifier ou passifier par lui (la passivité du Neutre : le passif au-delà et toujours au-delà de tout passif, sa passion propre enveloppant une action propre, action d'inaction, effet de non-effet).[217]

Tout comme le « moi » était constitué par la « défaillance dont il se protège », le neutre, expose la pensée à renoncer à son « apparente fermeture » pour s'ouvrir à sa « fissure » inhérente. Le neutre permet alors d'approcher le dessaisissement de la *Gelassenheit*, un délaissement qui laisse entrevoir entre positivité (« le laissant ») et négativité (« ne le laissant pas ») une négativité *sans* négativité (« se laissant neutraliser ») qui se manifeste par l'opération inopérante du *sans*. Le neutre serait donc une apocalypse *sans* apocalypse « laissant, ne laissant pas intact » la pensée, touchant sans toucher à son immunité, tout comme le relève Derrida :

> Il neutralise sans négativité, en affectant le neutre d'une hétérogénéité absolue, et d'abord par rapport à ce qui, dans la langue ainsi neutralisée, aurait pu le river au négatif du « ni l'un ni l'autre ». Ce ressort sans ressort, ce re-trait laisse tout intact (sauf, indemne) en apparence, la langue, le discours, la conscience, le corps, etc., à l'instant même où il a laissé s'opérer en silence un *ravage* absolu, un rapt, une rature instantanée. Mais cette rapidité absolue est celle d'une affirmation, affirmation redoublée : double pas du *sans* qui forme le récit du récit. [...] Pas de négativité dans ce retrait, pas de négation de dénégation dans cette neutralisation. Le *sans* (de) Blanchot doit opérer mais il n'opère pas, il laisse revenir ce qui a toujours été dissimulé comme le tout autre et ne peut qu'être dissimulé. Il doit opérer sans la négativité dont s'est chargé le *sans* dans la langue dite naturelle, la logique formelle ou dialectique.[218]

Le neutre lui-même ne semble pas intact ou indemne, car « affecté d'une hétérogénéité absolue » qui l'empêche de se recroqueviller (« se river ») sur une identité (voire même une absence d'identité) illusoire. Il s'agit encore une fois de se soustraire à la positivité (« ni l'un ») comme à la négativité

---

216 Blanchot, *L'Entretien infini*, *op. cit.*, p. 450.

217 *Ibid.*, p. 449. Je souligne la syntaxe du *sans* par l'italique.

218 Derrida, *Parages*, *op. cit.*, pp. 85-86.

(« ni l'autre »), rejetant l'alternative au travers de la simultanéité (« instantané ») d'un « acquiescement au refus ». Le neutre est un « désastre » pour la pensée qui « ruine tout, tout en laissant tout en l'état »[219], une apocalypse *sans* apocalypse donc que Derrida laisse ici entendre par l'(in)jonction de deux états absolus que tout pourtant sépare : « le sauf, l'indemne » et « le ravage absolu. » La formule « X *sans* X » semble en effet « laisser intact » le « X », à peine le toucher en même temps qu'elle opère une soustraction absolue puisque X *sans* X = 0. Par ailleurs, le « X *sans* X » ne peut s'expliquer que par un « redoublement de la négation », par un autre « X *sans* X » : il opère *sans* opérer « pour laisser revenir ce qui a toujours déjà été dissimulé » (comme *sous X*), c'est à dire la fissure constitutive du X. Ainsi le neutre pour Blanchot ne se réduit pas simplement à la négativité de l'effacement :

> Le neutre se rapporterait donc à cela qui, dans le langage d'écriture, met en « valeur » certains mots en les mettant non pas en valeur, mais entre guillemets ou entre parenthèses, par une singularité d'effacement qui est d'autant plus efficace qu'elle ne se signale pas – soustraction soustraite, dissimulée, sans que pour autant il en résulte une duplication. L'italique en usage chez les surréalistes, signe d'autorité et de décision, serait, au regard du neutre, particulièrement déplacé, encore que la mise entre parenthèse ou entre tirets ou sous la trop visible croix de Saint-André, avec seulement un peu d'hypocrisie, n'a pas d'autre effet. Disons alors que l'opération de mise entre parenthèses n'est pas telle que le neutre s'y accomplisse, mais répondrait toutefois à l'une des tricheries du neutre, à son « ironie ». [220]

Toute la difficulté pour saisir « la singularité d'effacement », au sens où Blanchot l'entend, tiendrait au fait que « l'effacement » ressemblerait encore trop à une opération de la raison, dépendant de sa « volonté » et donc « signe d'autorité et de décision » qui peut être récupéré et donc maîtrisé par elle. L'effacement ainsi conçu pourrait donc rappeler ce « subterfuge » et cette « ruse » de la raison (ici « hypocrisie », « tricherie », « ironie ») qui ne consent à sa propre suppression que pour « sauver son âme » et se retrouver à l'orée rédemptrice de sa vérité. Il faut donc que cette « soustraction » soit elle-même « soustraite », c'est à dire non pas le fruit d'une opération de la pensée mais sa trace « inopérante ». On pourrait alors objecter que la formule « X *sans* X » risque de se raidir à son tour en

---

219 Blanchot, *L'Écriture du désastre, op. cit.*, p. 7. Il s'agit de la première ligne de ce texte.
220 Blanchot, *L'Entretien infini, op. cit.*, p. 449.

principe, qu'elle gagne à désarçonner la pensée pour assurer son emprise et donc, puisqu'elle semble contaminer tous les discours, son omniprésence semble lui garantir cette immunité qu'elle souhaitait pourtant remettre en cause. Ainsi selon Derrida :

> A former comme une phrase enveloppée, à peine suspendue, l'unité d'une grande articulation syntagmatique capable de tout, l'immense squelette ascétique marchant dans tous les sens et au-delà du sens, *sans/pas/sauf* donneraient l'illusion de dominer ou de rassembler la totalité du corpus si chacune des notions ou des oppositions que je viens d'avancer pouvait s'arriver jamais à elle-même, ne s'effritait ou ne s'effondrait sur son bord ; et si chaque faux terme de cette puissante formalisation n'interdisait à l'ensemble de se comprendre en soi, désarticulant la loi de la phrase et rompant l'identité de l'autre terme qui déjà se recoupe et remarque lui-même. Oui de rien sauvées sauf du dehors auquel elles sont vouées. Rien *sauf* le dehors. Encore ce projet de sauvetage appartient-il au projet d'écrire d'« autrefois » : celui qui aurait donc cherché à sauver au-dedans, le dedans, à réapproprier dans la garde de l'abri, dans l'intériorité assimilante de la maîtrise. Il est vrai que le dedans peut être aussi terrible et la compulsion vers le dehors organise parfois la défense : sauf le dehors, tout sauf le dehors. Qu'il reste sauf sans nous. Le pas-au-delà ne laisse plus intacte une quelconque opposition du dedans et du dehors.[221]

Le « X *sans* X », on le voit frôle le désastre, puisque tout en voulant se soustraire à l'ordre du même, de l'unique (« l'unité d'une grande articulation syntagmatique ») et à son immunité, il risque de se « stabiliser » en une formule (« une phrase enveloppée ») omnipotente (« capable de tout ») capable de « rassembler » en soi et donc de maîtriser tout discours. Elle risque de devenir ainsi une « arme absolue » immune au désastre par sa capacité même de destruction. Mais selon Derrida elle reste un pouvoir *sans* pouvoir par son auto-immunité qui l'expose à sa propre loi.[222] Ainsi la

---

221 Derrida, *Parages*, *op. cit.*, p. 79.

222 On rappellera avec Derrida l'importance de ce double-bind de l'immunité et de l'auto-immunité : « Si un événement digne de ce nom doit arriver, il lui faut, au-delà de toute maîtrise, affecter une passivité. Il doit toucher une vulnérabilité exposée, sans immunité absolue, sans indemnité, dans sa finitude et de façon non horizontale, là où il n'est pas encore ou déjà plus possible de faire face, et de faire front, à l'imprévisibilité de l'autre. A cet égard, l'auto-immunité n'est pas un mal absolu. Elle permet l'exposition à l'autre, à *ce qui* vient et à *qui* vient – et doit donc rester incalculable. Sans auto-immunité, avec l'immunité absolue, plus rien n'arriverait. On n'attendrait plus, on ne s'attendrait plus, on ne s'attendrait plus l'un l'autre, ni a aucun événement. » Jacques Derrida, *Voyous, deux essais sur la raison* (Paris, Galilée, 2003), p. 210. On retrouve ici l'in-jonction du « Il faut » et de la « défaillance » (« vulnérabilité exposée »). Il lui « faut défaillir » en quelque sorte.

formule est-elle même instable et « s'effrite et s'effondre sur son bord. » Elle expose le *logos* (« la loi ») par la répétition d'un « X » qui n'est pourtant pas le même, qui ne sort pas indemne de cette opération de retranchement (« qui se recoupe et se remarque » ; X – X) et non seulement interdit le « X » de se retrouver dans la plénitude d'une identité à soi mais, par la même, déstabilise toute la formule « interdisant à l'ensemble de se comprendre en soi. » Dessaisissement de la pensée, dé-ception qui sauve de « l'illusion » de maîtrise. Apocalypse *sans* apocalypse dans la mesure où les « notions et oppositions » que génèrent le « X sans X » sont « de rien sauvées », formule qui laisse peut-être encore entendre une hésitation entre tout ou rien : « sauvées » de justesse et détruites, « sauvées de rien », « tout sauf sauvées », exposées au « dehors ». Elle déroge à la loi du *logos* traditionnel qui ainsi que nous l'avons vu visait à préserver l'intégrité de la raison, de son intériorité en expulsant ce qui menaçait son identité au dehors de soi. Elle déroge aussi à la négation de cette loi qui viserait à sortir du « grand renfermement » de la raison en se « réfugiant » dans le « dehors ». La syntaxe du sans redouble la négation et entraîne un effondrement de « l'opposition entre dedans et dehors » puisque toute opposition s'enlève et comme le disait Blanchot l'opération de « soustraction » est elle-même « soustraite ».

Il faut une certaine « immunité *sans* immunité » pour permettre au système de rester ouvert à la venue du tout autre.

4. *Sans* : « *without* »[223]

Si un X s'emploie généralement pour marquer le lieu[224], voire le lieu du secret, le « X *sans* X » semble indiquer l'espace paradoxal d'une pensée exposée à une dislocation fondamentale qui selon Derrida ne « laisse plus intacte une quelconque opposition du dedans et du dehors ». Une même conception semble informer l'approche de Levinas, qui « porte sur le fait de la Révélation, sur une relation avec l'extériorité, qui, contrairement à l'extériorité dont l'homme s'entoure dans le savoir, ne se fait pas simple contenu de l'intériorité, mais reste "non contenable", infinie et cependant en relation. »[225] Levinas semble opérer un dédoublement de la notion d'extériorité, qui laisse entendre l'approche d'une « extériorité *sans* extériorité » qui « décontenance » (et donc déçoit) la pensée. Il s'agit de penser tout *autrement* l'extériorité, non plus comme un territoire soumis à la mainmise de la raison (à son arpentage incessant), ni donc comme simple intériorité en attente, mais comme une extériorité autrement radicale qui expose à l'in-jonction des catégories de dedans et dehors et la rupture de l'intériorité coordonnée. Tout l'enjeu de la dislocation qu'opère Levinas est de « dénonc[er] la figure du Même et du connaître dans leur

---

223 Le terme anglais pour « sans », « with/out » indique le rapport à la dislocation du lieu et l'exposition à un « dehors » irréductible. Tout comme « sans » il exprime la séparation et l'exclusion mais laisse *rai*sonner l'idée d'une proximité au dehors.

224 On renverra ici au chapitre II, 1 de notre ouvrage pour l'écriture « sous X » du quadriparti heideggérien. Nous citions alors Derrida : « la forme du chiasme, du χ, m'intéresse beaucoup, non pas comme le symbole de l'inconnu mais parce qu'il y a la une sorte de fourche d'ailleurs inégale, l'une des pointes étendant sa portée plus loin que l'autre : figure du double geste et du croisement dont nous parlions tout à l'heure » ou « χ, l'intersection générale de *Glas*, de ses commencements ou fins en bandes tordues et écartées, décrit aussi l'opération démiurgique dans le *Timée* : « la systase ainsi obtenue, d'un bout à l'autre il la fendit en deux d'une schize dans le sens de la longueur ; ces deux bandes, il les fixa l'une sur l'autre par le milieu en forme de χ ; puis il les ploya pour former de chacune un cercle et réunit entre elle toutes les extrémités à l'opposé du point de croisement. Le mouvement du cercle extérieur il l'adjugea à la nature du Même, celui du cercle intérieur à la nature de l'Autre. »

225 Levinas, *L'Au-delà du verset*, *op. cit.*, p. 178.

prétention d'être le seul lieu de la signification. Cette figure du Même, ce connaître, ne sont qu'un certain niveau de l'intelligence où elle s'assoupit, s'embourgeoise dans la présence satisfaite de son lieu et où la raison, toujours ramenée à la recherche du repos, de l'apaisement, de la conciliation, lesquels impliquent l'ultime et la priorité du Même, s'absente déjà de la raison vivante. »[226] Il s'agit donc en quelque sorte de mettre la raison « hors de soi » (fureur) ou tout du moins « à part soi » (réserve) dans un lieu *sans* lieu qui ne lui appartienne pas, qui la désappointe et se soustrait à sa (com)préhension, lieu donc d'un pouvoir absolu mais aussi d'une faiblesse absolue. C'est ce lieu *sans* lieu entre pouvoir et impuissance qui informe aussi l'approche de Derrida :

> Le philosophe manifeste à la fois un dessein de maîtrise et en même temps un renoncement à la maîtrise [...] C'est un retrait de volonté de maîtrise. Ce qu'il y a de colossal ici, c'est que le philosophe est plus retiré dans la mesure où son projet fondamental, c'est de rendre compte de tous les discours possibles, et de tous les arts possibles. Il veut se placer en un lieu où tout ce qui se dit et se fait lui soit pensable, théorisable, finalement maîtrisable. C'est un lieu de maîtrise absolue, le projet du savoir absolu. [...] Se placer en ce lieu, c'est simultanément projeter la plus grande maîtrise sur tous les discours de maîtrise possibles, et en même temps y renoncer. Les deux choses vont en même temps : en même temps, c'est le lieu de la plus grande discrétion, du plus grand effacement, du retrait, de la modestie ; une modestie hantée par le diable ; c'est ce qui m'intéresse.[227]

Le « retrait de volonté de maîtrise » n'est pas sans rappeler la *Gelassenheit* de la théologie négative, qui expose la pensée à un désintéressement (désappointement et dé-ception) fondamental qui semble paradoxalement reposer sur un passage par l'absolu (maîtrise absolue, savoir absolu). Lieu *sans* lieu d'une impossible alliance, d'une in-jonction entre irénisme (renoncement, retrait, discrétion, modestie) et désastre (colossal, maîtrise, tout, absolu, hanté, diable), polarité en apparence irréconciliable si ce n'est ici par le terme « d'effacement » qui peut indiquer ce double geste de destruction et d'abnégation. Ce lieu de maîtrise, de la mainmise, de la (com)préhension c'est à dire de la « saisie » du possible, visant à s'installer et se poser sous la protection satisfaite de ses concepts, immunisée contre toute atteinte d'un dehors qu'il soumet à son savoir, est aussi le lieu d'une

---

[226] *Ibid.*, pp. 179-180.
[227] Derrida, « Dialangues », *op. cit.,* pp. 149-150.

faiblesse absolue où, disait Levinas, « la raison s'assoupit » et « s'absente de la raison vivante » (soit une raison morte). Seule une raison, confrontée à l'impossible, qui brise la « maîtrise absolue » du possible par laquelle « elle s'embourgeoise », serait en quelque sorte libre d'échapper à soi.[228] Il s'agirait ici d'un lieu insituable, peut-être du pli de l'apocalypse, le lieu d'une apocalypse de l'apocalypse où celle-ci surgit et disparaît « en même temps ». Ainsi pour Levinas, l'apo-calypse ou « révélation » serait le *point* de rencontre – si l'on veut bien entendre à nouveau la simultanéité du lieu et de son absence : ce qui n'a *point* (de) lieu – d'une vulnérabilité et d'une puissance absolue :

> Révélation qui peut se dire mystère, non pas mystère qui chasse la clarté, mais qui l'appelle à une intensité accrue. Note : Invitation à l'intelligence, la protégeant en même temps, par le mystère d'où elle vient, contre les « dangers » de la vérité. Voici un apologue talmudique commentant Exode XXXIII, 21-22 (« le Seigneur dit : « Voici une place auprès de moi ; tu te tiendras sur le rocher, puis, lorsque passera ma Gloire, je te cacherai dans la cavité du roc, et je t'abriterai avec ma main jusqu'à ce que je sois passé » ») : « Il fallait protection, car toute liberté avait été donnée aux forces destructrices de détruire. » Le moment de la vérité est celui où tous les interdits sont levés, où tout est permis à l'esprit interrogateur. Seule la vérité de la Révélation protège à cet instant suprême contre le mal, auquel, en tant que vérité, elle risque aussi de laisser liberté.[229]

« L'intensité accrue » en tant « qu'invitation à l'intelligence » n'est pas sans rappeler l'expérience du désastre chez Blanchot (mentionné précédemment) qui le laisse « *attendant et veillant, puisque soudain éveillé et, le sachant désormais, jamais assez éveillé.* » « Les dangers de la vérité » évoquent

---

[228] Derrida n'aura de cesse de revenir sur cette « condition d'impossibilité de toute possibilité » qui remet en cause « le puissant concept de possible qui traverse la pensée occidentale, d'Aristote à Kant et à Husserl (puis autrement à Heidegger), avec toutes ses significations virtuelles ou en puissance : l'être en puissance, justement, la *dynamis,* la virtualité (sous ses formes classiques et modernes, pré-techniques et techniques), mais aussi le pouvoir, la capacité, tout ce qui rend habile ou qui habilite, etc. Le choix de cette thématique [...] porte ce qu'on appelle la déconstruction vers une question qui fait trembler, la tourmentant ainsi de l'intérieur, l'axiomatique à la fois la plus puissante et la plus précaire – impuissante dans sa puissance même – de la pensée dominante du possible dans la philosophie, une philosophie ainsi asservie dans le pouvoir de sa dominance même. » Derrida, « Comme si c'était possible, *"within such limits"*... », dans *Psyché, op. cit.*, pp. 307-308. On retrouve ici le lieu *sans* lieu d'une alternance entre « puissance et impuissance » qui est l'objet de la présente étude.

[229] Levinas, *L'Au-delà du verset, op. cit.* p. 162.

quant à eux, la structure paradoxale de l'apocalypse en tant que destruction et révélation. La révélation serait une levée des boucliers, un suspend de l'immunité de la raison soudain exposée à une vérité « exténuante », lieu d'une destruction absolue (marquée ici par le redoublement hyperbolique : « les forces destructrices de détruire ») ; mais en ce lieu, et à cet instant même, offrant « protection » contre toute attente. Il s'agit donc bien d'une « apocalypse *sans* apocalypse », re-trait de l'apocalypse qui répond à l'injonction de mouvements contradictoires ; lieu d'une maîtrise absolue (« tout est permis à l'esprit interrogateur ») et d'une vulnérabilité absolue c'est-à-dire « lieu *sans* lieu » qui protège *justement* parce que la raison ne peut identifier le lieu d'émission de l'injonction et donc sa force de soustraction se soustrait à son tour à sa (com)préhension. La révélation « protège » en gardant « le mystère d'où elle vient », nous dit Levinas, elle se garde de livrer son origine. Elle expose à une séparation absolue, tout comme l'injonction du *sans*. Derrida tente à son tour d'approcher ce lieu *sans* lieu de séparation absolue :

> Aussi n'est-ce pas sans motifs que le divin Moise reçoit d'abord *l'ordre de se purifier*, puis de *s'écarter* des impurs, qu'après la purification il entend les trompettes aux sons multiples, qu'il voit des feux nombreux dont les innombrables rayons répandent un vif éclat, que *séparé* de la foule, il atteint alors, avec *l'élite des prêtres*, au sommet des ascensions divines. A ce degré pourtant, il n'est pas encore en relation avec Dieu, il ne contemple pas Dieu car *Dieu n'est pas visible, mais seulement le lieu où Dieu réside* [...]. C'est alors seulement que, dépassant le monde où l'on est vu et où l'on voit, Moise pénètre dans la Ténèbre véritablement mystique de l'inconnaissance ; c'est là qu'il fait taire (« ferme les yeux ») tout savoir positif, qu'il échappe entièrement à toute saisie et à toute vision, car il ne s'appartient plus lui-même ni n'appartient à rien d'étranger, uni par le meilleur de lui-même à Celui qui échappe à toute connaissance, ayant renoncé à tout savoir positif, et grâce à cette inconnaissance même connaissant par-delà toute intelligence.[230]

Derrida décrit ici un rapport *sans* rapport à *Dieu* qui se présente *sans* se présenter sous la forme d'un lieu dont il est absent. Sa présence est donc avant tout « séparation » absolue ; vacance (décevante) à laquelle semble répondre celle de l'esprit qui devient « la Ténèbre » de « l'inconnaissance » qui est l'expérience d'un dessaisissement (« il ne s'appartient plus lui-même »), d'une dé-ception essentielle (« qui échappe entièrement à toute

[230] Derrida, « Comment ne pas parler, dénégations », *op. cit.*, pp. 554-555.

saisie » et donc à toute (com)préhension). Il s'agit à nouveau du redoublement de la négation, « renon[çant] à tout savoir positif » comme à tout savoir négatif puisque cette « inconnaissance » est « connaissance par-delà toute intelligence. » Ce savoir *sans* savoir qui ne s'adresse pas à la vision et se soustrait au visible comme à l'invisible est donc proprement apocalyptique (il suspend (*apo-*) le jeu de cache-cache *kaluptein*). *L'Écriture du Désastre* pourrait à bien des égards se lire dans la continuité de l'inconnaissance de « La Ténèbre » telle que l'analyse ici Derrida : « lorsque cesse la domination de la vérité », nous dit Blanchot, « c'est-à-dire lorsque la référence à l'alternance vrai-faux (y compris leur coïncidence) ne s'impose plus, fut-ce comme le travail de la parole à venir, le savoir continue à se chercher et à chercher à s'inscrire, mais dans un autre espace où il n'y a plus de direction. Quand le savoir n'est plus un savoir de vérité, c'est alors de savoir qu'il s'agit : un savoir qui brûle la pensée, comme un savoir d'infinie patience. »[231] La Ténèbre, lieu *sans* lieu, où se ressent la vacance extrême, au plus proche de Dieu (« lieu où il réside ») est la séparation du proche (l'in-jonction), qui s'ouvre sur un espace « *sans* direction », où le savoir absolu (Dieu) s'absente, entraînant dans ce retrait la pensée qui « brûle de savoir ». Ce lieu de vacance du savoir risque alors d'évoquer ce que Heidegger désigne sous le nom « d'*im-pensée* ». Ecoutons à nouveau Derrida qui cite ici Heidegger :

> cette reconnaissance [de la langue des penseurs] repose sur le fait que nous laissons venir à nous ce que chaque penseur a pensé comme quelque chose qui est *toujours unique*, qui ne revient jamais, qu'on n'épuise pas, et de telle sorte que l'impensé dans leur pensée nous déconcerte. L'impensé, dans une pensée n'est pas un manque qui appartienne au pensé. L'*im*-pensé n'est chaque fois en tant qu'il est im-*pensé*. Plus une pensée est originelle, c'est à dire prise dans l'activité qui fait source, plus une connaissance est investie de puissance, plus riche devient son impensé.[232]

Heidegger semble au premier abord indiquer, par la notion *d'im*-pensée, un lieu qui échappe à la pensée (qui ne lui « appartienne » pas) et qui nous expose à un dessaisissement (« qui nous déconcerte ») cependant, le rapport au lieu ne serait pas le même car chez Heidegger il présuppose une unité primordiale et identifiable, encore trop « investie de puissance » est encore trop assignée à un point d'« origine » selon Derrida :

---

[231] Blanchot, *L'Écriture du désastre*, *op. cit.*, pp. 73-74.
[232] Derrida, « Désistance » dans *Psyché*, *op. cit.*, p. 616, note.

> J'ai souligné *toujours unique* qui est ici le corrélat indispensable du penser même de la pensée. Là où l'unicité ferait défaut, la pensée même, voire l'im-*pensé* de la pensée n'adviendrait pas. Voilà ce que Lacoue-Labarthe respecte peut-être un peu plus que moi : cette unicité, et l'affinité entre cette unicité et la pensée même. Sur ce point, mon peu de respect ou ce qui tourmente mon respect peut signifier deux choses : *ou bien* que je ne sache pas (reconnaître) ce qu'est authentiquement la pensée et ne m'en préoccupe pas assez, *ou bien* que je n'exclue pas quelque résidu d'impensé dans cette détermination heideggérienne de l'im-*pensée* qui tient encore au *lieu* unique du rassemblement. Et si l'on appelait pensée (mais peut-être y faudrait-il un autre nom) la dislocation, voire la désistance de cette unicité ou de cette unité, de ce *lieu* de rassemblement ? Car on pourrait montrer que cette question repasse régulièrement par la topologie de l'être selon Heidegger et tout ce qu'il rassemble sous les mots *Ort* et *Erorterung* ; précisément le rassemblement.[233]

Chez Heidegger l'impensé serait encore trop tributaire de l'unique et du point d'origine. Il penserait encore dans « l'espace d'un savoir de vérité » non exposée à l'épreuve de « l'inconnaissance » que Blanchot nommait « savoir qui brûle la pensée » ; toute-brûlure qui ne laisserait pas ce « résidu d'impensé »[234] que Derrida perçoit dans l'analyse d'Heidegger. L'impensée et la pensée semble encore se rapporter au même lieu, « ce lieu unique de rassemblement », là où pour Blanchot ils cherchaient à « s'inscrire, mais dans un autre espace où il n'y a plus de direction. » On pourrait dire, suivant l'interprétation de Derrida, que là où le « X » correspond (traditionnellement et chez Heidegger) à une inconnue, à un espace directionnel dont le « X » serait l'une des coordonnées à déterminer, le « X *sans* X » correspondrait à une toute autre pensée qu'il faudrait nommer (en l'absence de nom) « dislocation » et « désistance de cette unicité ou de cette unité. » Or cette pensée n'est pas sans rappeler la notion de « séparation »[235] qui informe la conception levinassienne de l'altérité.

---

233 *Ibid.*, p. 616, note.

234 On songe ici à tout ce que dit Derrida sur la cendre comme trace *sans* trace et que nous analysions dans le chapitre précédent.

235 Le Moi levinassien n'a rien d'un « sujet en général », anonyme et impersonnel, il ne s'agit pas non plus d'un Moi abstrait, mais d'un Moi *singulier et heureux*, irréductible ainsi à toute généralité, à toute totalité, un Moi défini par le « concret de l'égoïsme ». Seul un tel *Moi* représente le point d'entrée véritable de la relation à l'Autre, car il procède de l'acte de séparation à partir duquel *seulement* l'Autre peut se révéler dans son extériorité absolue par rapport au Même. [...] Au contraire, l'ego transcendantal comblerait la distance en constituant le « là-bas » comme un autre *ego*, comme un *alter ego* – un autre *ici* – entraînant la dilution de la transcendance de l'Autre par l'abolition de sa distance par rapport au Même. Raoul Moati, « Séparation et transcendance dans *Totalité et Infini* », dans Danielle

Comme le montre Raoul Moati, la pensée de Levinas, héritière de la phénoménologie de Husserl, s'en distingue néanmoins à bien des égards et développerait une tout autre « topologie » :

> La théorie husserlienne de l'altérité se fonde sur une doctrine de « l'apprésentation analogique » partant de la sphère d'appartenance propre de l'*ego*. L'*ici* est défini comme origine absolu et point-zéro dans l'orientation du monde. Autrui est ainsi pensé par Husserl à partir d'une modification intentionnelle de l'*ego* : l'autre là-bas est constitué par l'ego transcendantal comme une autre origine absolue et un autre point-zéro dans l'orientation du monde, c'est-à-dire comme *alter ego*. Dans ce contexte théorique, il n'y a plus guère de place pour une théorie de la séparation qui suppose, selon Levinas, que l'Autre n'est à distance du Même *que s'il n'est pas un autre ego*. Pour que l'Autre ne revienne pas au Même, il faut que le sujet qui se trouve au point de départ de la relation ne soit pas un ego universel.[236]

Autrement dit, la distance radicale qui sous-tend la conception de l'Autre et sa séparation du Même chez Levinas se retrouve en porte à faux avec la topologie Husserlienne de l'ego. Autrui, réduit à un simple *alter ego* n'est plus qu'un autre-ici, un « autre point-zéro », c'est à dire que là-bas (Autrui) et ici (*Ego*) « reviennent au Même » : une série de points coordonnés dans « la sphère d'appartenance propre de l'ego », ce qui signifierait l'abolition de la distance et de la dissymétrie des rapports du même à l'autre, essentielles à la théorie levinassienne. Levinas semble rejeter cette « ponctualité » de l'ego trop apte à synchroniser et coordonner le monde, tout comme Derrida rejetait « ce lieu unique de rassemblement » de Heidegger :

> Le rassemblement du *Geviert* dans un lieu de croisement (*Versammlung im Ort der Durchkreuzung*) se donne à lire et à écrire en un *topos* indivisible, dans la simplicité (*die Einfalt*) de ce point, de cet *Ort* dont le nom parait si difficile à traduire. Il « signifie originairement », nous dit ailleurs Heidegger, « la pointe de l'épée » ce vers quoi tout concourt et se rassemble. Ce point indivisible assure toujours la possibilité de la *Versammlung*. Il lui donne lieu, il est toujours le rassemblant, *das Versammelde*. « Il rassemble vers soi à la plus grande hauteur et à la plus grande extrémité. »[237]

Cohen-Levinas (dir.), *Lire* Totalité et Infini *d'Emmanuel Levinas* (Paris, Hermann, 2011), p. 44.

236 *Ibid.*, pp. 43-44.

237 Derrida, « Comment ne pas parler, dénégations », dans *Psyché*, *op. cit.*, pp. 589-590.

Le cœur de ce « X » (« lieu de croisement », quadriparti) se donne comme le « *topos* indivisible » du point, un point insécable, atomique pourrions-nous dire. « Ponctualité » de la pensée qui se retrouve en tant que source et origine (« Il signifie originairement » ; « ce vers quoi tout concourt ») à laquelle s'opposait l'interrogation de Derrida : « et si l'on appelait pensée la dislocation, voire la désistance de cette unicité ou de cette unité, de ce *lieu* de rassemblement ? » Levinas semble lui-aussi en appeler à penser « tout autrement », rejetant dos à dos la « ponctualité » et l'atomisme du point insécable pour appeler à concevoir notamment « un présent fissible, se déstructurant dans sa ponctualité même »[238] par « la dénucléation de l'atomicité même de l'un » et le « désappointement de sa ponctualité. »[239] Il s'agit donc d'une toute autre topologie de la pensée qui invite à entendre non plus le point comme origine, mais comme point de suspension ou de négation ; un lieu pour lequel il n'y ait point d'origine. Ainsi, selon Blanchot :

> Il n'est pas jusqu'à ce pouvoir de destruction ou d'effacement à l'œuvre dans la parole littéraire qui ne pourrait se réclamer de l'obscure origine : non seulement parce que, par rapport à toute chose établie, l'ébranlement originel ruine et empêche toute subsistance, mais parce que l'origine elle-même, excluant dans son antériorité insaisissable tout ce qui nait d'elle, est, plutôt que l'être, ce qui s'en détourne, l'âpre échancrure du vide où tout surgit et où tout sombre, le jeu même de la différence indifférente entre Surgir et Sombrer. – Si bien que, lorsque nous prononçons le mot origine, nous ne faisons que rassembler en un mot privilégié tous les traits qui forment énigme dans notre recherche. – tous ces traits, en effet convergent peut-être vers ce mot, lequel à son tour est le centre de toute divergence ou, pour mieux dire, la divergence elle-même comme centre de tout rapport. – Centre qui est dans ce cas l'absence de tout centre, puisque c'est là que vient se briser la pointe de toute unité : en quelque sorte le non-centre de la non-unité. Ce qui revient à maintenir l'origine même sous l'âpre interrogation de l'absence d'origine qui, dès que l'origine se pose comme cause, raison et mot de l'énigme, la dépose aussitôt et parle comme une énigme plus profonde : le Surgir qui, en tant que tel, s'enfonce, sombre et s'engloutit. – Ce qui revient donc à repousser cette référence à l'origine à laquelle nous avions espéré nous tenir.[240]

---

[238] Emmanuel Levinas, *En découvrant l'existence avec Husserl et Heidegger* (Paris, Vrin, 1967), p. 210.
[239] Levinas, *De Dieu qui vient à l'idée, op. cit.*, p. 51.
[240] Blanchot, *L'Entretien infini, op. cit.*, p. 593.

L'origine déçoit donc à plus d'un titre : elle apparaît à la fois comme « ce vers quoi tout concourt et se rassemble », nous disait Derrida (« il n'est pas jusqu'à » ici), et pourtant au moment où on s'en approche, elle « s'est comme effacée en elle-même, en nous laissant pour signe l'idée de différence, de divergence comme premier centre. »[241] Il ne serait alors qu'un mot illusoire (« nous ne faisons que rassembler en un mot »), qu'un signe qui scelle la complexité de rapports qu'il ne peut pourtant contenir (*sans* sceller donc). Comme la logique du *sans*, l'origine, se présente alors selon une double négation : « non seulement [...] l'ébranlement originel ruine tout », « mais [aussi] antériorité insaisissable, elle exclut tout ce qui nait d'elle » pour laisser être entre deux négations, cette « différence, indifférente » à laquelle s'apparente peut-être à nouveau la *Gelassenheit*.

L'origine et le lieu *sans* lieu d'un dessaisissement (« insaisissable »/« tenir ») de la pensée, un point qui se soustrait à la (com)préhension ; terme qu'il faudrait peut-être entendre comme le « rassemblement » (*cum*) de la prise, d'un savoir privé, possédé par le même. L'origine partagerait alors avec le *sans* du « X *sans* X » ce double mouvement de convergence (conjonction sans=et) et de divergence (disjonction) pour représenter la « divergence comme centre de tout rapport » (injonction). L'origine ne peut alors se présenter que selon la syntaxe du « X *sans* X » dans un geste quasi-tautologique, centre *sans* centre : « centre qui est dans ce cas l'absence de tout centre, puisque c'est là que vient se briser la pointe de toute unité : en quelque sorte le non-centre de la non-unité. » Nous retrouvons ici une reformulation bien différente de l'image Heideggérienne de la ponctualité, *Ort*, qui comme l'indiquait Derrida, « "signifie originairement", nous dit ailleurs Heidegger, "la pointe de l'épée". » Or pour Blanchot « c'est là que vient se briser la pointe de toute unité », pour couper court avec toute topologie du lieu et la logique identitaire du même se recueillant en sa ponctualité.

---

[241] *Ibid.*, p. 594.

5. *Sans* interruption : couper court

« L'origine » n'aura donc été qu'un *point* d'arrêt temporaire pour la réflexion, un simple mot qui se brise par l'impossibilité de contenir, de rassembler en soi (en une quelconque intériorité) l'in-jonction d'un sens irréductible à tout processus unificateur. Elle appelle à une pensée plus *in-cisive* et *dé-cisive* que Derrida appelait à nommer (faute de mieux) « dis-location ». La logique du *sans* vient interrompre l'homologie du « X », introduisant un déplacement d'inflexion, une *coupure*, et un retard inassignable de la pensée (X *sans* X). Il s'agit à chaque fois pour Derrida, comme on le sait, d'un appel à trancher, là où *pré-cisément*, il est impossible de trancher :

> Il y va de responsabilités qui pour donner lieu à des décisions et à des événements, ne doivent pas suivre le savoir, découler du savoir comme des conséquences ou des effets. Autrement on déroulerait un programme et on se conduirait, au mieux, comme des missiles « intelligents ». Ces responsabilités [...] sont hétérogènes à l'ordre du savoir formalisable et sans doute à tous les concepts sur lesquels on a construit, je dirais même *arrêté* l'idée de responsabilité ou de décision (moi conscient, volonté, intentionnalité, autonomie, etc). Chaque fois qu'une responsabilité (éthique ou politique) est à prendre, il faut passer par des injonctions antinomiques, de forme aporétique, par une sorte d'expérience de l'impossible, sans quoi l'application d'une règle par un sujet conscient et identique à soi, subsumant objectivement un cas sous la généralité d'une loi donnée en vient à *irresponsabiliser* au contraire, au moins à manquer la singularité toujours inouïe de la décision à prendre.[242]

La *dé-cision in-cisive*, se soustrait donc à tout savoir, ne saurait faire l'objet d'une méthode ou d'un programme. « Hétérogène à tous concepts », tout comme celui « d'origine » qui, chez Blanchot, ne fait qu'« *arrêter* » la complexité d'une recherche en cours, la décision doit donc répondre du possible en se pliant à l'injonction de l'impossible pour être vivante (*sans* arrêts, incessante). Il s'agit à nouveau ici de se détourner de la pensée de l'unique (« sujet conscient et identique à lui-même ») et de l'autonomie du

242 Derrida, « Une folie doit veiller sur la pensée », dans *Psyché*, *op. cit.*, pp. 370-371.

même (« moi, conscient, volonté, intentionnalité, autonomie ») pour s'ouvrir à l'in-jonction de l'autre qui se présente ici à nouveau selon la double négation héritée de la théologie négative (« injonctions antinomiques », « forme aporétique », « expérience de l'impossible »). La ponctualité du même est donc point « *d'arrêt* », l'appointement du sens à un mot univoque. Le même s'affirme par l'auto-nomie, la capacité à (se) nommer, à saisir par le « nom. » Or le nom semble toujours faire défaut au moment même où il est le plus juste dans les textes de Derrida, Levinas et Blanchot. « X *sans* X » n'en appelle pas à l'univocité du concept mais à « l'équivoque » de la voix défaillante qui fait trembler le nom et son sens en exposant sa dis-jointure :

> Et sans compter, je voudrais y revenir plus tard, que la déconstruction introduit un « et » d'association et de dissociation au cœur même de chaque chose, elle reconnaît plutôt cette division de soi au-dedans de chaque concept. Et tout son « travail » se situe à cette jointure ou à cette dis-jointure : il y a écriture et écriture, invention et invention, don et don, hospitalité et hospitalité, pardon et pardon. Une hyperbole vient à chaque fois rappeler et décider de cette indécidabilité et/ou de ce *double bind* entre X et X : il y a X et X, cela revient à penser X sans X, nous reviendrons sur cette loi ; d'ailleurs *bind* signifie une liaison, une conjonction, comme « et ». Un *double bind* prend toujours la forme d'une double obligation : et… et.[243]

Le tranchant de la *dé-cision* ne correspond donc plus à la ponctualité de l'*Ort* heideggérien (la « *pointe* de l'épée ») mais se présente comme une double bande qui s'apparente à une l'épée à « double tranchant » qui opère une dis-jonction et une coupure radicale qui pourtant laisse tout en l'état : une coupure liante (apocalypse *sans* apocalypse ?). Ce thème de la double coupure informe de nombreux textes de Derrida et la pratique de son écriture. Il gouverne notamment sa pratique citationnelle et « le tranchant de l'écriture qui commence par la lecture d'une phrase ici ou là découpée, la répétition hasardeuse et nécessaire du déjà-là d'un autre texte, la lame de la décision en général, décision décidée, subie

> *Dans sa main droite il y a sept étoiles, et de sa bouche sort une épée acérée, à double tranchant ; et son visage, c'est comme le soleil qui brille dans tout son éclat. A sa vue je tombai à ses pieds, comme mort ; mais il posa sur moi sa main droite en disant : 'Ne crains pas, Je suis* le Premier *et* le Dernier…

[243] Jacques Derrida, « Et cetera… (*and so on, und so weiter, and so forth*, et ainsi de suite, *und so überall*, etc.) », *op. cit.*, p. 21.

autant que décidante »[244] où se ressent la pré-cession de l'Autre avant toute dé-cision de l'Un qui s'efface devant le « déjà-là» de son in-jonction. On se rappellera aussi cette topologie de la langue chez Derrida : « c'est *au bord* du français, uniquement, ni en lui, ni hors de lui, sur la ligne introuvable de sa côte que, depuis toujours, à demeure » il se situe « mais avant tout et de surcroît, voici le double tranchant d'une lame aiguë que je voulais te confier presque sans mot dire, je souffre et je jouis de ceci que je te dis dans notre langue dite commune : *"Oui, je n'ai qu'une langue, or ce n'est pas la mienne."* »[245] Langue *sans* langue qui, comme nous l'avons vu, vit de l'effondrement du dehors et du dedans et donc se soustrait à la (com)préhension du Même (« ce n'est pas la mienne »), langue qui ne fait pas preuve de « ponctualité » (qui n'est pas fidèle à nos attentes) sans pour autant nous faire faux-bond, mais se prête à nous, se « laisse » approcher (délaissement, *Gelassenheit*). Il faudrait sans doute mentionner toute une tradition que Derrida évoque encore, au détour d'une note pour (comme nous) « couper court », faute de temps :

> Il faudrait citer ici les pages consacrées au langage de la circoncision et à la circoncision du langage dans les textes mystiques. A propos de « la signature sanglante du corps », qui selon Michel de Certeau, « marque l'accès au nom du père (à la virilité) par une soumission au pouvoir paternel » : « comme Abraham levait son couteau sur son fils Isaac pour le sacrifier à Yahvé, c'est-à-dire pour produire du sens (« sacer facere »), de même Jean de la Croix coupe dans le vif de la chair pour décrire le chemin de l'union. Trancher, c'est le procès de l'alliance quand il s'agit de l'absolu qui se trace par ce qu'il ôte. Travail de la sculpture, cher à Jean de la Croix. Théologie négative : elle signifie par ce qu'elle *enlève* » (p.189).[246]

Le *sans* du « X sans X », hérité de la « théologie négative », à la fois alliance et coupure, « trace par ce qu'il ôte » et « signifie par ce qu'il enlève », geste de coupure enjoignante qui semble dans son contexte « théologique », en appeler à cette « parole de Dieu [qui] est vivante et efficace, elle perce plus qu'une épée à deux tranchants. »[247] Il ouvre dans la langue une coupure qui nous empêche de joindre les deux bouts (ou les deux bords) tout en nous

---

244 Jacques Derrida, *La Dissémination* (Paris, Seuil, 1972), p. 334.
245 Jacques Derrida, *Le Monolinguisme de l'autre – ou la prothèse d'origine* (Galilée, Paris, 1996), pp. 14-15.
246 Derrida, « Nombre de oui », dans *Psyché*, *op. cit.*, p. 648.
247 *St Paul, Épît. aux Hébr. IV, 12.*

enjoignant à ne pas renoncer à l'alliance : « la coupure décrit le chemin de l'union », nous dit Derrida ; coupure qui se fait dans la langue et qui se lit dans les cicatrices (sans origine) que laisse son inadéquation, que l'on serait tenté ici de nommer « signature sanglante du corps » linguistique. La théologie négative opère donc « au(x) bord(s) du langage » et de cette coupure infligée par le tranchant de la double négation :

> « Au bord du langage » voudrait donc dire : « au bord comme langage », dans le même et double mouvement : dérobement et débordement. Mais comme le moment et la force, comme les *mouvements* de l'injonction ont lieu *par-dessus bord,* de l'autre côté du monde, comme ils tirent leur énergie *d'avoir déjà eu lieu* – même si c'est à titre de promesse –, le texte lisible illisible, la sentence théologico-négative reste comme un *post-scriptum.* C'est originairement un *post-scriptum*, il vient après l'événement ... – ... un événement, si je comprends bien, qui aurait la forme d'un sceau, comme s'il était commis, témoin sans témoin, à la garde d'un secret, l'événement scellé d'une signature indéchiffrable, un sigle, un dessin avant la lettre. – l'événement scellé correspondant à l'expérience d'un *trait* (ligne tirée, *Zug*, bord, débordement, rapport à l'autre, *Zug, Bezug,* férence, référence à *autre* chose que soi, différance), l'après-coup est bien la venue d'une écriture après l'autre : *post-scriptum.* – La trace de cette écriture blessée qui porte les stigmates de sa propre inadéquation [...][248]

Le « X sans X », soustraction qui se soustrait à son tour, expose à nouveau ici à l'indirection topologique (à la fois : « au bord de », et ailleurs : « de l'autre côté du monde », « *par-dessus bord* ») et temporelle (à la fois passé : « avoir déjà eu lieu » et futur, ou plutôt à venir : « promesse », l'alliance de l'avant et de l'après : « originairement » / « *post-scriptum* »). Cette indirection serait le trait d'une coupure radicale qui tranche sur toute opposition et « scelle leur sort » leur point de disparition (« dérobement ») et d'émergence (« débordement ») ce qui n'est pas sans rappeler le point d'origine (selon l'interprétation de Blanchot citée précédemment) : « le jeu même de la différence indifférente entre Surgir et Sombrer. » Le redoublement (avance et retard) de la négation, cette double lame, marque l'effacement de soi (« référence à autre chose que soi ») soit sa « différ*a*nce » et sa déférence à l'Autre (« rapport à l'autre »). Par le « *sans* », il lie et sépare (ouvre et scelle) le X de lui-même (il y a « X » *et* « X », c'est à dire « X » *sans* « X ») comme si son double-tranchant coupait et cautérisait simultanément une plaie pourtant sans cause ou

248 Derrida, *Sauf le nom*, *op. cit.*, pp. 65-66.

origine (« dessin avant la lettre ») : ce qui justifierait ici le terme de « stigmate » (plaie sans apparente explication) employé par Derrida.

Le « secret », qui n'en est pas un, et qui par la même rejette tout ésotérisme (qui est ici le risque même de la pensée, sa hantise), serait donc *sans*-secret, soit :

> Le secret partagé *en lui-même,* sa partition "propre", ce qui divise l'essence d'un secret qui ne peut apparaître, fût-ce à un seul, qu'en commençant à se perdre, à se divulguer, donc à se dissimuler, comme secret, en se montrant : à dissimuler sa dissimulation. Il n'y a pas de secret *comme tel,* je le dénie.[249]

La « partition » (initiée par l'injonction du « *sans* ») du « secret *sans* secret » tient à nouveau à un paradoxe élémentaire : le secret « X », s'il existe, doit se « montrer » comme « secret », donc sortir du secret, c'est à dire de lui–même (dédoublement du XX). Cependant, en sortant du secret, il n'est plus « secret » (X *sans* X) et donc il n'existe pas, ou tout du moins pas « comme tel », nous dit Derrida. Il existe *seulement* s'il n'existe pas : Il existe *sans* exister. Il y a secret *sans* secret, et donc, selon la marque de la dénégation de Derrida, (« je le dénie ») : il ne peut pas ne pas y avoir de secret (Il le faut, il faut qu'il fasse défaut, il faut qu'il déçoive). Le secret est donc la « défaillance » de la pensée, ce qui interrompt ses opérations (le non-savoir) mais en même temps multiplie ses opérations (de sauvegarde). Il faudrait donc rejeter la tentation ésotérique qui fait du secret « une pensée qui ne doit pas être révélée » (ou mystère), ce qui serait renoncer à la pensée et la « sacraliser », c'est à dire fixer et assigner un lieu déterminant à l'in-jonction du « *sans* ». C'est peut-être ce que peut laisser entendre Levinas lorsqu'il nous dit :

> Je me suis toujours demandé si la sainteté, c'est-à-dire la séparation ou la pureté, l'essence sans mélange que l'on peut appeler Esprit et qui anime le judaïsme – ou à laquelle le judaïsme aspire – peut séjourner dans un monde qui ne serait pas désacralisé. Je me suis demandé – et c'est là le vrai problème – si le monde est assez désacralisé pour accueillir une telle pureté. Le sacré, en effet, est la pénombre où fleurit la sorcellerie que le judaïsme a en horreur. [...] Le Sacré se pare du prestige des prestiges. La Révélation refuse ces mauvais secrets.[250]

---

[249] Derrida, « Comment ne pas parler, dénégations », dans *Psyché*, *op. cit.*, p. 558.
[250] Emmanuel Levinas, *Du Sacré au Saint,* (Paris, Éditions de Minuit, 1997), p. 89.

L'ésotérisme correspondrait à une forme de « sacralisation » de la pensée, qui assigne le mouvement de disjonction à un lieu (signe, parole, etc.) consacré par le nom de « secret » ; « mauvais secret » qui occulte (« la pénombre ») le sens de l'in-jonction du « *sans* » en tant que « séparation. » Le « secret » partage avec « sans »[251] le sens de « séparation » puisque « l'adjectif latin vient du participe passé passif de *secernere* "séparer" et au figuré "mettre à part, rejeter", verbe composé du préfixe *se-* marquant la séparation et de *cernere,* au participe passé *cretus,* "trier, passer au crible", d'où "distinguer, discerner" et "décider". *Cernere* se rattache à une racine de forme *krei-* "séparer". Il faudrait donc entendre par secret non pas ce que l'on peut/doit garder en soi, mais ce qui nous sépare de nous-même, ce qui nous expose au tranchant d'une "décision", là où les mots défaillent ou accourent pour pallier à cette absence et cautériser la plaie.

L'in-jonction de la parole est le lieu *sans* lieu qui appelle une nomination impossible, « à moins que », comme l'indique Derrida, « le nom ne soit ce qui s'efface devant ce qu'il nomme, et alors "il faut le nom" voudrait dire que le nom fait défaut : Il doit faire défaut, il faut un nom qui fasse défaut. *Arrivant* alors à *s'effacer*, il *sera sauf lui-même.* »[252] Le terme de « secret » fonctionnerait alors un peu comme le mot « origine » qui, comme l'indiquait précédemment Blanchot, ne « fait que rassembler en un mot privilégié tous les traits qui forment énigme dans notre recherche. » Le mot ne fait que « couper court » au mouvement de la recherche, « il fait défaut », il est *à la fois* inutile (redondant) et nécessaire : « il faut qu'il fasse défaut ». Il « arrive » *en* s'effaçant. Il est sain et sauf s'il n'est pas lui-même, c'est à dire s'il est autre que lui-même (c'est à dire aussi s'il n'est pas sauf, s'il est tout sauf lui.). Mais bien sûr cette impossibilité de la nomination appartient avant tout à la tradition des (dé)nominations de Dieu. Sans pouvoir aborder plus pleinement ce sujet complexe, contentons-nous de quelques remarques éparses à partir de l'exemple privilégié du tétragramme. Composé de quatre lettres imprononçables, que l'on ne doit

---

[251] *Sine* est apparenté à des formes du tokharien et de l'irlandais (*sain* « différent », adj.) qui permettent de reconstruire une forme originelle du latin *s-ni*. L'appartenance indoeuropéenne est attestée par le sanskrit *sanituh* (« séparément, en outre ») ; sans *s* initial, on relève le Sanskrit *anu*, « de côté », le gotique *inu* et l'ancien haut allemand *anu,* « sans », le grec *aneu* « séparément, sans ».

[252] Derrida, *Sauf le nom, op. cit.*, pp. 79-80.

prononcer[253], correspondant à la racine trilittère HYH (« être, devenir, arriver, il fait devenir »), il désignerait dans la tradition du Zohar l'« épée à double tranchant » de Dieu : « l'épée du Saint, béni soit-il, est formée du tétragramme : le *Yod* en est le pommeau, le *Vav* la lame, les deux *He* les deux tranchants. »[254] Dans cette configuration, les quatre lettres sont disposées ainsi :

י
הוה

Or, cette disposition n'est pas sans rappeler celle du « X sans X », non seulement à travers la récurrence de deux lettre identiques « X et X » (ici « ה et ה »), mais aussi par l'in-jonction du « *sans* » ou du « *vav* » cette lame à « double-tranchant » qui s'insère entre les deux. En effet, comme le rappelle Derrida au sujet de la « lame » du *vav* :

> Vous savez qu'en hébreu biblique une sorte de « et » signale, comme ferait une ponctuation, justement, le début de bien de phrases. Et comme un principe de discernement entre les unités phrastiques, certes, mais aussi au tiret de liaison et d'enchaînement (préfixe et non conjonction), la lettre *waw* se trouve accolée ou agglutinée au début du premier mot de la phrase dont elle marque ainsi le départ. Et la même lettre peut modifier ce que l'on appelle l'« aspect » d'un verbe (de l'accompli à l'inaccompli et *vice versa*). En arabe, le « et », le *wa* (*ou waw)*, la lettre de liaison, celle qui peut aussi signifier « aussi », avec « avec », ou en même temps qu'« en même temps », et simultanément une sorte de simultanéité, eh bien, *waw* peut se définir aussi, me dit-on, « lettre de la tendresse », comme si, par cette liaison même, par cet aimant grammatical, un

---

253 Blanchot nous rappelle à propos de l'impossible dénomination de « Dieu » : « lorsque Moise interroge "Dieu", il se garde de lui demander son nom, terrible indiscrétion, puisque s'il avait eu ce nom, il aurait en quelque sorte autorité sur le "Dénommé" » et plus loin « "Mon nom doit demeurer caché" ce qui confirme la bienséance – ou la convenance – de la discrétion de Moise. [...] Il n'empêche que le nom livré à Moise pour éveiller Israël est un nom si important (si prompt à s'effacer) qu'il ne faut pas le prononcer en vain : non–présent même dit et interpellé en tant qu'Inconnu [...]. Dieu dit Levinas n'est pas connaissance, ni une non-connaissance pure et simple, il est obligation de l'homme vis-à-vis de tous les autres hommes, Quant au nom qui n'est que le nom de Yaveh, et dont Chouraqui précise qu'aujourd'hui – dans la dispersion – personne ne sait comment il était prononcé, car ajoute Levinas, le Tétragramme ne pouvait l'être que par le seul Grand-prêtre entrant dans le Saint des Saints, le jour du Grand Pardon, c'est-à-dire pour le judaïsme postexilique, *jamais* (*Au-Delà du Verset*). » Maurice Blanchot, « Grâce (soit rendue) à Jacques Derrida », dans *Revue Philosophique de la France et de l'Etranger* (T. 180, No. 2, *Derrida*, PUF, Avril-Juin, 1990), p. 170, puis p. 171.

254 Zohar (III, 274 b).

> rassemblement, quelque geste de rapprochement, un mouvement d'amour y laissait toujours la trace d'un affect, une connotation communautaire, là même où l'apparence y serait contraire (opposition, contradiction, disjonction, incompatibilité, privation : « à l'exclusion de », « contre », « sans » ou « faute de », car « sans » signifie toujours, vous vous en doutez, « sans-avec » ou « avec-sans », « et-sans ». C'est une loi générale de logique formelle : une conjonction se glisse et s'insinue d'avance dans toute disjonction, et *vice versa*).[255]

Le « *vav* » hébreu, s'il signifie d'abord la conjonction, « le tiret de liaison et d'enchaînement », peut aussi avoir le sens contraire de disjonction tout comme le « *sans* ». Par ailleurs, en hébreu biblique, il peut avoir l'étrange propriété d'inverser le temps[256], placé devant un verbe au futur il indique le passé (ou l'accompli) et placé devant un verbe au passé il exprime le futur ou l'inaccompli. Il peut donc être « cata-strophique » (apocalypse *sans* apocalypse) au sens que nous évoquions dans la deuxième section de cet ouvrage (de *strophé* : action de tourner, volte, évolution et *kata* avec les valeurs de « en réponse à », « en concordance avec », « contre », également avec l'idée d'atteindre, de revenir et pour exprimer l'achèvement de l'action), car il fait tourner le temps sur ses gonds (*le strophigx*). Or cette inversion des rapports informe aussi le « X sans X » et affecte les liens entre les deux « X », l'Un redouble l'Autre ; redoublement[257] où s'entend à

---

[255] Derrida, « Et cetera… (*and so on, und so weiter, and so forth*, et ainsi de suite, *und so überall*, etc.) », *op. cit.*, p. 26.

[256] « En hébreu biblique, la lettre vav (sixième lettre de l'alphabet) possède une étrange propriété grammaticale : elle inverse le temps. C'est ce qu'on appelle un "vav conversif" ou "vav inversif". Quand cette lettre est placée devant un verbe au futur, elle le transforme en passé ; et quand elle est placée devant un verbe au passé, c'est le futur qui est exprimé. En principe, le passé est accompli, et le futur inaccompli. On pourrait considérer tout ce qui est ponctuel comme accompli (qu'il s'agisse du passé ou du futur) ; et tout ce qui dure comme inaccompli (qu'il s'agisse du passé ou du futur). Dans cette logique, en hébreu ancien qui diffère de l'hébreu moderne, comme peut-être en arabe et en araméen, on exprime moins le temps que le degré d'accomplissement. Mais la pratique est plus complexe. Le vav biblique démultiplie les distinctions possibles. Il transforme le duratif en ponctuel ; ou le ponctuel en duratif (avec un changement d'accent tonique). On aboutit à quatre temps grammaticaux : accompli ponctuel, accompli duratif, inaccompli ponctuel, inaccompli duratif. Exemples : - quand *haya*, qui signifie "il était", est écrit *vehaya*, il signifie "et ce sera". – l'expression *yehi or*, "Que la lumière soit" (Gn 1.3) est marquée d'abord au futur. Juste après, on ajoute un vav "Et la lumière fut" - la phrase est maintenant au passé. » (Texte consulté sur le site idixa.net)

[257] Nous reviendrons sur cette question du « redoublement » dans la suite de notre ouvrage mais rappelons avec Blanchot le rôle qu'il joue dans la dénomination impossible de « Dieu » : « Et la réponse qui fut donnée à Moise, mais que nous ne connaissons que déjà transmise par Moise, exprimée par la vertu du nécessaire bégaiement, appellera

la fois le retard et l'avance, c'est-à-dire la marque d'un dépassement sans que l'on puisse déterminer quel X précède l'autre. Une même disruption de l'ordre chronologique semble alors caractériser les rapports de l'Un à l'Autre chez Emmanuel Levinas pour qui, ainsi que le rappelle Raoul Moati :

> La possibilité d'un rapport à un Autre absolument métaphysique et transcendant, est conditionnée par une inversion chronologique de l'ordre logique permettant à l'Effet de se poser comme premier, dans une antériorité chronologique par rapport à sa propre Cause, c'est-à-dire en suivant un cheminement *où l'ordre d'exposition ne coïncide pas avec l'ordre logique.* La « rupture de participation » coïncide avec ce déphasage du chronologique par rapport au logique, lequel marque l'avènement de l'intériorité – ou athéisme – du moi.[258]

---

commentaires et commentaires. Je cite (recite) tantôt : "Je suis celui qui est" (interprétation ontologique, primauté et glorification de L'Être sans étant : Eckhart, le cher maitre rhénan, n'y consentira pas). Tantôt : "Je suis celui que je suis." Cette réponse peut passer non pour une réponse, mais un refus de réponse. Sublime ou décevante répétition, mais là intervient la pensée téméraire, et si ce qui nous est donné à entendre (ou à lire) était le redoublement à cause d'une Voix bégayante, riche par le bégaiement [...] Dans le Talmud, et sans qu'il soit fait référence à la singularité de Moise, il est énoncé : *Une parole a été prononcée par Dieu, mais j'en ai entendu deux.* [...] et voici une autre réponse (celle traduite par Meschonnic et par Chouraqui) : "*Serai* (ici un grand blanc comme pour marquer non seulement l'attente ou l'incertitude, mais la référence à un futur non temporel, exempt de tout présent) *qui serai*". » Blanchot, « Grâce (soit rendue) à Jacques Derrida », *op. cit.*, p.170-171. Le passage multiplie les redoublements originaires (avant tout origine, car l'origine même serait redoublement avant toute unicité) : redoublement de Moise transmettant la réponse de Dieu ; redoublement de la voix bégayante de Moise (« ne pouvant parler qu'en doublant, répétant les mots, fussent-ils suprêmes, à cause de son bégaiement, non pas physique mais "métaphysique". » nous dit Blanchot. *Ibid.*, p.170.) indiquant peut-être par là une qualité essentielle du « défaut » (tel que nous l'exposions plus haut) de Moise, une « défaillance » primordiale qui le rend seul apte à entendre l'équivoque de Dieu ? Redoublement aussi des commentaires (« commentaires et commentaires ») sur ce célèbre passage de la Bible auquel ferait écho le redoublement du commentaire de Blanchot lui-même (« je cite (récite) »). Tout ici semble se plier au redoublement du nom de « Dieu » et à son « équivoque » (« j'en ai entendu deux ») qui laisse entendre que « le redoublement » lui-même serait le sens primordial de la parole de Dieu, au-delà des variations interprétatives (« pensée téméraire » nous dit Blanchot). Notons aussi à nouveau ici la coupure entre deux « X » (*suis* et *suis*, *serai* et *serai*) qui laisse la marque d'un retrait « un grand blanc marquant l'attente et l'incertitude » mais aussi l'exemption du temps lui-même, le redoublement anachronique qui nous arrache à toute (chrono)logie. On remarquera enfin que ce « redoublement » expose la pensée à une « dé-ception sublime » selon Blanchot. Redoublement qui serait au cœur de la dé-ception.

[258] Raoul Moati, « Séparation et transcendance dans *Totalité et Infini* », *op.cit.*, p.49. On rappellera ici que pour Levinas : « on peut appeler athéisme cette séparation si complète que l'être séparé se maintient tout seul dans l'existence sans participer à l'Être dont il est séparé capable éventuellement d'y adhérer par la croyance. La rupture avec la

Tout porterait à croire que la relation à Autrui n'est possible qu'à partir d'un Moi séparé (« athée »), geste premier par lequel il rompt la totalité et se pose comme moi par une « rupture avec la participation » qui s'avère déterminante ; mais dans un même temps Levinas affirme l'antériorité radicale de l'Autre. La séparation du Même « cause » l'extériorité à sa relation à l'Autre mais « en effet », l'Altérité est antérieure au Même. Le Même n'est que l'effet de l'Autre, alors même qu'il s'en croit la cause. Ainsi, « la séparation désigne l'acte par lequel s'accomplit une telle interversion de l'avant et de l'après, fondamentalement requise par l'idée de l'Infini. »[259] L'inversion est telle qu'elle ne permet pas un retour à soi, car loin d'être chronologique, elle serait anachronique. Le *vav/sans* marque cette altération de l'être (« X ») qui l'empêche de coïncider avec lui-même (autre « X ») et intervertit son sens (chrono)logique. Selon la (chrono)logique du Même, l'Autre peut toujours se réduire à « la représentation [qui] est toujours anticipation de ce qui va m'être donné. Or la transcendance, c'est justement l'inverse : ce qui déchire mes anticipations et mes représentations. » [260] Expérience qui peut être décevante, mais par laquelle la dé-ception accède peut-être à l'éthique – ce qui, comme l'affirme Derrida, « [nous laisse] espérer en cette “déception”. Qu'est qu'une déception ? Cela pousse au moins à se demander pourquoi on attendait, pourquoi on attendait ceci ou cela, de ceci ou de cela, de celui-ci ou de celle-là. C'est toujours la meilleure incitation aux questions et aux réflexions. »[261]

---

participation est impliquée dans cette capacité. On vit en dehors de Dieu, chez soi, on est moi, égoïsme. L'âme, la dimension du psychique accomplissement de la séparation, est naturellement athée. Par athéisme, nous comprenons ainsi une position antérieure à la négation comme à l'affirmation du divin, la rupture de la participation à partir de laquelle le moi se pose comme le même et comme moi. » Levinas, *Totalité et Infini, op. cit.*, p. 53.

259 Raoul Moati, « Séparation et transcendance dans *Totalité et Infini* », *op. cit.*, p. 47.

260 Pierre Zaoui, « Les formes de la transcendance dans *Totalité et Infini* », dans Danielle Cohen-Levinas (dir.), *Lire* Totalité et Infini *d'Emmanuel Levinas* (Paris, Hermann, 2011), p. 69.

261 Derrida, « Une folie doit veiller sur la pensée » dans *Psyché*, *op. cit.*, p. 375.

6. *Pas* l'un *sans* l'autre

La raison aura donc toujours pensé dans la hantise de la dé-ception, visant à se prémunir contre tout désappointement, tout dessaisissement pour (se) retrouver (dans) une pensée stable qui corresponde à ses « *attentes* ». Même lorsqu'elle semble renoncer à tout, c'est encore dans l'espoir d'un retour rédempteur de l'intégrité, de l'identité et de la stabilité de son « être », sain et sauf. La raison se veut alors *édifiante* : *axis mundi*[262], *colonne et fondement* d'un monde à son image. La *colonne* aura été l'une des images privilégiées de cette architecture de la raison comme le rappelle Derrida :

> L'« *est* », l'être comme indication de présence, procure ce calme, cette conscience de maîtrise idéale, ce pouvoir de la conscience dans la monstration, l'indication, la perception [...] Dont le discours vous dit : la colonne *est* cela, *est là*, évidente ou cachée derrière la multiplicité des apparitions, la colonne *est*. Or la colonne n'a pas d'être, ni d'être là, ici ou ailleurs. Elle n'appartient à personne. Vous ne la citerez pas à comparaître. Cette colonne n'étant pas (un étant), ne tombant pas sous le coup de l'*est*, toute la métaphysique occidentale, vivant dans l'assurance de ce *est* a tourné autour de la colonne. Non pas sans la voir mais au contraire en croyant la voir. Et s'assurer, en vérité, comme d'un centre, d'un lieu propre, des contours de son effondrement. Subversion de l'« *est* » qui assure à l'Occident tous ses fantasmes de maîtrise.[263]

---

[262] Pour Mircea Eliade la colonne ou « *Axis mundi* » correspond dans de nombreux mythes fondateurs au centre du monde qui organise la demeure des hommes en « l'assimilant au Cosmos par la projection des quatre horizons à partir d'un point central, lorsqu'il s'agit d'un village ou par l'installation symbolique de l'*Axis mundi* lorsqu'il s'agit de l'habitation familiale [...]. En effet la demeure des populations arctiques, nord-américaines et nord-asiatiques présente un poteau central qui est assimilé à *l'Axis mundi*, au Pilier cosmique ou à l'Arbre du Monde qui, nous l'avons vu relient la Terre au Ciel. [...]. En conclusion toute demeure se situe près de *l'Axis mundi*, car l'homme religieux désire vivre au centre du monde, autrement dit dans le *réel* ». Mircea Eliade, *Le Sacré et le profane* (Paris Gallimard, 1957), pp. 51-52. « La communication avec le ciel est exprimée indifféremment par un certain nombre d'images se référant toutes à l'*Axis mundi* : pilier (cf. L'*universalis columna),* échelle (cf. L'échelle de Jacob), montagne, arbre, liane, etc. » (*Ibid.*, p. 38).

[263] Derrida, *La Dissémination* (Paris, Seuil, 1972), p. 391.

La philosophie occidentale aurait donc été rivée à cette *colonne* dressée qu'est « l'être » qui consacre et établit la raison (ce *lieu* de réflexion) en construisant l'identité de sa présence autour des piliers de la vérité (et donc le mythe d'une intériorité immune à l'erreur). La *colonne* symbolise un monde stable et rassurant, « vivant de l'assurance de ce "est" » et d'un savoir qui s'offre à la « maîtrise » de la raison (« conscience de maîtrise »). Mais par le rejet de l'erreur et de la déception (en tant qu'illusion) qui suscitent la démultiplication des manœuvres de « saisie » et de « (com)préhension », la raison aura en quelque sorte succombé à une mé-*prise* (mauvaise (com)*préhension ;* « croyant la voir »), ignorant que l'être ne peut *se tenir là*, se ramener à la plénitude, l'identité ou la présence d'une *colonne* : « la colonne n'étant pas. » Comme le rappelle Blanchot : « trouver, c'est chercher par le rapport au centre qui est proprement l'introuvable. Le centre permet de trouver et de tourner, mais le centre ne se trouve pas [...] le centre comme centre, est toujours sauf. »[264] Si la pensée s'apparente bien au mouvement du « tourner autour » tel que nous le montrions dans le chapitre précédent, elle ne s'enroule pas autour d'un « centre » véritable mais autour de l'absence de centre car la « colonne » de la « vérité », tout comme « le secret » et « l'origine » analysés précédemment, n'ont pas de « lieu propre » (n'a pas « lieu d'être ») mais sont simplement des dénominations de ce qui « garde » l'effondrement *de* la pensée qu'il faut entendre selon le double génitif (qui advient à/provient de la pensée). Il n'y aurait pas donc de « X » indiquant l'endroit où le lieu de « vérité » mais, selon le redoublement de la négation, il ne peut pas ne pas y en avoir pour la raison. Il y a donc « X *sans* X », c'est-à-dire l'effacement et le retrait de la colonne : son redoublement. On rappellera alors au passage que Derrida, dans un geste de démarcation qui visait en partie à déstabiliser le monologue de la philosophie (en particulier sous l'exemple monumental de la Raison absolue de Hegel) n'aura eu cesse de désamorcer le dispositif de la colonne (et la lecture cyclopéenne qu'elle implique), par le travail des marges, mais

...Je vis ensuite un autre Ange, puissant, descendre du ciel enveloppé d'une nuée, un arc en ciel au-dessus de la tête, le visage comme le soleil et les jambes comme des colonnes de feu. Il tenait en sa main un petit livre ouvert. Il posa le pied droit sur la mer, et le gauche sur la terre, et il poussa une puissante clameur...

264 Blanchot, *L'Entretien infini, op. cit.*, p. 36.

aussi dans *Glas* en écrivant sur « deux » colonnes, introduisant face à la philosophie son Autre (sous la figure quasi hors-la-loi de Genet). La double colonne déstabilise toutes les « stances » de lectures, toutes « prises de position » qui se feraient au nom de la présence d'une identité univoque à reconstruire[265], pour offrir l'épreuve d'une altérité sans retour :

> D'abord : deux colonnes. Tronquées, par le haut et par le bas, taillées aussi dans leur flanc : incises, tatouages, incrustations. Une première lecture peut faire comme si deux textes dressés, l'un contre l'autre ou l'un sans l'autre, entre eux ne communiquaient pas. Et d'une certaine façon délibérée, cela reste vrai, quant au prétexte, à l'objet, à la langue, au style, au rythme, à la loi. Une *dialectique* d'un côté, une *galactique* de l'autre, hétérogènes et cependant indiscernables dans leurs effets, parfois jusqu'à l'hallucination. Entre les deux, le battant d'un autre texte, on dirait d'une autre « logique » [...] La chose donc, s'élève, se détaille, et détache selon deux tours, et l'accélération incessante d'un tour-à-tour. Dans leur double solitude, les colosses échangent une infinité de clins, par exemple d'œil, se doublent à l'envi, se pénètrent, collent et décollent, passant l'un dans l'autre, entre l'un et dans l'autre.[266]

On retrouve ici le geste démarquant, la césure du double-tranchant (« tronquée », « taillée », « détaille ») qui sépare le Même et l'Autre. Ce geste met à mal la colonne et tout ce qu'elle symbolise sans pourtant interdire sa logique qui « d'une certaine façon, délibérée, reste vraie. » On pourrait donc dire à nouveau ici qu'il s'agit d'une apocalypse *sans* apocalypse. Le geste de Derrida vise à déstabiliser la pose salutaire de la stance, du thétique tout en refusant de faire le jeu de « l'anti-thétique. » Il s'agit donc à nouveau d'une double négation : ni la thèse ni l'antithèse (qui n'est que le mode négatif de la thèse), ni une colonne, ni l'autre mais, seront-on tenté de dire, leur *désistance*. L'enjeu et donc de se soustraire à la crispation d'une *prise* de sens qui laisse les textes « dressés » l'un contre l'autre selon une simple logique (op-)positionnelle. Les deux colonnes s'altèrent pour échapper à leur détermination identitaire comme simplement « dialectique » ou « galactique » et s'ouvrir à une autre lecture (« le

---

[265] Comment en effet lire le texte de *Glas* : une colonne après l'autre ? L'une avant l'autre ? Les deux en même temps ? (Geste qui viserait à reconstruire sur une colonne, l'identité illusoire d'un texte « unique » subsumant les disparités irréductibles entre Genet et Hegel). Ou peut-être faut-il lire « tout autrement » selon le mouvement de l'in-jonction (simultanéité du rapport et de l'absence du rapport).

[266] Jacques Derrida, « Prière d'insérer », dans *Glas* (Paris, Galilée, 1986).

battant[267] d'un autre texte ») qui ne soit pas simplement un « autre » texte, un tiers livre (une autre colonne que l'on puisse saisir, qui serait « saine et sauve ») mais l'autre de tout texte, tiers exclu. La lecture « à la colonne », repliée sur la pose identitaire nous expose à la confrontation (« l'un contre l'autre ») et finalement à la destruction de l'altérité sacrifiée sur l'autel de la pensée unique (« l'un sans l'autre ») là où le redoublement de la colonne, du « X » invite à un déplacement de tonalité à l'in-jonction du « pas l'un sans l'autre » (à nouveau la double-négation). Par le jeu du redoublement, *la* vérité, *le* fondement, *l'*origine, *l'*unicité de l'Un *se désistent* pour laisser apparaître ce que Derrida nommait plus haut « les contours de [leur] effondrement », entre deux « X » (ou deux colonnes) qui ne se ressemblent plus (sans être autre) qui résistent à l'homologie (X *sans* X). Derrida nous dira alors dans un autre contexte : « le pli, ou le redoublement abyssal dont nous essayons de parler ne vient donc pas déstabiliser une vérité qui déjà serait, *esterait*, comme on traduit parfois. La désistance est d'abord celle de la vérité. Celle-ci ne se ressemble jamais [...]. Elle se retire, se masque et ne cesse, dit Lacoue-Labarthe qui cette fois use du réfléchi, de « se désister »[268] et plus loin : « l'estance, la signification “estance”[269], se trouverait donc déstabilisée en elle-même, sans que cela puisse apparaître au titre de la négativité. La désistance, d'abord celle de la vérité, conditionnerait toutes les positions et toutes les stances que pourtant, en effet, elle ruine et affole aussi de l'intérieur. »[270] Apocalypse *sans* apocalypse, la désistance détruirait « l'estance », c'est-à-dire les répositoires de l'Être (sa subsistance, persistance, constance, résistance, substance, instance, existence, etc...) mais *sans* la détruire (« sans [...] négativité »). La désistance décrit un geste de soustraction qui se soustrait lui-même et que

---

267 On pourrait peut-être voir dans ce terme de « battant » à nouveau la logique du *strophigx* (le gond de la porte) telle que nous l'évoquions au chapitre II, 2. La lecture de *Glas* inviterait une pensée « cata-strophique » qui puisse se soustraire au chrono-logique (loi de succession) au topologique (la pensée comme lieu, assignée à résidence, sous résidence surveillée) et au logique (principe de non-contradiction).

268 Derrida, « Désistance » dans *Psyché*, *op. cit.*, p. 617.

269 « Ester » est issu du latin juridique médiéval *stare* « soutenir une action en justice », du latin classique *stare,* « se tenir debout », qui avait abouti en ancien français au verbe *ester* « rester, demeurer ». *Stare* se rattache à la racine indoeuropéenne *sta-* « être debout », largement représenté, par exemple par le grec *stasis* (statique) etc. On reconnaîtra ici l'imaginaire de la colonne comme fondement de la vérité.

270 *Ibid.*, p. 619.

> À la valeur d'im-possibilité imprévisible, j'associerais celle de *singularité incalculable* et *exceptionnelle.* J'en appelle ici encore au bon sens même, au sens commun, à la chose du monde la mieux partagée. Un événement calculable et qui tombe, comme un cas, comme objet d'un savoir, sous la généralité d'une loi, d'une norme, d'un jugement déterminant ou d'une techno-science, donc d'un pouvoir-savoir et d'un savoir-pouvoir, ce n'est pas, *dans cette mesure-là du moins*, un événement. Là où il n'y a pas cette singularité absolue de l'incalculable et de l'exceptionnel, rien ni personne, rien *d'autre* et donc *rien* n'arrive. [...] Il s'agit de penser la raison, de penser le venir de son avenir et de son devenir comme expérience de ce *qui* et de *qui* vient [...] évidemment comme autre, comme l'exception ou la singularité absolue d'une altérite non réappropriable par l'ipséité d'un pouvoir souverain et d'un savoir calculable.[279]

Le « sans » plie le « X » à la logique de l'impossible, il l'empêche d'être une simple réitération du « même » qui se retrouverait *à l'identique* au terme de l'opération. L'impossible se manifesterait par l'irruption de l'« imprévisible », qui donc expose la pensée à une « dé-ception » car elle déjoue ses *attentes.* La raison en quelque sorte *ne s'y retrouve pas*, n'y trouve pas son compte (« incalculable ») ni son dû (résistant donc au principe de la raison rendue) ; elle ne peut *saisir* ce qui lui arrive fût-ce sous la forme d'un « savoir » ou d'un « pouvoir » qu'elle pourrait s'« approprier. » Elle fait donc appel à une autre approche de la pensée que Derrida nommait « dislocation », soit l'autre de toute pensée. Si le bon sens « insiste » par-delà le naufrage de tout savoir et de toute raison c'est alors en tant que « chose la mieux partagée », c'est-à-dire pensée du partage et partage de la pensée, coupure infinie à double tranchant.

[279] Derrida, *Voyous, deux essais sur la raison*, *op. cit.*, p. 203.

7. Brûler de savoir : l'hyperbole du *sans*

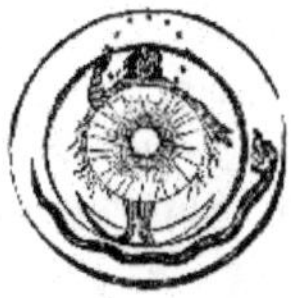

On pourrait alors objecter que cette « pensée de dislocation » risque de perdre sa « singularité » dans la mesure où elle semble être « réappropriable par l'ipséité » de cette formule omniprésente qu'est le « X *sans* X ». On comprend alors l'importance des nombreuses dénégations de Derrida pour qui la formule n'est que « la silhouette d'une "logique" dont la formalisation parait à peu près impossible. »[280] Il faut que la formule défaille, il lui faut la défaillance, il faut qu'elle *s'excepte* elle-même afin de se soustraire à la loi du Même et devenir soustraction soustraite. Il faudrait alors se demander avec Derrida :

> Ai-je bien compris ? Il y aurait une règle, une procédure privilégiée dans une déconstruction qui n'est pourtant ni une méthode, ni une technique appropriable, mais un événement ou un style. La récurrence, la probabilité de cette quasi-règle (règle sans règle, puisque chaque fois l'exemple est absolument autre) passerait souvent par une sorte de conjonction disjonctive à l'intérieur menacé de chaque atome conceptuel ou verbal.[281]

Règle *exemplaire* par la *rigueur* avec laquelle elle *identifie* la « conjonction disjonctive » au sein de chaque « atome conceptuel ou verbal », excluant ainsi *systématiquement* l'atomisme de la pensée insécable. Mais aussi règle *exceptionnelle*, règle *sans* règle comme si, *à la rigueur*, il n'y avait pas *d'exemples* pour la soutenir mais que des *exceptions* (« puisque chaque fois l'exemple y est absolument autre ») qui y dérogent. Le « X sans X » ferait en quelque sorte exception *à* sa propre règle, marquerait l'effondrement de toute règle – c'est-à-dire de ce qui « régule » la raison – en l'exposant à un *disfonctionnement* irrémédiable :

> *Sans* joue comme un étrange ressort, ni une énergie ni un fonctionnement. X *sans* X parait ne plus fonctionner. Mais s'il le fait, c'est autrement qu'on ne croit. Sans doute ça ne fonctionne plus, ça ne marche plus, ça ne veut rien dire et

---

[280] Derrida, *Khora*, *op. cit.*, p. 38.

[281] Derrida, « Et cetera… (*and so on, und so weiter, and so forth*, et ainsi de suite, *und so überall*, etc.) », *op. cit.*, p. 32.

> rejoint un degré *o* de la thèse, du discours et du sens. Ça veut dire *o* et pourtant il n'y a pas *o*. Il reste un reste sans reste de ce passage (il y a – pas – rien, un texte, un récit, déjà). C'est pourquoi aucun de ces « mots » (sans mot à leur tour), de ces vieux mots de la langue naturelle, d'eux-mêmes écartés, ne peut être remplacé par un X conventionnel. Une certaine formalisation en est impossible, en tout cas toujours limitée. Le *sans* aura marché. Pas de sans. Et il aura investi le paléonyme d'un tout autre, archi-ancien, plus qu'ancien, abrité par le paléonyme mais sans rapport avec lui. Sans – trace de pas.[282]

Le « X sans X » serait donc au cœur de la dé-ception, elle démet la raison de ses fonctions, l'expose au désappointement du « ce qui ne *veut* rien dire » c'est-à-dire ce qui se soustrait à sa volonté, à tout « vouloir » et à toute « intention » (annonçant à nouveau le délaissement de la *Gelassenheit*). Et pourtant cette démarche n'équivaut « à rien » que pour une raison qui cherche à se « réapproprier » un savoir à sa mesure, le « zéro » n'est ici que l'opération d'une pensée calculante. Il resterait tout au contraire « un reste *sans* reste » que Blanchot nommerait *désœuvrement* et Derrida *restance*[283], soit l'opération inopérante de la pensée, sa *dépense*. Or la *restance* n'est pas la *permanence*[284] inaltérée d'une formulation *à l'identique* par laquelle la pensée puisse *s'y retrouver* et se *rendre raison*. Le « reste *sans* reste » de cette opération inopérante recoupe donc « le même » de façon « exceptionnelle » et non « exemplaire », empêchant la formule de se formaliser, de se maintenir de façon permanente. Autrement dit l'opération de soustraction est elle-même soustraite selon un geste *ex-cédant* qui fait *ex-ception*, c'est-à-dire aussi une *surenchère* de la soustraction qui se démultiplie et s'emporte selon un geste « *hyperbolique* ». Ainsi, nous dit Derrida, il y a « un nom pour la loi du

---

282 Derrida, *Parages*, *op. cit.*, pp. 84-85.

283 Derrida présente l'idée de « restance » en ces termes : « L'itérabilité suppose une restance minimale pour que l'identité du même soit répétable et identifiable *dans*, *à travers* et même *en vue de* l'altération. Car la structure de l'itération, autre trait décisif, implique *à la fois* identité *et* différence. L'itération la plus "pure" – mais elle n'est jamais pure – comporte *en elle-même* l'écart d'une différence qui la constitue en itération. [...] la restance n'est jamais pleine : c'est une structure différentielle échappant à la présence ou à l'opposition (simple ou dialectique) de la présence et de l'absence, opposition dont l'idée de permanence et tributaire. » Jacques Derrida, *Limited Inc.* (Paris, Galilée, 1990), p. 105.

284 « La restance ne revient pas au repos de la permanence et le "concept" de restance n'est pas, je le reconnais, de tout repos [...]. Sans doute la "permanence" ou la "survie" du document [...] impliquent-elles l'iterabilité ou la restance en général. Mais l'inverse n'est pas vrai. La permanence n'est pas l'effet nécessaire de la restance. J'irai plus loin : la structure de la restance, impliquant l'altération, rend impossible toute permanence absolue. » *Ibid.*, p. 106.

paradoxe, c'est *l'hyperbologique*. Le jeu du *dé-*[285] sur lequel nous travaillons [...] pourrait relever de cette hyperbolique. Sans être négatif, ni dialectisable, il organise et désorganise à la fois ce qu'il parait déterminer, il y appartient et pourtant échappe à l'ordre de sa propre série. »[286] La démultiplication des gestes d'effacement ont donc une fonction « *ex-cessive* »[287], exposant la pensée au dehors. Si le *sans* est bien la marque d'une négation *sans* négation, c'est-à-dire de son auto-effacement, il est aussi une négation *de* négation et donc donne lieu à une *intensité* excédante. Ainsi, selon Derrida : « Il s'agirait alors d'une négativité si négative qu'elle ne pourrait même plus se nommer ainsi. La négativité a toujours été déterminée par la dialectique – c'est-à-dire la métaphysique – comme travail au service de la constitution du sens. Avouer la négativité en silence, c'est accéder à une dissociation de type non classique entre la pensée et le langage. Et peut-être entre la pensée et la philosophie comme discours [...]. »[288] On retrouve ici le geste hyperbolique du « si » intensif qui ex-cède la pensée et l'expose à la dislocation du sens, pensée qui ne trouve plus les mots pour se dire (« dissociation entre pensée et langage ») et s'effondre dans « le silence » de son effacement. C'est une même déflagration du sens que Derrida entendra dans la syntaxe « nécessaire et étrange » de Blanchot :

> Voilà une écriture, la plus risquée qui soit, soustrayant quelque chose à l'ordre du langage qu'elle y plie en retour. » [...] Mais qu'y soustraire ainsi ? La « pensée » ? Une pensée « hors la langue » ? Il y aurait là de quoi scandaliser une

---

285 Sans doute faudrait-il rajouter à la notion de « désistance » dont parle ici Derrida, ces autres *coups de dé-* qui rythment la réflexion de nos penseurs : « destruction », « *destruktion* », « déconstruction », « désastre », « désœuvrement », « dénégation », « désintéressement », « désappointement », « déception », etc.

286 Derrida, « Désistance », *op. cit.*, pp. 636-637.

287 Le rapport entre l'excès et le dehors, le « pas au-delà » : se retrouvent dans l'étymologie : « Excès » : du latin *excessus* qui signifie « sortie, départ » à l'époque classique, « digression » en rhétorique, puis en latin chrétien « écarts, fautes, pêchés ». « Excéder » de *ex-* et *cedere* « aller », « marcher », « s'en aller », sans étymologie claire ; « aller au-delà de certaines limites », excessif. Levinas introduira plus loin le terme d'« excellence ». « Excellent » : emprunt ancien au latin *exccellens, -entis* « éminent », d'une valeur supérieure, formé de *ex-* et d'un verbe non attesté *cellere,* dont il ne reste que le participe passé passif *celsus*, élevé, apparenté à *culmen, -inis*, cime.

288 Jacques Derrida, « Cogito et histoire de la folie », dans *L'Écriture et la différence* (Paris, Le Seuil, 1998), p. 55, note 1.

> certaine modernité. C'est un risque à courir, le prix à payer pour penser autrement le « hors la langue » de la pensée.[289]

L'usage du superlatif renvoie ici à l'hyperbole (de ὑπερβολὴ, de ὑπὲρ, au-delà, et βάλλειν, jeter) qui « jette » la pensée « hors la langue. » Or la brisure excédante de l'hyperbolique, du paroxystique se retrouvera aussi sous la plume de Levinas :

> C'est dans l'hyperbole, dans le superlatif, dans *l'excellence* de signification auxquels elles remontent – dans la transcendance qui s'y passe ou s'y dépasse [...] que les notions et *l'essence* qu'elles articulent, éclatent et se nouent en intrigue humaine. L'emphase de l'extériorité est excellence. Hauteur, ciel. Le royaume du ciel est éthique. Cette hyperbole, cette ex-cellence, n'est que le « pour-l'autre » dans son désintéressement. [...] En arrachant la signification au thème où elle s'offre à la compréhension d'un « sujet doué de raison », il [notre discours] ne l'a pas réduit à un « vécu » de la conscience. Il prétendait décrire une tierce condition ou l'incondition d'un tiers exclu. La subjectivité n'est pas suscitée ici par le mystérieux manège de *l'essence* de l'être où, malgré tout l'anti-intellectualisme de Heidegger se retrouve la corrélation gnoséologique : l'homme appelé par une manifestation. Ici l'humain s'accuse par la transcendance – ou l'hyperbole – c'est-à-dire le désintéressement de l'essence, hyperbole où elle éclate et *tombe vers le haut*, en l'humain. Notre discours philosophique ne passe pas d'un terme à l'autre en fouillant uniquement les horizons « subjectifs » de ce qui se montre, mais embrasse des conjonctions d'éléments en lesquelles éclatent des concepts sur-tendus comme *présence* ou *sujet*.[290]

Pour Levinas, la transcendance est hyperbolique et superlative, elle *excède* toutes les tentatives de réappropriation par la pensée pour nous jeter vers le dehors (« emphase de l'extériorité ») qui brise (« éclatent ») *l'intégrisme* de la raison. La signification de la transcendance ne peut se reposer (« thème », c'est-à-dire le thétique, la *stance*) dans les « notions » et concepts par lesquels la raison veut s'assurer de sa « com-préhension », mais « s'arrache » à elle. L'enjeu est de sortir (ex-céder) des pièges de « l'intellectualisme » qui réduit tout à un « vécu de la conscience ». La brisure de la transcendance expose à un sens qui interrompt le monologue de la raison car il ne peut être rassemblé dans le champ de sa « vision », ou de sa visée intentionnelle, elle ne se « montre » pas et ne se « manifeste » pas. Elle se soustrait donc à l'intérêt de la raison pour se faire dé-ception

---

289 Derrida, *Parages*, *op. cit.*, p. 26.
290 Levinas, *Autrement qu'être ou au-delà de l'essence*, *op. cit.*, p. 231.

et dés-intér-*esse*-ment – terme omniprésent dans l'œuvre de Levinas et qui annonce notamment un au-delà de l'*essence*. Tout l'enjeu on le sait serait d'offrir un dépassement de la philosophie thétique par l'éthique. La philosophie, sous l'exemple privilégié ici de Heidegger, aurait toujours été fascinée par le jeu de cache-cache du sens (*kaluptein*), « appelée par [une] manifestation » qui s'inscrive dans son champ « d'horizon » et puisse se (re)constituer en un « savoir ». La philosophie aurait donc un sens apocalyptique (désir de lever le voile qui est aussi désir du voile). Pour Levinas l'éthique serait peut-être « l'apocalypse *de* l'apocalypse » : soit l'interruption de cette fascination pour le « levé des voiles » et le voir. Il nous dit en effet : « en tant que *dévoilé*, *l'autre* rentre dans le *même* et l'expérience de la transcendance, se rend aussitôt suspecte d'artifice. »[291] Il y aurait donc transcendance *et* transcendance ; l'une tributaire d'une pensée du dévoilement qui risque de se perdre dans « l'impressionnisme de son jeu de lumières et d'ombres et le mystère de la clarté qui vient de derrière le rideau »[292] et donc de se dégrader en « reflets de nos propres regards, mirages de nos besoins, échos de nos prières »[293] ; et une tout autre transcendance telle que l'envisage Levinas, qui « passe et dépasse » la première, selon le geste hyperbolique du surpassement qui « éclate les concepts », déchire le voile et déçoit la raison. Ainsi pour Levinas :

> Ces superlatifs, mieux que des métaphores, traduisent comme un paroxysme de matérialité. L'ultramatérialité n'indique pas une simple absence d'humain dans un amoncellement de rochers et de sables d'un paysage lunaire ; ni la matérialité qui renchérit sur elle-même, béant sous ses formes déchirées, dans les ruines et les blessures ; elle indique la nudité exhibitionniste d'une présence exorbitante venant comme de plus loin que la franchise du visage déjà profanant et toute profanée, comme si elle avait forcé l'interdit d'un secret. *L'essentiellement caché se jette vers la lumière, sans devenir signification.* Non pas le néant, mais ce qui n'est pas encore. Sans que cette irréalité, au seuil du réel s'offre comme un possible à saisir [...] Le secret apparaît sans apparaître, non pas parce qu'il apparaîtrait à moitié, ou avec des réserves ou dans la confusion. La simultanéité du clandestin et du découvert définit précisément la *profanation*. Il apparaît dans l'équivoque.[294]

---

291 *Ibid.*, pp. 229-230.

292 *Ibid.*, p. 230.

293 *Id.*

294 Levinas, *Totalité et Infini*, *op. cit.* p. 234. Notons ici comment ce passage s'ouvre sur une confrontation entre « superlatif » et « métaphore » qui semblent pourtant partager le

« L'exorbitant », comme l'a notamment montré Derrida[295], expose la pensée à une *menace* qui la met hors d'elle. Cette contamination du sens se ressent dans l'usage particulier que fait Levinas de termes comme « profanation », « équivoque », « clandestinité » qui semblent exposer la pensée à une certaine violence, à une *pro-vocation* pour l'enjoindre à entendre l'*appel du dehors*, cette voix « venant de plus loin que la franchise du visage » qui vient interrompre son monologue intérieur. Cependant, loin de se réduire à la simple négativité, ces termes semblent ici encore opérer selon une « négativité *sans* négativité » : « non pas le néant, mais ce qui n'*est* pas encore » c'est-à-dire autre que l'Être et au-delà de l'essence. Si la « matérialité » évoque ici ce qui (voir plus haut) se « manifeste » et se « montre » dans le champ « d'horizon » de l'intériorité, « l'ultramatérialité » serait ce qui perce cet horizon et déchire le voile de la pensée. *Ultra-* précise

---

même sens d'un « pas au-delà ». « Superlatif » vient de *superferre* « porter au-dessus », « dépasser, reculer, porter au-delà », composé de *super-*, « au-dessus, par-dessus » et de *ferre* « porter », dont le supin *latum* se rattache à la racine indoeuropéenne *tel*, « supporter, soulever » (tolérer) alors que l'infinitif appartient à la racine *bher* « porter (souffrir). « Métaphore » signifie « changement, transposition du sens » de *phora*, « action de porter, de se mouvoir » de *pherein*, « porter, supporter, transporter » qui contient la même racine indoeuropéenne *bher* « porter. » Le préfixe *meta-*, d'origine obscure, a probablement signifié en grec ancien « au milieu de » avec l'idée de « participation », « action en commun », « situation au milieu ». Par-delà une même origine du radical, la différence se joue peut-être au niveau du préfixe *meta-* indiquant un rapport au centre, au milieu, là où *super-* indiquait un mouvement excentrique ? Si Levinas semble ici favoriser le « superlatif » c'est sans doute car il porte l'idée d'une rupture par rapport au centre, celle d'intensité, de pro-vocation, et l'apparente neutralité d'une catégorie grammaticale qui se soustrait au lourd héritage de la « métaphore ». De façon plus déterminante la métaphore est sans doute l'un des éléments essentiels de l'entreprise de *voilement-dévoilement* qui compromet la philosophie. La métaphore évoque encore trop pour Levinas « l'impressionnisme de son jeu de lumières et d'ombres et le mystère de la clarté qui vient de derrière le rideau. »

295 Derrida relève lui aussi la surdétermination de *l'hyperbolique* et de *l'exorbitant* dans le lexique levinassien : « L'exorbitant fait signe vers ce que nous reconnaissions chez Nancy au titre de l'hyperbolique et de ce qui, ne dépassant pas tout vers le n'importe quoi et n'importe comment, est *exactement excessif* et rigoureusement paroxystique. Levinas, lui, à propos du « régime de tendre » [...] parle d'une « fragilité extrême », « à la limite d'une existence », d'une « ultramatérialité *exorbitante* ». « Ces superlatifs mieux que des métaphores, traduisent comme un paroxysme de matérialité ». Un peu plus loin, c'est « la nudité exhibitionniste d'une présence *exorbitante* » ou « *l'exhibitionnisme exorbitant* en tant que production de l'être. Ce qui devient exorbitant n'excède ou ne dérange pas seulement l'onto-logique régulièrement mise en cause par Levinas. Il *menace* l'éthique même à laquelle Levinas en appelle si fortement. » Jacques Derrida, *Le Toucher, Jean-Luc Nancy* (Paris, Galilée, 2000), pp. 95-96.

ici Levinas n'indique pas la négation de la matérialité (« simple absence d'humain dans un amoncellement de sable ») ni – autre négativité – son dépassement (« la matérialité qui renchérit sur elle-même »), mais la négativité *sans* négativité d'un « pas au-delà » qu'il faudrait peut-être entendre ici en son inflexion blanchotienne : « je me trouve vraiment dans l'au-delà, si l'au-delà, c'est ce qui n'admet pas d'au-delà. »[296] C'est-à-dire ni en-deçà (« le clandestin »), ni au-delà (« le découvert ») mais le « toujours déjà-la » de ce qui se « jette vers la lumière » sans devenir signification (c'est-à-dire sans être capté par le jeu d'ombre et de lumière, de l'apparaître et du disparaître, du *kaluptein*). Il y aurait donc secret *et* secret. D'une part, comme le disait plus haut Derrida, le secret qui « *se montre* » n'est plus un secret, n'est qu'illusion, crépuscule de la raison (à moitié caché, à moitié découvert, « pénombre » disait Levinas) ; d'autre part, le secret véritable[297] « apparaît *sans* apparaître », c'est-à-dire qu'il se soustrait à la vue, non parce qu'il se cache, mais parce qu'il excède la vision par son évidence ; il déjoue l'attention et l'intention et les attentes de la raison. La « simultanéité du clandestin et du découvert » se rapporterait non pas à l'inconnu (qui, lui, se réfère au connu ne serait-ce que par sa négation) mais à ce que Levinas nomme « l'incognito » :

> L'au-delà se montre peut-être dans l'équivoque – c'est-à-dire dans l'énigme – qui consiste non pas à dire deux choses équivalentes ou à se cacher après s'être montré, mais à se montrer incognito en laissant la possibilité de démentir, en

---

[296] Maurice Blanchot, *Thomas l'Obscur*, *op. cit.*, p. 123 : « Voilà donc la nuit. L'obscurité ne cache aucune chose. Mon premier discernement est que cette nuit n'est pas l'absence provisoire de la clarté. Loin d'être un lieu possible d'images, elle se compose de tout ce qui ne se voit pas et ne s'entend pas [...] Elle ne se laisse rien attribuer d'autre qu'elle, elle est impénétrable. Je me trouve vraiment dans l'au-delà, si l'au-delà, c'est ce qui n'admet pas d'au-delà. » Ce passage mériterait une analyse plus précise mais nous devons nous contenter ici de faire *rai*sonner certaines similitudes, sans pouvoir préciser davantage, dans les limites de ce livre, les différences (parfois insurmontables) avec ce que nous dit ici Levinas. Il semblerait toutefois que dans les deux cas il soit question d'un « secret qui apparaît sans apparaître » car toujours déjà « jeté vers la lumière » et pour cette raison qui « ne se voit pas » (toujours déjà jeté vers « l'obscurité » pour Blanchot). La « lumière » de Levinas et l'« obscurité » de Blanchot semblent avoir en commun qu'il ne « cachent aucune chose » ils se veulent *évidence*. Si cette nuit étrange n'est « pas l'absence provisoire de la clarté » il semblerait en quelque sorte que « la lumière » ne soit pas l'absence provisoire de l'obscurité.

[297] Si tant est que l'on puisse le nommer ainsi, et dans la mesure où il s'agit d'un secret *sans* secret puisque comme le disait Derrida plus haut, « il n'y a pas de secret *comme tel*, je le dénie. »

> toute sincérité, cette manifestation, comme dans notre monde qui a perdu la confiance dans les Écritures. Dans le visage clignote aussi cela et c'est par là qu'il est un prochain et non pas uniquement dans un contexte historique non-vu dans la vision.[298]

« L'incognito » n'est pas « non-vu dans la vision », il est vu *sans* être vu ; ni voilé, ni dévoilé, il ne joue pas le jeu de cache-cache de la vérité (qui « se cache après s'être montré »), il est *sans* « révélation » et n'offre à la pensée que son évidence, c'est-à-dire le vide de cette soustraction elle-même soustraite à sa (com)*préhension* (qui ne « s'offre pas comme un possible à saisir ») et donc dé-ception. Cette reformulation levinassienne du secret se retrouve alors dans son concept de visage qui « dans cette épiphanie ne resplendit pas comme une forme revêtant un contenu, comme une *image*, mais comme la nudité du principe, derrière lequel il n'y a plus rien. Le visage mort devient forme, masque mortuaire, il se montre au lieu de se laisser voir, mais précisément ainsi n'apparaît plus comme visage. »[299] Le visage apparaît *sans* apparaître comme « incognito » il ne se réduit pas à ce qu'il « montre », aux formes figées de sa plastique, il ne « masque » rien, mais « se laisse voir » ; formule ou s'entend à nouveau le délaissement de la *Gelassenheit* que Levinas nomme des-inter-esse-ment. Il s'agit donc de briser le cercle d'un raison gardée (sur ses gardes) qui veut retenir dans l'intégrité d'une identité, d'une essence, d'une présence *à soi*, l'évanescence du vivant et la préserver dans la *cache* d'une intériorité recroquevillée sur elle-même. Si « l'inconnu » semble en appeler à la garde d'un secret, « l'incognito » est ouverture sans limite *à l'autre* qui donc « *force* l'interdit du secret », « profanation profanée »[300] car toujours déjà traversé,

---

298 Emmanuel Levinas, « Deux lettres d'Emmanuel Levinas à Jacques Derrida », dans Danielle Cohen-Levinas (dir.), *Lire* Totalité et Infini *d'Emmanuel Levinas* (Paris, Hermann, 2011), pp. 213-214.

299 Levinas, *Totalité et Infini*, *op. cit.*, p. 239.

300 Cette provocation de Levinas, qui peut sembler sacrilège, peut s'expliquer par la différence qu'il opère entre le Sacré et le Saint. On rappellera à cet effet ce passage déjà cité plus haut : « Je me suis toujours demandé si la sainteté, c'est-à-dire la séparation ou la pureté, l'essence sans mélange que l'on peut appeler Esprit et qui anime le judaïsme – ou à laquelle le judaïsme aspire – peut séjourner dans un monde qui ne serait pas désacralisé. Je me suis demandé – et c'est là le vrai problème – si le monde est assez désacralisé pour accueillir une telle pureté. Le Sacré, en effet, est la pénombre où fleurit la sorcellerie que le judaïsme a en horreur. [...] Le Sacré se pare du prestige des prestiges. La Révélation refuse ces mauvais secrets » (Levinas, *L'Au-delà du verset*, *op. cit.*, p. 89). On rajoutera, au risque d'atténuer ici la provocation (qui appelle la pensée à se mettre hors

foulé par l'Autre. Le « Pas au-delà » Blanchotien recouperait tous les sens que propose ici Levinas [301] : le pas-au-delà de l'interdit ; le pas de franchissement[302] vers l'au-delà ; la marque de ce qui n'est pas « au-delà » et donc toujours déjà-la, incognito ; et le *nec plus ultra* « superlatif » de ce que Levinas nommait : « l'ex-cellence » cette « emphase de l'extériorité ». Toute l'originalité de la démarche de Levinas, telle qu'elle apparaît dans la notion d'« incognito » serait de présenter une transcendance *sans* transcendance, une transcendance qui ne quitte pas l'immanence. Transcendance qui « ne se montre » pas mais qui pourtant *se laisse voir* (sans être saisie par la vision). On retrouve ici le redoublement de la déception puisque l'« incognito » ne répondrait ni aux attentes de la transcendance ni à celles de l'immanence. La transcendance serait cette « hyperbole où elle éclate et *tombe vers le haut*, en l'humain » nous disait Levinas. A nouveau les mots semblent faire *exception* c'est-à-dire qu'ils acquièrent une r*ai*sonnance ex-ceptionnelle (marque hyperbolique, voire *excessive* d'une aspiration à ce que Levinas nommait « l'excellence »), mais en même temps, ils semblent *s'excepter*, se « désister », s'abîmer au bord du désastre (d'où peut-être l'étrange « chute vers le haut » de ce qui s'excepte de façon

---

de soi), qu'il s'agit d'une profanation elle-même (et simultanément) profanée donc à nouveau d'une apocalypse *sans* apocalypse.

[301] La « force » d'effraction de l'hyperbolique, du superlatif et de l'exorbitant, l'usage de la provocation chez Levinas, ce pas au-delà de la fascination que suscite la pensée du « dévoilement » chez des penseurs comme Heidegger n'est pas sans rappeler ce que Derrida nous dit de l'œuvre de Blanchot : « avec une force maintenant inéluctable, la force la plus discrète et donc la plus provocatrice, force de hantise et de conviction, injonction d'une vérité sans vérité, toujours au-delà de la fascination dont on parle à leur sujet. Cette fascination, elles ne l'exercent pas. Elles la traversent, la décrivent, la donnent à penser plutôt qu'elles n'en usent ou n'en jouent. Mais avant de parler d'une loi de la fascination, nous devrons être attentifs à une fascination *de* la loi. Celle-ci paraît toujours fascinante, on devra se demander pourquoi elle peut être aussi fascinée, ce qui semble inimaginable ou inconcevable, sinon impensable » (Derrida, *Parages*, *op. cit.*, p. 11). D'une autre manière, l'écriture de Levinas est à la fois « discrète » et « provocatrice », n'« usant » pas de la fascination mais la « traversant », invitant à briser nos certitudes et aller « au-delà de la fascination *de* la loi, fascination pour ce qui « se montre ». A la loi « fascinante et fascinée » de Derrida semble répondre « la franchise du visage profanant et profané » de Levinas.

[302] Le franchissement (pas au-delà) indiquerait une vérité que le secret ne retient plus, ne peut retenir : sa *franchise*. Être « *franc* » c'est dire la vérité « sans retenue », de façon décisive, *franchement* (opérant une coupe *franche* – donc exorbitante – qui tranche sur tout discours et toute représentation qui voudrait la saisir). Formule qui se retrouve dans le passage de Levinas citée plus haut : « la franchise du visage »)

exceptionnelle)[303]. Blanchot précise alors les rapports que la déception et l'exception entretiennent avec le désastre :

> La déception travaillerait à l'intérieur du désastre si celui-ci ne se marquait pas aussi comme la transe du dehors ou chute et fuite sont immobilité – immobilité d'une mouvance. Déception ne laisse pas l'exception se reposer dans la hauteur, mais fait tomber sans cesse hors du saisissable et de la capacité (sans forme ni contenu). L'exception échappe, la déception dérobe. La conscience peut être catastrophique sans cesser d'être conscience, elle ne se retourne pas, mais elle accueille le renversement. Seul le retour qui arrache au présent, détournerait du conscient-inconscient.[304]

Exception et déception représentent deux manières de se soustraire à la (com)*préhension* de la raison: « l'exception échappe », c'est-à-dire se soustrait à la « saisie » du savoir (sans pourtant la remettre en cause) ; « la déception dérobe », c'est à dire soustrait aussi le système de (com)préhension, et désarçonne la pensée. La soustraction est ici encore soustraite, redoublement qui permet d'éviter notamment les pièges de la raison dialectique qui relève (*aufhebung*) la négativité dans le mouvement de la conscience (qui « accueille le renversement ») mais qui permet aussi d'éviter de préserver un certaine « intégrité de la raison » dans la « hauteur » d'une fausse transcendance qui ne serait que « le reflet de nos propre regards » disait Levinas.[305] La dé-ception empêche la fuite sans fin de *l'exception*, en la forçant à *s'excepter* à son tour (à renoncer donc à sa « hauteur »). Elle opère donc un redoublement ou « retour » qui arrache la conscience à son « présent » pour l'exposer au désappointement et au désintéressement. Le redoublement et le « retour », la soustraction

---

303 On rappellera la proximité de cette étrange formulation avec celle de Blanchot pour qualifier la théologie négative de Maitre Eckhart (voir notre chapitre V, 3) : « c'est dans la perspective de ce détachement que l'échec devient victoire et *la chute mouvement vers le haut*, parce que les notions de salut, d'espérance et de béatitude ne comptent plus au regard de l'expérience suprême de la foi qui est au-dessus de toute mesure et de toute fin. » Je souligne.

304 Blanchot, *L'Écriture du désastre*, *op. cit.*, p. 83.

305 Peut-être faut-il voir dans le rejet de la « hauteur d'une fausse transcendance », le geste de Derrida par lequel il souhaitait se démarquer de la théologie négative (voir notre chapitre V, 2 et 3). Pour rappel : c'est bien contre ce surenchérissement de la présence (« hyperbole paradoxale ») par-delà la négativité que Derrida tente de se prémunir : « dans la mesure où [la théologie négative] semble réserver, au-delà de toute prédication positive, au-delà de toute négation, au-delà même de l'être, quelque suressentialité, un être au-delà de l'être. »

soustraite est donc « apocalypse *sans* apocalypse » qui expose à une *déception exceptionnelle* (hyperbolique) qui invite à penser une passivité telle qu'elle se déroberait aux concepts d'exception et de déception (déception déçue en quelque sorte, qui ne « travaille » pas). Le « désastre » serait alors un nom donné par Blanchot pour décrire la jonction d'une intensité (exception) et d'une passivité (déception) infinie (« la transe du dehors ») dont la raison ne revient pas. Cette « passivité infinie » trouverait alors un écho dans la passivité *de* l'infini chez Levinas[306] :

> Le *in* de l'infini désigne la profondeur de l'affection dont est affectée la subjectivité par cette « mise » de l'Infini en elle, sans préhension, ni compréhension. Profondeur d'un subir que ne comprend aucune capacité, que ne soutient plus aucun fondement, où échoue tout processus d'investissement et où sautent les verrous qui ferment les arrières de l'intériorité. Mise sans recueillement, dévastant son lieu comme un feu dévorant, catastrophant le lieu, au sens étymologique du terme. Eblouissement où l'œil tient plus qu'il ne tient ; ignition de la peau qui touche et ne touche pas ce qui, par-delà le saisissable, brûle. Passivité ou passion où se reconnaît le Désir, où le « *plus* dans le *moins* » éveille de sa flamme la plus ardente et la plus noble et la plus antique une pensée vouée à penser plus qu'elle ne pense.[307]

Tout comme le désastre blanchotien, l'infini semble ici exposer la pensée à une dé-ception hyperbolique qui en tant que dessaisissement et désappointement, est marquée par la répétition du « sans » (« sans (com)préhension », sans « capacité », « sans recueillement », « par-delà le saisissable »). On retrouve aussi l'in-jonction de *l'exception* qui « échappe » « dans la hauteur » (marquée ici par la répétition du superlatif : « la plus » et plus généralement l'hyperbole) et de la *déception* qui « dérobe » et « fait tomber » dans « la chute » (ici : « profondeur d'un subir », « plus aucun fondement », « où échoue tout processus »). Tout semble se jouer à nouveau autour de la tension des préfixes directionnels (ex-/dé-) qui exposent à une *dislocation* sans retour de la pensée qui ne s'*y* retrouve plus : « dévastant son lieu », « catastrophant le lieu ». Il s'agit donc bien d'un « désastre » qui expose la pensée à une passivité infinie. Il faudrait néanmoins se demander ici si chez Levinas « la conscience peut être

---

306 Il faut de toute évidence remarquer, au-delà des similarités dans leur approche d'une écriture de la dé-ception, du dessaisissement, la tonalité divergente des termes choisis par nos deux auteurs : « infini », « désastre » qui marquent l'in-jonction de leur approche.

307 Levinas, *De Dieu qui vient à l'idée*, *op. cit.*, pp. 110-111.

catastrophique sans cesser d'être conscience, elle ne se retourne pas, mais elle accueille le renversement » puisqu'elle semble perdurer (« ardeur ») au-delà du désastre en tant que « *plus* dans le *moins* » d'une flamme inextinguible, « noble », « antique », « [dé]vouée » ? Il semblerait qu'ici la différence tonale entre les voix de Blanchot et de Levinas soit, à bien des égards, irréductible. Néanmoins les deux auteurs semblent se faire écho par la question de « l'éveil » et de la veille au bord du désastre (« dévastation », « catastrophe ») de la pensée. Pour Blanchot, « veiller n'est pas le pouvoir de veiller en première personne, ce n'est pas un pouvoir, mais l'atteinte de l'infini sans pouvoir »[308], rejoignant ainsi l'impouvoir que Levinas nommait « profondeur d'un subir », « sans préhension, ni compréhension ».

« La pensée vouée à penser plus qu'elle ne pense », est donc un savoir *sans* savoir qui, chez nos auteurs, se dit selon le lexique de la brûlure (pour rappel) : « *feu* dévorant, catastrophant le lieu, au sens étymologique du terme.[309] *Eblouissement* où l'œil tient plus qu'il ne tient ; *ignition* de la peau

---

308 Blanchot, *L'Écriture du désastre, op. cit.*, p. 81. On rappellera aussi ce passage crucial (« la *Scène primitive* »), au cœur du même livre, cité précédemment : « *que veut dire alors survivre, sinon vivre d'un acquiescement au refus, dans le tarissement de l'émoi, en retrait de l'intéressement à soi, dé-sintéressé, extenué jusqu'au calme, n'attendant rien ? – par conséquent, attendant et veillant, puisque soudain éveillé et, le sachant désormais, jamais assez éveillé.* » Le « soudain » et l'intensité de la répétition du lexique de la veille semble rejoindre « l'ardeur » de Levinas même si Blanchot semble se soustraire au lexique de la lumière pour préférer l'intensité de la nuit. De même, la séquence paroxystique « soudain éveillé, jamais assez éveillé » résonne avec « la pensée vouée à penser plus qu'elle ne pense » de Levinas.

309 Feu (du Latin *focus* qui signifie « foyer », *lieu* où l'on fait du feu, et par métonymie le feu lui-même, *lieu* où le feu prend et se développe, *lieu* d'où rayonne la chaleur et la lumière, *point* central à partir duquel se développe un processus ») semble partager son étymologie avec lieu. Ceci explique sans doute ce que Levinas veut dire par « *catastrophant le lieu, au sens étymologique du terme* ». Par le détour d'une autre étymologie, celle de « cata-strophe » qui désigne l'action de tourner, le tournoiement désarmant, et en conjonction ici avec l'omniprésence du thème de la brûlure et de la flamme du savoir, et le double tranchant de la décision analysé plus haut, il faudrait peut-être voir un rapprochement avec le *Lahat* biblique. Comme le rappelle Levinas : « dans *Genèse, 3, 24*, lorsqu'il est question de l'épée qui tourne et se retourne à la porte du paradis d'où Adam et Eve sont chassés, s'emploie le mot *Lahat*, qui signifie lame d'épée. La lame d'épée, armement de cette étrange garde qui se montait à la porte du paradis sans humains, tournait automatiquement. » Levinas, *Du Sacré au Saint, op. cit.*, p. 102. Pour rappel, à la fin du chapitre 3 de la *Genèse,* il est dit : « il chassa l'homme et il installa à l'orient du jardin d'Eden les Chérubins et la flamme tournoyante de l'épée pour garder la route de l'arbre de vie. » Selon Monique Alexandre : « le mot "*ϱομφαία*" très fréquent dans les LXX, traduit généralement comme ici " להט", le

qui touche et ne touche pas ce qui, par-delà le saisissable, *brûle* [...] *flamme* la plus *ardente.* » De façon similaire, Blanchot dira : « quand le savoir n'est plus un savoir de vérité, c'est alors de savoir qu'il s'agit : un savoir qui *brûle* la pensée, comme un savoir d'infinie patience. »[310] Ce « savoir *sans* savoir », qui « tient *sans* tenir » et « touche *sans* toucher » semble trouver dans « la brûlure » l'image d'une « violence *sans* violence »[311], ainsi que le note David Brezis :

> Remarquable est à cet égard le développement que ses [Levinas] écrits marquent par rapport à la métaphore de la *brûlure.* Dans un premier temps – et d'une certaine manière jusqu'à la fin –, domine le rejet de la fusion extatique avec le transcendant. Pour exaltante que soit l'approche du divin, le moi ne doit pas s'y *brûler* ou, s'il s'y *brûle*, c'est comme pour le *buisson ardent*, d'une *brûlure sans consumation.*[312]

Le « *sans* » semble alors être le *foyer*, le *point d'incandescence* d'une pensée qui *brûle de savoir*, expression qui peut laisser entendre au-delà de l'intensité de

---

mot usuel pour "épée". [...] il figure dans le *N.T.*, en particulier dans *Apo. 1, 16*, qui dominera certaines exégèses du verset : de la bouche du Fils d'homme sort "une épée à double tranchant effilée". Mais c'est surtout l'épée foudre, arme du Seigneur, l'épée du Jugement liée au feu qui, parmi les symboles bibliques, a marqué certaines exégèses. Si " להט" a été compris comme "lame", les LXX y ont vu la "flamme" et l'ont fait précéder de l'adjectif, inusité dans la Bible grecque, φλογίνη. Il appuiera les interprétations cosmologiques, puis géographiques de l'épée. Mais il orientera aussi vers le feu d'épreuve, de purification, de châtiment eschatologique [...] Le participe "se tournant sans cesse" évoque, croit-on, les oscillations, les zigzags de la foudre. Le participe στρεφομένη, lui, peut marquer un mouvement circulaire mais aussi le fait de "se tourner"/"retourner" /"détourner", comme Ex. 4,17 (LXX la baguette changée en serpent). » Monique Alexandre, « L'Epée de Flamme (*GEN. 3, 24)* : textes chrétiens et traditions juives », dans A. Caquot, M. Hadas-Lebel, J. Riaud (eds.), *Hellenica et Judaica. Hommage à Valentin Nikiprowetsky* (Leuven-Paris, Editions Peeters, 1986), pp. 408-409.

[310] Blanchot, *L'Écriture du désastre, op. cit.*, p. 73. Je souligne.

[311] Comme le note David Brezis, cette ambigüité est au cœur de la pensée de Levinas : « au moment même où il affirme que l'idée de l'infini, à la différence du Sacré, ne violente pas le moi, voire qu'elle est "la non-violence par excellence", la description qu'il en fait ne laisse pas de doute sur la charge de violence qu'il lui impute : "*ce qui éclate c'est le surplus de l'être sur la pensée qui prétend le contenir, la merveille de l'idée de l'infini.*" [...] [Il] prête à la rencontre avec l'Autre une sorte de violence non-violente : "*la parole – exclusion du Sacré. Le discours est [...] une relation sans violence, une relation pacifique [...]. La parole à la fois dépassement de la solitude mais sans débordement qui serait violence (...). C'est la notion vraie de conscience : le non-débordement [...] Parole du maitre = enseignement = violence sans violence.*" » David Brezis, « Ethique et violence du Sacré », *op. cit.*, p. 149. L'auteur cite ici Emmanuel Levinas, *Carnets de captivité et autre inédits* (Paris, Grasset/IMEC, 2009), pp. 372-373.

[312] David Brezis, « Ethique et violence du Sacré », *op. cit.*, p.162. Je souligne.

la dévastation ou de *l'ardeur* de « l'éveil », un certain nombre d'inflexions importantes. « *Brûler* » peut en effet prendre le sens « d'être tout près du but », donc au plus près de la fin (voire de l'apocalypse) mais sans y toucher. Le « sans » tel que nous avons tenté de l'approcher dans ce chapitre semble être le *foyer*, un départ de feu qui brûle la pensée et l'expose à la proximité insoutenable de la « séparation » (l'injonction du proche et du lointain). Ainsi, pour Levinas, « dans la dimension de hauteur où se présente sa sainteté – c'est-à-dire sa séparation – l'infini ne *brûle* pas les yeux qui se portent vers lui (…) le moi qui l'aborde n'est ni anéanti à son contact, ni transporté hors de soi mais demeure séparé et garde son quant à soi. »[313] On retrouve ici le thème du tact et du contact *sans* contact si brillamment analysé par Derrida[314], et que Levinas évoquait plus haut en tant qu'« *ignition* de la peau qui touche et ne touche pas ce qui, par-delà le saisissable, *brûle* ». Le « sans » marque aussi la jonction de deux « X » (d'une polarité) et donc le point de départ d'une question « *brûlante* » c'est-à-dire qui peut être polarisante et *enflammer* les esprits, ou qui peut être « incessante » comme l'évoque Levinas :

> L'autre n'est pensé qu'abusivement comme adversaire du Même, son altérité invite, non pas à un jeu dialectique, mais à une *mise en question incessante*, sans ultimité, de la priorité et de la quiétude du Même, telle la *brûlure sans consumation* d'une *flamme inextinguible*. […] brûlure ne laissant même *pas de cendre*, qui serait encore, à un titre quelconque, substance reposant sur elle-même.[315]

Le rapport à la cendre, cette trace *sans* trace sur laquelle nous nous portions dans le chapitre précédent, désigne aussi cet étrange opération du « X *sans* X » qui affecte la pensée sans laisser de trace car elle est « incessante », sans fin (seule une fin « consumée » permettrait d'en saisir le départ). La « syntaxe étrange et nécessaire » du « X *sans* X », on l'aura vu, ne peut se dire que par la répétition d'autres « X sans X » dans un *simulacre* de réaction en chaîne. Il semblerait que le « *sans* », ce terme quasi neutre (négativité *sans* négativité, conjonction et disjonction) tel qu'il est distillé par nos trois auteurs, brisant l'unité du *logos*, libère à son tour une *salve* de « *sans* » qui entraîne le discours dans une déflagration infinie un

---

313 Levinas, *Totalité et Infini*, *op. cit.*, p.4 9.

314 Derrida, *Le Toucher, Jean-Luc Nancy*, *op. cit.* Voir notamment, sur Levinas, pp. 81-108.

315 Levinas, *L'Au-delà du verset*, *op. cit.*, pp. 180-181. Je souligne.

peu à la manière du *neutron* dans la réaction en chaîne.[316] La « brûlure » du transcendant se dit alors selon le vocabulaire de la physique atomique :

> Cette ouverture sur une transcendance irréductible ne peut pas se produire dans la solidité et la positivité de la raison qui règne dans notre fonction philosophique, qui est commencement de tout sens, auquel tout sens doit revenir pour s'assimiler au Même, malgré toutes les apparences qu'il peut prendre d'être venu du dehors : raison où rien ne peut provoquer la fission dans la solidité nucléaire d'une pensée pensant en corrélation avec la positivité du monde, pensant à partir du grand repos cosmique ; d'une pensée immobilisant son objet dans le thème, pensant toujours à sa mesure : pensant en *sachant*.[317]

« L'épreuve du feu » par le « sans », par la « séparation » n'aura donc eu d'autre « révélation » que de rendre la Raison à la fission constitutive de son noyau pour l'empêcher de se refermer sur la solidité insécable (*atomos*) du Même qui aurait gouverné la philosophie. Elle brûle dans la pensée le « savoir » établi (le « thème », le thétique, la « stance » disait Derrida) d'une raison qui se construit un monde à son image et vit de la *promesse* illusoire (qui est aussi sa *com-promission*) de « saisir » le tout par la « compréhension ». Le « sans » était alors la marque de cette rupture de l'identité à soi de la raison qui empêche son « X » de coïncider avec lui-même sans pourtant simplement le nier. Elle brûle alors le « savoir » *sans* brûler la pensée qui, tout en étant déçue, « brûle *de* savoir » :

> Le problème réside dans la possibilité d'une rupture ou d'une percée de l'ordre fermé de la totalité, du monde, ou de l'auto-suffisance de son corrélatif, la raison, rupture qui serait due à un mouvement venant du dehors, mais rupture qui, paradoxalement, n'aliènerait pas cette auto-suffisance rationnelle. Si la possibilité d'une telle fissure dans le dur noyau de la raison pouvait être pensée, la part la plus importante du problème serait résolue. Mais la difficulté ne provient-elle pas de notre habitude d'entendre par raison le corrélatif de la possibilité du monde : une pensée égale à sa stabilité et à son identité ? Peut-il en être autrement ? Cherchera-t-on un modèle de l'intelligibilité dans quelque traumatisme de l'expérience où l'intelligence se romprait, affectée par ce qui déborde sa capacité ? Certes non. Sauf cependant s'il est question d'un « tu

[316] Pour rappel : « une réaction de fission causée par un neutron provoque un dégagement d'énergie et donne naissance à des produits de fission et à plusieurs nouveaux neutrons. Cette dernière caractéristique revêt une importance considérable. Les neutrons de fission peuvent à leur tour initier de nouvelles fissions qui produiront de nouveaux neutrons et ainsi de suite. On peut ainsi mettre en place une réaction en chaîne. » Pierre Tanguy, *Le nucléaire* (Paris, Le Cavalier Bleu éditions, 2002) p. 21.

[317] *Ibid.*, pp. 177-178.

> dois » qui ne tient aucun compte de ce que « tu peux ». Ici le débordement n'est pas insensé.[318]

Levinas nous « éveille » au sens de « l'in-jonction » à la fois comme mouvement d'une pensée enjoignant à une disjonction primordiale, mais aussi en tant qu'obligation inassignable et infinie (sans indemnités, sans compensations) d'un « tu dois » qui brise un monde étouffant dans ce « possible » qui n'est autre que le monde *rendu à* la raison (acte de *reddition*) sur laquelle portera le chapitre suivant. Seule l'épreuve de l'impossible brise l'unité du *logos* et suspend son entreprise de « corrélation » dans un geste de « soustraction soustraite » (Blanchot) ou de « désistance » (Derrida); apocalypse (« rupture venant du dehors ») *sans* apocalypse (« qui n'aliènerait pas cette auto-suffisance rationnelle ») ; Apocalypse qui ne peut être recherchée par la raison, qui n'est pas de sa « volonté » car, ainsi que Levinas nous laisse entendre, « cherch[er] un modèle de l'intelligibilité dans quelque traumatisme » serait « insensé ». Rupture d'une apocalypse qui interrompt l'apocalypse de la raison. Apocalypse contre apocalypse, soit l'écart laissé par leur effondrement qui en nous dérobant à l'emprise de la raison, révèle sa *suffisance* (illusion) et donc son *insuffisance* (désillusion) afin de, *sans le savoir* (déception), nous laisser brûlant de savoir…

---

[318] Levinas, *L'Au-delà du verset*, *op. cit.*, p. 176.

V
Prétentions : se rendre à la raison

1. (In)suffisances du principe de raison.

Lorsque Blanchot, à travers l'une des voix impersonnelles qui (dés)-articule l'essai intitulé « Sur un changement d'époque : l'exigence du retour », nous dit : « la bombe est un avertissement visible de la menace invisible que toute la technique moderne dirige contre les façons de l'homme »[319], il semble rejeter dos à dos deux déceptions : l'hyper-visibilité de l'arme atomique, objet de toutes les spéculations qui accaparent la raison sous les traits déroutants d'une apocalypse qui aura toujours déjà eu lieu sans avoir lieu et l'invisibilité d'une technique qui, loin d'être remise en question par l'apocalypse de la vérité qu'elle entraîne, s'affirme comme l'horizon incontournable de notre modernité. Cette double déception se manifeste tout d'abord par une *visibilité-invisible* (de la bombe), puisque l'hyper-visibilité de cet événement aveugle la raison, la rendant incapable d'en *rendre raison*, tout comme de s'en détourner ; mais dans un deuxième temps, elle apparaît selon la réversibilité du tournant de la déception. Il s'agit d'une *invisibilité* (cette fois de la technique) rendue ici *visible* en tant qu'*apocalypse de la raison* – selon le double génitif de cette formulation : raison détruite/raison destructrice qui informe la pensée de Heidegger sur la technique :

> La révolution technique qui monte vers nous depuis le début de l'âge atomique pourrait fasciner l'homme, l'éblouir et lui tourner la tête, l'envoûter, de telle sorte qu'un jour la pensée calculante fût *la seule* à être admise et à s'exercer. Quel

[319] Blanchot, *L'Entretien infini*, *op. cit.*, p. 403.

> grand danger nous menacerait alors ? Alors la plus étonnante et féconde virtuosité du calcul qui invente et planifie s'accompagnerait [...] d'indifférence envers la pensée méditante, c'est-à-dire d'une totale absence de pensée.[320]

Il s'agit bien ici d'une déception (au sens d'illusion) qui « envoûte » et « fascine » la raison pour mieux la décevoir en la reconduisant à sa propre « indifférence » et à l'univocité d'un pensée unique (« *la seule* ») qui opère, ainsi que nous le verrons selon le modèle d'un « principe d'équivalence ». Nous retrouvons par ailleurs la logique du tournant de l'épochè, qui suspend les certitudes et semble exposer à une perte de la raison (« tourner la tête ») éternellement en attente d'une réponse qui la fonde. La pensée technique déçoit la raison en la détournant d'elle-même par la force centrifuge d'un questionnement sans fins face à l'inexplicable qui, tout en sommant la pensée d'en rendre raison (par l'illusion d'un calcul toujours plus grand) l'expose au vide d'une « totale absence de pensée ». Blanchot semble, au premier abord, prétendre souscrire à cette vision heideggérienne selon laquelle l'énergie atomique détermine le *logos* de l'époque et affecterait ainsi notre façon de penser les rapports entre l'homme et le monde :

> Aujourd'hui, l'événement que nous rencontrons porte un trait élémentaire, celui des puissances impersonnelles, représentées par l'intervention des phénomènes de masse, par la suprématie du jeu machinal et troisièmement par la saisie des forces constitutives de la matière. Ces trois facteurs sont nommés en un seul mot : technique moderne puisque dans la technique sont comprises à la fois l'organisation collective à l'échelle planétaire pour l'établissement calculé des plans, la machination et l'automation, enfin l'énergie atomique mot clé.[321]

Nous retrouvons ici, au travers des termes « organisation planétaire, calcul, automation », les fondements de la philosophie heideggérienne qui fait de la « cybernétique, la métaphysique de l'âge atomique »[322] par laquelle se fait sentir le danger sous-jacent d'une pensée asservie au *principe de raison*

---

320 Martin Heidegger, « Sérénité », dans *Questions III et IV* (Paris, Gallimard/Tel, 1976), p. 147.

321 Blanchot, *L'Entretien infini*, *op. cit.*, p. 396.

322 Cité dans Jean-Pierre Dupuy, *Aux origines des sciences cognitives* (Paris, La Découverte, 1999), p. 112. Dans l'entretien qu'Heidegger accorde à *Der Spiegel*, il semblerait que la formulation diffère quelque peu de celle de Dupuy : « *Der Spiegel* : et qui prend maintenant la place de la philosophie ? *Heidegger* : la cybernétique. » Martin Heidegger, *Réponses et questions sur l'histoire et la politique* (Paris, Mercure de France, 1988), p. 54.

suffisante que Heidegger dans sa conférence de 1957 (*Der Satz von Grund*) présente en ces termes :

> Il faut entendre ceci : la science doit fournir l'assurance que l'énergie atomique peut être utilisée, et tout d'abord calculée, et cette assurance doit être telle qu'à son tour elle rende constamment nécessaire la mise en place de nouvelles assurances. Ainsi croît sans fin la puissance de l'appel exigeant qu'une raison suffisante soit fournie ; et, sous cette contrainte de l'appel, s'accuse pour l'homme le trait fondamental de l'existence (*Dasein*) contemporaine, laquelle recherche partout la sécurité. (Soit dit en passant Leibniz, père du principe de raison suffisante, est aussi l'inventeur de « l'assurance sur la vie »). Mais le travail qui tend à mettre la vie en sûreté doit sans cesse se mettre à nouveau lui-même en sûreté. Le mot clef applicable à cette attitude fondamentale de l'existence contemporaine est celui *d'information*, prononcé et entendu à l'anglo-saxonne.[323]

Heidegger voit dans le principe de raison suffisante énoncé par Leibniz non seulement un trait déterminant de notre époque, mais une menace qui s'introduit entre l'homme et son monde pour modifier ses rapports à l'Être. Pour lui la cybernétique nourrit l'ambition de déterminer la liberté de l'homme comme planifiée, c'est-à-dire guidable, réduisant la pensée à un calcul et le monde à la mise à disponibilité de son fond commissible. La libération des forces constitutives de la matière appelle une nouvelle logique de la maîtrise et du contrôle qui doit fournir une assurance toujours plus grande du pouvoir de la raison. Or, comme le rappelle Derrida dans *Psyché*, « le nucléaire est ce contre quoi il n'y a pas d'assurance, menace ultime au-delà de toute compensation possible. »[324] Contrôle impossible donc mais, par là même, contrôle sans fin qui sous sa forme visible prend le nom *d'information*. Notons au passage comment ici la menace perceptible d'une soi-disant prononciation « anglo-saxonne », semble introduire une défaillance du *ton*, qui, pour Heidegger, détonne ; un changement de tonalité problématique qui d'une part trahit un refus de l'internationalisme scientifique qu'il opposera notamment à une certaine géophilosophie de la *heimat*, mais d'autre part annonce peut-être l'observation de Derrida, pour qui toute apocalypse ne serait qu'affaire de dissonance, un changement d'inflexion ou de tension (*tonos*), introduisant ce que nous serions tenté d'appeler une « r*ai*sonnance » nouvelle. Nous

[323] Martin Heidegger, *Le Principe de raison* (Paris, Gallimard, 1962), pp. 259-260.
[324] Derrida, « No apocalypse, not now », *op. cit.*, p. 382, note 1.

reviendrons sur cette question du « ton apocalyptique » mais notons ici que le concept d'information, terme privilégié de la cybernétique, correspond pour Heidegger à une instrumentalisation du langage qui masque le rapport authentique à l'être et *arraisonne* l'*intelligence* même :

> Sous la forme de l'information (*in der Gestalt der Information*), dit Heidegger, le principe de raison domine toute notre représentation (*Vorstellen*) et détermine une époque pour laquelle tout dépend de la livraison de l'énergie atomique. Livraison, c'est en allemand *Zustellung*, mot qui vaut aussi, signale Heidegger, pour la livraison du courrier. II appartient à la chaîne du *Gestell*, au rassemblement du *Stellen* (*Vorstellen, Nachstellen, Zustellen, Sicherstellen*) qui caractériserait la modernité technique. L'information, c'est le stockage, l'archivation et la communication la plus économique, la plus rapide et la plus claire (univoque, *eindeutig*) des nouvelles.[325]

Le règne de l'information est donc la marque de l'époque atomique et de la technique moderne que Heidegger désigne souvent par le terme *Gestell*, terme traduit en français par arraisonnement ou dispositif[326] :

> On trouve dans la traduction par André Préau des *Essais et conférences*, la note suivante, qui entend justifier le choix du terme : « on a vu ce radical figurer dans un petit groupe de verbes qui désignent, soit des opérations fondamentales de la raison et de la science (suivre à la trace, présenter, mettre en évidence, représenter, exposer), soit des mesures d'autorité de la technique (interpeller, requérir, arrêter, commettre, mettre en place, s'assurer de…). *Stellen* est au centre de ce groupe, c'est ici « arrêter quelqu'un dans la rue pour lui demander des comptes, pour l'obliger à *rationem reddere* » (Heid.), c'est-à-dire pour lui réclamer sa raison suffisante. L'idée va être reprise dans *Der Satz vom Grund* (1957). La technique arraisonne la nature, elle l'arrête et l'inspecte, et elle l'arraisonne, c'est-à-dire la met à la raison, en la mettant au régime de la raison, qui exige de toute chose qu'elle rende raison, qu'elle donne raison. »[327]

Parodiant Heidegger, nous serions tenté ici de faire « raisonner » le changement imperceptible de ton et d'inflexion entre intelligence et *intelligence* qui sans doute, pour Heidegger devrait-être « entendu à l'anglo-saxonne » en tant que « service de renseignement » : une

---

325 Jacques Derrida, « Le Principe de raison et l'idée de l'Université », dans *Du Droit à la philosophie* (Paris, Galilée, 1990), p. 485.

326 Jean Pierre Dubost nous rappelle que « Il n'y a pas bien-sûr, un seul verbe qui traduise l'allemand *stellen* dans toutes ses occurrences, et de telle sorte qu'on puisse le retrouver dans toutes les combinaisons de l'original » in « combinatoire et conceptualisation, une "métaphysique des particules" en allemand » dans Barbara Cassin, *Vocabulaire Européen des Philosophies*, *op. cit.*, p. 223.

327 *Ibid.*, p. 223.

intelligence « arraisonnante » qui pousse aux aveux et somme de « rendre raison ».[328] C'est cette même tonalité quelque peu menaçante, informant le choix de rendre le terme *Gestell* par *arraisonnement* qui, dans le passage ci-dessus, semble acquérir ce sens de contrainte exercée par une instance de surveillance (« interpeller », « arrêter », « demander des comptes », « obliger à », « réclamer »). Au-delà de ces choix lexicaux peut-être faudrait-il aussi entendre (si l'on peut excuser une étymologie quelque peu abusive) l'*a*-raisonnement, un simulacre de préfixe négatif qui indiquerait seulement (sans justifier) la perte de raison (méditative) à laquelle nous expose paradoxalement l'excès de raison (calculante) propre à la technique moderne selon Heidegger. C'est cette même ambiguïté que l'on retrouve dans la notion d'*information* :

> C'est la définition du langage comme d'un moyen d'information qui seule a fourni la raison suffisante sur laquelle repose la construction des machines à penser et des grandes machines à calculer. Mais, en même temps que l'information informe, c'est-à-dire renseigne [et rassure], elle in-forme, c'est-à-dire dispose et dirige. L'information, en tant que transmission de nouvelles, est donc aussi le dispositif qui donne à l'homme, à tous les objets et à tous les fonds, une forme telle qu'elle suffise à assurer la domination de l'homme sur la terre entière et même au-delà de la terre. Sous le masque de l'*information*, le principe de raison suffisante régit toutes nos représentations et caractérise ainsi l'époque présente comme une époque où tout dépend de la fourniture d'énergie atomique.[329]

Ici à nouveau semble apparaître une double déception : la conception technicienne du langage en tant qu'information, déçoit en « masquant » le danger de l'événement nucléaire (et, par-delà, de toute événement) mais aussi en dissimulant le danger de son absence de sens par une multiplication paradoxale et sans fin d'informations en tous sens, venus palier son vide constitutif. L'information, « in-forme » c'est-à-dire détruit toute formes pour mieux les reconstruire à son gré et donc en « disposer ». Raison qui en s'investissant dans le dispositif de la *Gestell,* dispose et indispose, serions-nous tenté de dire. Ce règne « total » de l'*information*, son passage par l'absolu, fait écho à l'une des voix blanchotienne (qui n'est

[328] Cf. Gilonne, « Premunitions: the cunning of armed reason », *op. cit.*, pp. 189-210.
[329] Heidegger, *Le Principe de raison*, *op. cit.*, pp. 260-261.

donc pas Blanchot) pour qui la science moderne initie un passage par une conception du monde absolue, par sa « planétisation » :

> Nous [sommes] entrés dans la phase finale et critique où la dilatation économique, technique, ethnique, scientifique, artistique et spirituelle entraînait l'humanité « au cœur d'un vortex toujours accéléré de totalisation sur elle-même », comme le dit à sa manière ingénue, Teilhard de Chardin. Il faut donc s'intéresser à tout, se reconnaître en tout et s'approprier tout. Les mots de civilisation mondiale, domination universelle, planétisation, « cérébralisation collective », sont exprimés ou sous-entendus dans tout ce que nous disons et pensons. Chacun se sent maître de toute la terre et de tout ce qui a existé sur terre.[330]

Le danger se situe ici dans l'illusion que ce passage à l'absolu crée, illusion « d'être les maîtres de ce qui s'accomplit sous le nom global de la technique moderne. » Le « il faut » de la demande de totalisation est celui du puissant principe qui appelle à rendre raison de toute chose, entraînant le monde, ses conceptions et son langage dans un mouvement d'universalisation qui annonce sa fin et dont Derrida se fera l'écho :

> C'est la guerre (autrement dit, pour l'instant, la fable) qui met en marche ce fabuleux effort de guerre, cette capitalisation insensée d'armements sophistiqués, cette course de vitesse en vue de la vitesse, cette précipitation affolée qui à travers la techno-science, à travers toute l'inventivité techno-scientifique qu'elle motive, structure non seulement l'armée, la diplomatie, la politique mais le tout du *socius* humain aujourd'hui, tout ce qu'on appelle des vieux mots de culture, civilisation, *Bildung, skholè, paideia*.[331]

Le dédoublement propre à la déception en tant qu'illusion se ressent ici dans l'aspect quasi-tautologique (et donc désarmant) de la syntaxe derridienne : « c'est la *guerre* qui met en marche l'effort de *guerre* ». Autrement dit l'invention en tant que *réalité-irréalisée* de la guerre nucléaire (le simulacre) serait responsable d'une autre (af)fabulation, cette fois l'*irréel-réalisé* des réponses technologiques qui se multiplient pour palier son absence de sens. La raison sommant de rendre raison du simulacre, confrontée à l'impossibilité de sa propre requête, est « *affolée* » et multiplie, par précaution et prémunition les techniques visant à assurer sa permanence, et cela à une vitesse *affolante*. C'est comme si face au danger de la technologie moderne, de la *Gestell*, seul un surplus de *Gestell* serait à

330 Blanchot, « L'homme au point zéro », dans *L'Amitié*, *op. cit.*, p. 87.
331 Derrida, « No apocalypse, not now », *op. cit.*, p. 370.

même de conjurer le désastre. Cette précipitation, *à double tour* élève la *Gestell* au rang d'absolu qui sert alors de modèle opératoire à tous les exercices de la raison et cela bien au-delà du monde de la technique pour toucher « le tout du *socius* humain ». Baudrillard nous permet d'apporter quelques précisions à ce paradoxe propre à l'ère atomique où :

> Il n'y a plus de sujet de la dissuasion, ni d'adversaire, ni de stratégie – c'est une structure planétaire d'anéantissement des enjeux. La guerre atomique, comme celle de Troie, n'aura pas lieu. Le risque de pulvérisation nucléaire ne sert que de prétexte, à travers la sophistication des armes [...] à la mise en place d'un système universel de sécurité, de verrouillage et de contrôle dont l'effet dissuasif ne vise pas du tout le clash atomique [...] mais bien la probabilité beaucoup plus large de tout événement réel, de tout ce qui ferait événement dans le système général et en briserait l'équilibre. L'équilibre de la terreur, c'est la terreur de l'équilibre.[332]

La guerre nucléaire *n'aura donc pas manqué de nous décevoir* en reposant sur cette rhétorique de la dissuasion que nous exposions dans la première partie de cet ouvrage. Dissuasion qui, en tant que technique de la peur (*deterrence*), affole la raison, la dissuade de penser afin de mieux la précipiter à s'assurer sans fin (et donc sans raison) contre un simulacre d'événement, et cela d'autant plus que celui-ci n'aura pas eu lieu. Effet dévastateur qui conjure le réel c'est-à-dire qui, *à la fois*, le met à distance et le fait (ré)apparaître (en tant que simulacre), entraînant des répercussions à travers toute la société moderne soumise à un « système universel de sécurité » selon la logique cybernétique de la *régulation* et du *contrôle*. Système qui évacue toute erreur, toute déception, tout accident, comme son autre. Rien ne peut plus alors arriver qui viendrait briser sa logique implacable ; tout est soumis au principe de raison qui pousse à rendre raison de l'impossible même. La figure de l'antimétabole proposée par Baudrillard semble ainsi offrir la vision d'une circularité parfaite de la raison dans la réconciliation des fins et des moyens : « l'équilibre de la terreur, c'est la terreur de l'équilibre » ; ou peut-être même, pourrait-on ajouter, la terreur *par* l'équilibre selon un principe *d'équivalence* généralisée qui « détruit les enjeux ». Système d'autant plus déceptif que l'*échec* de la raison semble s'accompagner d'une *domination* de la raison ; paradoxe

---

[332] Baudrillard, *Simulacres et simulation*, *op. cit.*, p. 57.

qu'Heidegger ne résoudra qu'au prix d'un dédoublement entre « raison calculante » et « raison méditante »[333] :

> Le manque croissant de pensées repose ainsi sur un processus qui attaque la substance la plus intime de l'homme contemporain : celui-ci est *en fuite devant la pensée*. Cette fuite devant la pensée explique notre manque de pensées. Mais elle présuppose à son tour que l'homme ne veuille ni la voir ni la reconnaître. L'homme d'aujourd'hui la niera même carrément. Il affirmera le contraire. Il fera valoir – en quoi il aura parfaitement raison – qu'on n'a jamais produit des plans aussi vastes, des études aussi variées, des recherches aussi passionnées qu'à notre époque. Aucun doute à ce sujet. Pareille dépense de sagacité et de réflexion est d'un grand profit. Une pensée de cette sorte nous demeure indispensable. Mais… il reste que c'est une pensée d'un caractère particulier.[334]

Ici on retrouve cette accélération de la technique moderne que Derrida nommait une « précipitation affolée »[335] qu'il faudrait entendre en un double sens : celle d'une fuite de la raison devant la hantise du simulacre (ni réel/ni irréel) de la guerre atomique. Mais aussi comme le dit ici Heidegger : « une fuite devant la pensée » même dont on se détourne, ne pouvant supporter son échec constitutif qui a produit l'événement redouté sans pouvoir lui assigner un sens. Il faudrait peut-être alors entrevoir une autre précipitation, qui nous entraîne cette fois-ci tête (*ceps*) première (*prae*) vers un tout autre désastre, celui d'une dénégation, du refus de « voir » ou de « reconnaître » l'absence de pensée (méditative) derrière la domination de la pensée (calculante). La *dé-vastation* de la pensée s'accompagne paradoxalement d'une prolifération des plans, études, recherches les plus « *vastes* » indique Heidegger.[336] On retrouve aussi le paradoxe d'une

---

[333] Nous aborderons cette dichotomie au chapitre VII.

[334] Heidegger, « Sérénité », *op. cit.*, p. 136.

[335] Voir notre chapitre II, 3.

[336] Sur la portée du terme de « dévastation » (*Die Verwüstung*) nous renvoyons notamment à Philippe Arjakovsky, « Dévastation », dans Arjakovsky, Fédier, France-Lanord (dir.), *Le Dictionnaire Martin Heidegger, vocabulaire polyphonique de sa pensée* (Paris, éditions du Cerf, 2013), pp. 337-340. Comme le rappelle Philippe Arjakowsky : « la dévastation n'est pas du tout synonyme de destruction » mais « impossibilité d'être en rapport au commencement » ou, selon la formule de Heidegger : « *Désert* : la persistance dans l'interdiction du commencement. La dévastation comme assurance dans la durée d'un déracinement intégral de tout, mais de telle sorte a vrai dire que tout ce qui a cours habituellement reste cependant maintenu ». La dévastation semble donc bien s'appuyer sur un paradoxe où loin de s'opposer au « vaste », il vit de celui-ci. La « dévastation » et le « désert » ne s'entendent plus alors comme menace à « la persistance » ou à « l'assurance », mais au contraire « maint[iennent] » le « cours » des choses. (*Ibid.*, p. 339).

apocalypse de l'apocalypse et de tous les mouvements en *apo-* qui s'articulent dans la simultanéité de l'éloignement et de l'aboutissement, de la fin et du passage à l'absolu. L'illusion tient au fait que la pensée qui, à l'âge nucléaire, refuse de voir, qui dénie l'évidence d'une fin de la raison a en quelque sorte « parfaitement raison » nous dit Heidegger. On pourrait alors se demander si le danger ne serait justement pas dans cette « perfection » d'une raison, dans la circularité du principe de raison qui cherche à (se) rendre raison en ne laissant « aucun doute », c'est à dire en expulsant son autre, en s'octroyant l'arrogance du *seul* droit de réponse et éliminant tout ce qui viendrait déstabiliser son entreprise d'auto-assurance. Une raison qui ne se laisse pas décevoir serait peut-être l'illusion même, *le grand prétendant*, qui en prétendant à la totalité ne fait qu'entériner le piège narcissique de la *Gestell* :

> Heidegger souligne : « la *ratio* est *ratio reddenda* » – la raison est une redonne. Après avoir proposé, comme traduction allemande pour *reddere, zurückgeben*, « rendre, redonner », et *herbeibringen,* « apporter », il ajoute *zu-stellen*, avec le tiret de la re-marque philosophique. L'analogie postale est explicite : « *Wir sprechen von der Zustellung der Post. Die* ratio *ist* ratio reddenda [Nous parlons de l'acheminement du courrier. La *ratio* est *ratio reddenda*]. Acheminer le courrier : nous sommes loin de la métaphore pirate de l'arraisonnement, ce serait plutôt la logique du retour à l'envoyeur. La raison-destinatrice donne raison du monde en (se) le renvoyant à lui-même.[337]

On peut *percevoir* ici comment, dès son *inception*, le principe de raison risque de s'établir sur une *déception* qui dicte notre *conception* du monde. La raison cherche à *intercepter* l'Être, à le traquer et le saisir (*-cep*), visant à « prendre la nature au piège et se faisant se prend à son propre piège. »[338] La logique du « retour à l'envoyeur » qui donne « raison du monde en se le renvoyant à lui-même » installe le monde sous l'emprise du seul dispositif de la *Gestell* répondant au principe d'une raison qui ne fait plus que recevoir (voire même inventer ?) des réponses conformes à son principe et donc à sa propre représentation en toute autonomie et autarcie.

---

337 Dubost, « Combinatoire et conceptualisation », dans *Vocabulaire européen des philosophies*, *op. cit.*, p. 236.
338 *Ibid.*, p. 237.

2. La raison « dépareillée » ?

L'*acheminement* de la raison par la technique moderne se présente donc selon une accélération des processus d'envois en tout genre qui répondent tous au modèle du *retour à l'envoyeur*. Il n'est donc pas surprenant d'observer que la *cybernétique*, métaphysique de l'ère atomique, tire son origine du développement du système anti-aérien au tournant de la guerre :

> Née pendant la seconde guerre mondiale, développée pendant la guerre la cybernétique est issue de recherches sur la défense anti-aérienne, et de la tentative pour émanciper la riposte des limites propres aux comportements humains. Ainsi le système anti-aérien mesure en continu la position et la vitesse des avions ennemis, prévoit leur trajectoire, transmet l'information au lance-missile le mieux placé, qui ajuste son tir et décide de la mise à feu sans aucune intervention humaine : ce dispositif fournit la logique même de la cybernétique, c'est-à-dire la réduction de toute situation à une quantité d'informations, la transmission d'informations d'un appareil à l'autre, et la capacité de redéfinir un fonctionnement à partir des informations reçues. Il faut donc reconnaître avec Heidegger que la cybernétique constitue « la nouvelle science fondamentale », c'est-à-dire le mode de constitution du tout de l'étant, et c'est ce qui permet ainsi de comprendre la prééminence de la signalétique : en étant exposé aux signaux, l'homme occupe aujourd'hui la fonction du lance-missile dans le système anti-aérien – il reçoit une quantité d'informations, adapte son comportement en fonction de ces informations, et sa décision après un calcul de l'optimum, il n'est rien d'autre qu'un calculateur égotique.[339]

La raison n'est plus qu'un « calculateur égotique » réduisant le réel à une « quantité d'information » qui puisse correspondre à son propre mode de fonctionnement. Elle est devenue une mécanique (c'est-à-dire reproductible et applicable à toutes les situations humaines) de « riposte » (logique arrogante de la réponse) en cherchant à anticiper toutes les trajectoires de l'aléatoire (qui est la vie même) et donc à réduire l'autre au même. Cependant là où dans le piège narcissique la raison gardait encore un semblant de pouvoir en opérant selon la logique du « retour à l'envoyeur » s'assurant (et se rassurant) ainsi dans l'illusion de son auto-fondation, celle-ci semble se désolidariser de l'homme lui-même qui est réduit à son tour au rang de simple pièce intégrée dans son dispositif :

> Si donc la cybernétique se définit par l'automatisation des processus, elle se définit également par un nouveau rapport homme/machine, qui intègre les hommes dans des dispositifs de plus en complexes, dont ils ne sont que des

---

[339] Jean Vioulac, *L'Epoque de la technique ; Marx, Heidegger et l'accomplissement de la métaphysique* (Paris, PUF/Epiméthée, 2009), pp. 157-158.

> pièces, les plus imparfaites parce toujours susceptibles d'introduire la fatale « erreur humaine » dans le processus. La cybernétique est en cela la science du contrôle des vivants par la machine ; le moment cybernétique est celui de la fin de la différence entre vivant et machine par quoi se parachève l'indifférenciation de toutes choses propres à l'appareillement. Heidegger à la fin de sa vie avait mis en garde contre la montée en puissance de la cybernétique : sur cette science, écrivait-il en 1967, « repose la possibilité de l'autorégulation, l'automatisation d'un système moteur. Dans la représentation du monde par la cybernétique, la différence entre les machines automatiques et les êtres vivants est abolie [...]. L'homme lui aussi a sa place assignée dans cette uniformité du monde cybernétique. »[340]

La raison arrogante, en voulant éliminer jusqu'à la déception qui la fonde, en tant qu'erreur dans son dispositif, est réduite à un simple calcul. *L'appareillement* de la raison, son dispositif de déception (sa « machination »), repose sur une « mise en pièce » du réel, son *atomisation* en particules élémentaires équivalentes et donc substituables qui facilitent leur meilleure intégration dans son dispositif opérationnel : « toutes les pièces sont pareilles ; l'étant s'étend dans une uniformité indifférenciée ; comme appareillement, la machination ne décèle pas seulement l'étant *dans* un tout indifférencié, elle *est* puissance effective d'indifférenciation, de nivellement, d'abolition expresse de toute différence. »[341] L'homme lui-même se voit réduit au rang de pièces dans un système qui n'épargnerait peut-être même pas la raison dans la mesure où aujourd'hui les pensées, mêmes conflictuelles, ne semblent plus communiquer entre-elles mais paraissent interchangeables selon l'indifférence d'un principe d'équivalence généralisée (à nouveau l'équilibre de la terreur et la terreur de l'équilibre), régulée par l'*appareillage* de la raison propre à l'ère atomique :

> APPAREILLAGE n. m., dérivé d'*appareiller*, a suivi les différents sens du verbe : « préparatifs », et « action d'appareiller (en parlant d'un navire) ». Le sens collectif « ensemble d'appareils et d'accessoires » est récent (1928) et vient du sens courant de *appareil*. Une spécialisation chirurgicale correspond à « prothèse complexe ». APPAREIL n. m., a pour sens initial « préparatif », d'où « déroulement d'un cérémonial », « magnificence », sens proche de celui de *apparat* et de *apprêt*. Ce sens coexiste avec celui d'« ensemble d'éléments préparés pour obtenir un résultat ». *Appareil* c'est dit de l'équipement militaire, d'où *haut appareil* « armure complète ».

---

[340] *Ibid.*, p. 158.
[341] *Ibid.*, p. 168.

La raison appareillée semble être réduite à une virtualité, une « prothèse complexe » de pensée qui malgré l'*allure* (à la fois vitesse et en Anglais « attrait » : leurre, donc déception) des développements technologiques qu'elle « prépare » pour *parer* au plus pressé, se caractérise par son immobilité, son impossibilité à déjouer les machinations de la pensée calculante ou à entamer la démarche d'un *pas au-delà*. La raison n'évoluerait plus que sur le mode de l'*apprêt* (une mise en attente, voir une mise à demeure de penser, pensée empêtrée dans des *préparatifs* sans avenir) voir de l'*apparat* (multiplication des sophistications technologiques qui attirent la raison) ou de la *parade* (anticipation de la technique sur toute pensée qui serait ainsi dépassée). *Appareiller* c'est aussi « joindre à son pareil ».

La raison, *dépareillée* par l'événement catastrophique du nucléaire, multiplie les techniques *d'appareillement* (au sens de *rendre pareil*) qui, ainsi que nous l'avons montré, comprennent le principe de terreur *par* l'équilibre, en passant par le piège narcissique de la *Gestell* et finalement le mouvement de *retour à l'envoyeur* du puissant principe de raison lui-même. *L'appareillement* opèrerait donc un nivellement de la raison qui ne se renvoie plus que sa propre image selon un *principe d'équivalence* qui va *du pareil au même*. C'est peut-être dans ce cadre de pensée que l'on pourrait interroger le récent ouvrage de Jean-Luc Nancy, *L'Equivalence des catastrophes*.[342] Pour Nancy, « toutes les catastrophes ne sont bien sûr pas équivalentes », mais la catastrophe de l'équivalence « met en correspondance et fait circuler dans la communication et dans la consommation générales tous les éléments de notre existence – les vies, les biens, les forces, les énergies. »[343] On retrouve ici ce que Blanchot nommait la « menace invisible que la technique moderne dirige contre les façons de l'homme », une civilisation de l'atome, qui dé(structure) « tout notre *socius* humain » disait Derrida. Or pour Levinas :

> Le monde contemporain, scientifique, technique et jouisseur, se voit sans issue – c'est-à-dire sans Dieu – non pas parce que tout y est permis et, par la technique, possible, mais parce que tout y est égal. L'inconnu aussitôt se fait familier et le nouveau coutumier. Rien n'est nouveau sous le soleil. La crise

---

342 Jean-Luc Nancy, *L'Equivalence des catastrophes* (Paris, Galilée, 2012).
343 *Ibid.*, quatrième de couverture.

> inscrite dans l'Ecclésiaste, n'est pas dans le péché, mais dans l'ennui. Tout s'absorbe, s'enlise et s'emmure dans le Même.[344]

Levinas semble dénoncer non pas notre contemporanéité technoscientifique (puisque, ainsi que nous le verrons il en soulignera le pouvoir de dis-location[345], de libération de l'attachement au lieu) mais comme Nancy son effet de « nivellement », « d'équivalence » (« tout y est égal ») assignant l'altérité à la volonté totalisante (« tout ») du Même qui se manifeste ici par la métaphore héliotropique (« sous le soleil ») sur laquelle nous reviendrons. Selon Nancy, *le principe d'équivalence* opère ainsi à plusieurs niveaux : d'abord l'équilibre de la terreur annule tout rapport de force. La destruction d'une guerre nucléaire n'étant pas *maîtrisable*, il n'y a plus ni forts, ni faibles et dans une certaine mesure il n'y a plus à raisonner en termes de force :

> Là où le rapport des forces était un rapport, en dépit de tout, l'équilibre de la terreur annule tout rapport. Il le remplace par ce que désigne le mot *équilibre* : l'équivalence qui annule la tension en la maintenant égale et constante. II n'y a plus à proprement parler d'affrontement, il n'y a plus à proprement parler d'être-en-face-de-l'autre puisque en définitive c'est le même qui est confronté au même.[346]

« Ce qu'on nomme "rapport" a toujours affaire avec l'incommensurable, avec ce qui rend absolument non équivalents l'un et l'autre du rapport »[347], nous dit Nancy. Cependant, ainsi que nous l'avons vu, l'incommensurable est ce que le principe de raison évacue comme n'étant pas à sa mesure, ce dont il n'est pas en mesure de rendre raison ; formule qui n'est pas sans rappeler celle de Levinas pour qui : « dans la réciprocité des rapports, caractéristique de la civilisation, l'asymétrie de la relation intersubjective s'oublie. La réciprocité de la civilisation – le règne des fins où chacun est à la fois fin et moyen, personne et personnel, est un nivellement de l'idée de fraternité. »[348] Le principe d'équivalence, « nivellement » des fins et des moyens ne tend pas seulement à la catastrophe (« le règne des fins »), mais étend son efficace à toutes les

---

[344] Levinas, *De Dieu qui vient à l'idée*, *op. cit.*, p. 31.
[345] Voir la section de notre ouvrage qui porte ce nom. Chapitre VI, 1.
[346] Nancy, *L'Equivalence des catastrophes*, *op. cit.*, p. 41.
[347] *Ibid.*, p. 46.
[348] Emmanuel Levinas, *De l'existence à l'existant* (Paris, J. Vrin, 1978), pp. 163-164.

éventuelles solutions que nous voudrions lui opposer qui restent prises dans le dispositif technique de la *Gestell.* Ainsi, nous dit Nancy, « ce qui reste à penser dépasse le registre de la solution. Car une « solution – qu'elle consiste à renoncer au nucléaire ou bien à augmenter considérablement les mesures de protection – reste prise dans l'orbite de l'ensemble des dispositions et des comportements techniques au sein desquels nos vies se déroulent. »[349] L'*appareillage* de la technique nivelle donc les oppositions, déjoue les rapports de forces, renvoie problèmes et solutions dos à dos comme n'étant, *du pareil au même*, que solutions techniques à un problème technique, appareillant la raison, selon le piège narcissique d'une raison (se) rendant raison. Afin de saisir toute l'ampleur du dispositif de la technique moderne à l'ère atomique, il faudrait aussi rappeler que l'*appareillage* se développe dans l'espace métaphorique de la navigation (« action d'appareiller (en parlant d'un navire) ») qui se retrouve aussi dans le terme d'*arraisonnement* :

> « Arraisonnement », terme du langage sanitaire, signifie en français « examen soigneux d'un navire duquel on doute quant à la santé » (Littré), « arraisonner un navire » signifiant également en termes de marine et de police sanitaire » « s'informer d'où vient un vaisseau et où il va ». Mais « arraisonner » signifie aussi chercher à persuader par des raisons.[350]

L'arraisonnement viserait à mettre la pensée en quarantaine, contrôlant ses envois et régulant ses allées et venues pour éviter toute contamination du système de la *Gestell.* (En quelque sorte on peut dire que l'arraisonnement gagne à ce que la raison soit malade, pour justifier toutes ses opérations de « police sanitaire »). Afin d'éviter un nouveau naufrage – dont le nucléaire représenterait en quelque sorte le paradigme – l'appareillage de la *Gestell* arraisonne la raison, « la persuade par la raison » de ne pas prendre de risque face au danger, et donc de renoncer à son propre pouvoir destructeur. C'est peut-être à cet endroit crucial de la réflexion que Blanchot semble quitter le cheminement de la pensée heideggérienne sur la technique pour prendre un tout autre tournant face à la question de la menace :

---

349 Nancy, *L'Equivalence des catastrophes*, *Ibid.*, p. 36.

350 Dubost, « Combinatoire et conceptualisation », dans *Vocabulaire Européen des philosophies*, *op. cit.*, p. 234.

> Le danger n'est pas vraiment dans la bombe, il n'est pas dans le développement insolite des énergies et la domination de la technique, il est d'abord dans le refus de voir le changement d'époque et de considérer le sens de ce tournant. La menace croîtra aussi longtemps que nous ne l'auront pas déterminée comme risque.[351]

Le signe visible de la bombe et celui, invisible, de la technique sont ici rejetés dos à dos pour désigner la menace de la catastrophe comme un défaut tropique de positionnement. Blanchot semble alors introduire entre le danger, qui désigne la domination du « pouvoir » de la technique, et la menace, annonçant son retrait sous forme de « puissance », une troisième voie : le risque qui favorise la remise en jeu de l'articulation pouvoir/puissance en articulant le passage de la contrainte à la possibilité (se risquer à : oser). Le risque de par son étymologie (de *resecare,* enlever en coupant, *resecum*, ce qui coupe, et *rhizikon*: racine, origine fondement)[352] est ce qui coupe avec toute racine, une coupure radicale qui serait pour Blanchot « le sens véritable du tournant » et, comme nous le verrons, le distingue fondamentalement de la poétique heideggérienne de l'enracinement de l'être. Heidegger en quelque sorte, tout en voulant se détourner du principe de raison propre à l'ère atomique, ne ferait qu'y reconduire puisque sa philosophie, ainsi que nous le verrons est la recherche d'un nouveau fondement où la pensée puisse prendre racine. Or, comme le rappelle Derrida, le rapport à la racine est au cœur du principe de raison :

> Répondre à l'appel du principe de raison, c'est rendre raison, expliquer rationnellement les effets par les causes. C'est aussi fonder, justifier, rendre compte à partir du principe (*arkhè*) ou de la racine (*riza*). Compte tenu d'une scansion leibnizienne dont il ne faut pas réduire l'originalité, c'est donc répondre aux exigences aristotéliciennes, celles de la métaphysique, de la philosophie première, de la recherche des « racines », des « principes » et des « causes ». A ce point, l'exigence scientifique et techno-scientifique reconduit à la même origine.[353]

Il y aurait donc une origine commune (voire une raison commune) à la philosophie comme à la science qui visent à établir leur propre fondement,

---

351 Maurice Blanchot, *L'Entretien infini, op. cit.*, p. 403.
352 Voir notamment Jean Pascal Assailly, *La Psychologie du risque* (Paris, Ed. Tec&Doc, 2010), p. 2.
353 Derrida, « Le Principe de raison et l'idée de l'Université », *op. cit.*, pp. 472-473.

à prendre racine. Le principe de raison serait un principe d'enracinement, une police d'assurance de la raison qui assigne celle-ci à résidence pour mieux entériner sa propre loi. Peut-être même que l'obsession pour la destination et la provenance de l'envoi qui marque la philosophie heideggérienne ne fait qu'obéir à la loi d'une *poste restante* où le retour à la raison méditante est ajournée, *gardée* par ce service des postes qu'est la *Gestell*, donnant congé à une pensée qui est en *vacance*. Toute raison gardée, il faudrait peut-être voir, au-delà de cette vaste entreprise de préservation contre la fable de l'événement nucléaire, contre sa mise en garde, la raison en tant que garde-fou et ceci selon un double sens: en se gardant de sa propre folie, dans l'illusion de l'expulser hors soi, elle ne fait que garder sa folie, c'est à dire l'intégrer dans son système de garde pour ne plus y échapper et cela comme nous l'avons vu sans fin, à une vitesse affolante. Folie techno-scientifique qui multiplie les mesures de sauvegarde, mais aussi folie d'une raison visant à expulser la technologie comme son autre. Derrida nous mettra en garde contre cette compulsion de/à la raison (à laquelle Heidegger n'échappe pas toujours, malgré – ou peut-être à cause – de ses dénégations répétées) :

> Il ne s'agit évidemment pas de refuser ces technologies. Ni d'ailleurs d'accréditer trop vite et trop simplement une opposition entre la dimension instrumentale et quelque origine pré-instrumentale (« authentique » et proprement « poétique ») du langage. J'avais souvent tenté de démontrer ailleurs, il y a bien longtemps, que cette opposition reste limitée dans sa pertinence et que, comme telle, elle persiste peut-être dans le questionnement heideggérien. Rien ne précède absolument l'instrumentalisation technique.[354]

Peut-être le schème déceptif qui affecte la raison est précisément son immunisation, sa logique du sain et sauf[355] qui vise toujours à s'assurer qu'elle ne soit pas compromise par ses propres opérations, en rejetant comme son autre tout ce qui viendrait nuire à son intégrité, tout ce qui viendrait la décevoir.

---

354 *Ibid.*, pp. 486-487.

355 Voir notamment notre chapitre IV, 3.

Revenons à la métaphore de la navigation qui unit les notions d'*appareillage* et *d'arraisonnement.* Nous avions montré ailleurs [356] que Blanchot, notamment dans *Le Livre à venir*, emploie une allégorie marine, sur laquelle il reviendra souvent, pour rendre compte de sa conception de l'écriture, où la rencontre avec l'imaginaire est celle d'Ulysse avec les Sirènes. Le pouvoir attractif de la littérature, est ce « chant de l'abîme qui, une fois entendu, ouvrait dans chaque parole un abîme et invitait fortement à y disparaître. » « Ce chant », nous dit alors Blanchot, « il ne faut pas le négliger, s'adressait à des navigateurs, hommes du *risque* et du mouvement hardi, et il était lui aussi une navigation. »[357] Nous montrions alors comment l'écrivain-navigateur blanchotien cherchait à s'exposer au naufrage (geste Mallarméen), là où notamment Jean Paulhan dans « sur la gravité des temps où nous vivons »[358] se proposait de mettre le « bateau ivre » qu'est devenue la littérature en cale sèche, afin de lui porter les réparations nécessaires. La métaphore du naufrage représentait alors le désir de fluidité d'une pensée qui ne repose sur aucun fondement mais se déploie dans l'espace laissé par la vacance du *logos*. Le naufrage (« rapport avec l'écueil », le risque) est alors accueilli comme la possibilité de saisir la destination de la pensée par l'expérience de sa perdition. Il nous appartient toutefois de préciser que là où l'engloutissement désigne la mort, le naufrage suppose une confrontation au danger qui ne se solde pas nécessairement par une issue fatale, modulant ainsi la menace en risque. Blanchot semble donc s'adresser à une navigation qui échappe à l'arraisonnement comme à l'*appareillage*. La littérature serait une navigation risquée de la pensée, au plus proche de son abîme constitutif, mais qui ne réponde plus aux polices d'assurance de la philosophie première ou de la technoscience en refusant de mettre cap sur le *telos* d'un principe de

Et le deuxième Ange sonna…Alors une énorme masse embrasée, comme une montagne, fut projetée dans la mer, et le tiers de la mer devint du sang : Il périt ainsi le tiers des créatures vivant dans la mer, et le tiers des navires furent détruit…

---

356 Yves Gilonne, *La Rhétorique du sublime dans l'œuvre de Maurice Blanchot* (Paris, L'Harmattan, 2008), pp. 113-145.

357 Maurice Blanchot, *Le Livre à venir* (Paris, Gallimard, 1959), p. 10.

358 Jean Paulhan, *Petite Préface à toute critique* (Cognac, Le Temps qu'il fait, 1988), pp. 57-63.

fondement. Mattei, tout en la critiquant, nous aide à saisir les implications de cette démarche :

> On sait que *cap* vient de *caput* qui signifie la tête, la fin, le but, et, en matière de navigation, la direction vers laquelle avance un navire. Il ne s'agit plus de suivre le même cap que l'Europe, celui du *logos*, le déconstructeur continuant à récuser la conjonction du logocentrisme et de l'européocentrisme. Il faut substituer au *cap*, celui de la raison, non pas un autre cap, celui de la déraison, mais ce que Derrida nomme « un autre du cap ». Si l'on comprend bien cette expression, le navire européen ne devrait plus suivre le même cap, ni virer de bord, mais tracer une route inédite que n'indiquerait aucun cap, c'est-à-dire qui ne conduirait nulle part. Est-ce bien possible ? Comment un navigateur pourrait-il piloter son vaisseau sans savoir où il va en avançant sur l'océan sans boussole et sans astrolabe ?[359]

La pensée à l'ère atomique aurait donc bien viré (à nouveau le tournant) de bord, changé de *cap* et donc de raison, ce que Mattei dénonce ici comme un geste dévastateur qui remet en cause toute l'assise d'une riche tradition de pensée européenne. On ne pourra alors éviter de remarquer la similarité de positions (par-delà la diversité de contextes) entre Mattei dénonçant au travers de sa critique de la déconstruction la culture dévastatrice de notre modernité philosophique et Heidegger rejetant les effets dévastateurs de la techno-science moderne. On pourrait, pour faire sentir ce rapprochement, parodier les propos de Derrida cités précédemment : pour Mattei, la déconstruction, « c'est la guerre (autrement dit, pour l'instant, la fable) qui met en marche ce fabuleux effort de guerre [à la raison], cette capitalisation insensée d'armements sophistiqués qui, à travers toute l'inventivité qu'elle motive, structure le tout du *socius* humain, tout ce qu'on appelle des vieux mots de culture, civilisation, *Bildung, skholè, paideia.* » [360] La déconstruction multiplierait donc les *sophistications* argumentatives et stylistiques, *s'armerait* de patience et *d'inventivité* pour pallier sa propre impossibilité et finalement toucher au tout du *socius* humain ou du moins en ébranlant le fondement de la pensée européenne : le *logos*. L'incrédulité (« si l'on comprend bien », « est-ce bien possible ») de Mattei face à ce naufrage de la pensée initie, à son tour, toute une panoplie de réticences qui visent à préserver la raison face à la menace perçue du déraisonnable. Mattei a donc recours ici à une forme *d'arraisonnement* et

---

[359] Mattei, *L'Homme dévasté*, *op. cit.*, pp. 116-117.
[360] Derrida, « No apocalypse, not now », *op. cit.*, p. 370.

d'appareillage : pour lui, pas de pensée sans cette Arche de Noé que serait le *logos*, sans une raison *appareillée* (« boussole, astrobale ») qui aide la raison à garder le cap sur une vérité préprogrammée, et avant tout sans cette figure centrale du « pilote » qui non-seulement donne son nom à la cybernétique[361] (*kybernetes* : le pilote) mais qui serait peut-être aussi au cœur de la raison depuis son coup d'envoi. Mattei présente toute l'ampleur des enjeux que masque ce changement de cap de la raison :

> La difficulté n'est plus simplement rhétorique, elle devient éthique et politique : comment l'homme va-t-il se conduire dans la vie en l'absence du cap de la vérité et du cap de la justice ? La suppression du *cap*, ce que Derrida appelle la *décapitation*, a été une constante de la pensée déconstructrice. Elle inaugurait une vaste série de variations, dans *La Dissémination*, sur la nécessité de « perdre la tête » devant un texte littéraire, de « ne plus savoir où donner de la tête » et, finalement, de pratiquer dans la présence du présent une « coupure », une « tête ou parole coupée », voire une « castration. »[362]

Le jugement est ici sans appel : Peine *capitale* ! On ne sait plus où donner de la tête, nous avons perdu la raison, nous allons tête première vers l'abîme, nous devons nous ressaisir et retrouver le cap de « bonne espérance » qui orientait la marche du progrès du *logos* européen. Nous devons rendre raison du problème et nous rendre à la raison. Quoi de plus sage ? Après tout il semblerait peu raisonnable de répondre à la destruction propre à l'ère nucléaire qui entraîne celle de la rationalité par une destruction/déconstruction de la rationalité qui ne ferait que redoubler ce mouvement. Levinas n'appelle-t-il pas à :

> rendre compte de l'impossible indifférence à l'égard de l'humain qui n'arrive pas à se dissimuler précisément dans le discours incessant sur la mort de Dieu, la fin de l'homme, et la désintégration du monde (dont personne n'est à même de minimiser les risques), mais dont les épaves, précédant la catastrophe elle-même – ou comme le rats abandonnant le bateau avant le naufrage – nous arrive dans les signes, déjà insignifiants, d'un langage en dissémination.[363]

Le désastre nucléaire (« la désintégration du monde ») aurait en quelque sorte toujours déjà été précédé par le désastre de la raison et la dispersion

---

[361] Voir Yves Gilonne, « La télé-commande », dans John Marks (ed.), *Science and Technology in Contemporary French Culture : Essays in Memory of Christopher Johnson* (Nottingham French Studies, vol. 59, no 3, Edinburgh University Press, 2020).
[362] Mattei, *L'Homme dévasté*, *op. cit.*, p. 117.
[363] Levinas, *Autrement qu'être, op. cit.*, p. 99.

du *logos* par « un langage en dissémination », terme par lequel Levinas désigne sans doute l'esprit de l'époque mais où l'on ne peut pas ne pas reconnaître la marque de Derrida. Le Désastre nucléaire, n'ayant pas eu lieu, « conjure » néanmoins une pensée du désastre qui l'anticipe (selon les deux sens de conjurer : repousser ou faire apparaître). C'est comme si, la pensée, anticipant le naufrage à venir, et voulant l'éviter, se chargeait elle-même de cette tâche dans un geste d'auto-sabordement semble ainsi nous dire Mattei, voire parfois Levinas.

Mais peut-être que pour Derrida et toute une génération de penseurs à l'ère nucléaire, la raison n'est plus le *tout* de la pensée car ils perçoivent que « rendre raison » ou « *se rendre* à la raison » risque de répondre au schème déceptif d'une *capitulation* de la pensée, entérinant son acte de *reddition*, en succombant à l'autorité du « *grand prétendant* » et à la *suffisance* de son principe. Le *cap-* signifie la tête, le chef, mais aussi tire son origine de la racine indoeuropéenne informant les mouvements de saisissement (*-cep*) et donc de prise comme de méprise. Peut-on penser sans « saisir »[364], en se dessaisissant de sa propre emprise, sans succomber à des mouvements parfois saisissants ? La question que portent Derrida, Blanchot et Levinas (par-delà des différences notoires que nous allons aborder dans un instant) serait alors : comment s'en sortir, comment déjouer le piège d'une raison dissuasive qui règne par l'équilibre de la terreur qui est une terreur de/par l'équilibre ? Peut-on encore raisonner sans faire appel au principe de raison ? C'est dans le suspens du tournant de cette question que s'inscrit la réflexion de Derrida :

> Répondre *du* principe de raison, […] répondre *de* cet appel, s'interroger sur l'origine ou le fondement de ce principe du fondement (*Satz vom Grund*), ce n'est pas simplement lui obéir ou répondre *devant lui*. On n'écoute pas de la même façon selon qu'on répond à un appel ou qu'on interroge sur son sens, son origine, sa possibilité, sa fin, ses limites. Obéit-on au principe de raison quand on se demande ce qui fonde ce principe qui est lui-même un principe de fondement ? Non, ce qui ne veut pas dire qu'on y désobéisse. Avons-nous affaire ici à un cercle ou à un abîme ? Le cercle consisterait à vouloir rendre raison du principe de raison, à faire appel à lui pour le faire parler de lui au moment où comme le dit Heidegger, le principe de raison ne dit rien de la

---

364 Il semblerait en effet que toute pensée se (re)présente au premier abord comme saisie. Que ce soit la « com-préhension », mettre le doigt sur quelque chose, « saisir » le sens d'une parole, la « prise » de conscience, « il faut s'accrocher » !

> raison même. L'abîme, le gouffre, *l'Abgrund*, la « gorge » vide, ce serait l'impossibilité pour un principe de fondement de se fonder lui-même. Ce fondement même devrait alors, [...] se tenir au-dessus d'un vide fort singulier.[365]

Derrida semble ici interroger la possibilité d'échapper au principe de raison en opérant un glissement, une inflexion de sens : de « répondre *au* principe de raison » il passe à la question de « répondre *du* principe de raison, c'est-à-dire questionner le fondement même du « principe de fondement » pour tenter de lui échapper. Mais peut-être que, tout comme la fuite attire les manœuvres de prédation, fuir *devant* le principe de raison serait encore en subir l'attrait et se placer sous son emprise. Répondre *du* principe de raison, au risque de décevoir, serait encore répondre *au* principe de raison, « faire appel à » lui et donc renforcer son piège narcissique qui s'affirme encore dans cet extrait sous les traits de la perfection d'un cercle qui se fait abîme. On rappellera alors que *répondre de* quelque chose, loin d'y porter atteinte ou de la remettre en question, c'est s'en porter garant. Peut-être faudrait-il alors poser le problème autrement, non selon la « *catastropique* » des variations pré-positionnelles (*de/à*) qui ne font que changer l'orientation du problème tout en se maintenant *fondamentalement* sous son autorité mais en portant notre attention sur la persistance, au-delà des variations, d'un même terme : « *répondre* ». La prétention de la raison est d'avoir du « *répondant* », elle peut être *arrogante*, faire sa propre apologie, parfois sous couvert d'humilité, elle *s'arroge* le droit de répondre, pour mieux masquer son absence ou son vide constitutif (« l'impossibilité pour un principe de fondement de se fonder lui-même »). La déception propre à la raison serait de croire que la réponse annule la question. Sa chance serait de « saisir » (ou plutôt de se laisser des-saisir par) ce qui interrompt son *arrogance*, sa demande de réponse, en brisant le cercle, en laissant arriver ce qui l'inter-roge encore (l'inter-ruption du cercle) au-delà de toute réponse. Selon Derrida :

> Tout se joue, [...] dans une subtile différence de ton ou d'accent, selon qu'on le fait porter sur tels ou tels mots dans la formule « *nihil est sine ratione* ». L'énoncé a deux portées différentes selon qu'on accentue « *nihil* » *et* « *sine* » ou « *est* » et « *ratione* ».[366]

---

[365] Derrida, « Le Principe de raison et l'idée de l'Université », *op. cit.*, p. 473.
[366] *Ibid.*, pp. 473-474.

On retrouve ici la question du ton : celle qui infléchissait les sens des faux-amis au début de notre ouvrage, celle qui suscitait la méfiance d'Heidegger envers la prolifération, dans la technique moderne, de termes « entendus à l'anglo-saxonne », mais celle aussi d'une apocalypse de la raison qui risque parfois de succomber au ton grandiloquent, empreint d'auto-affection, de suffisance, d'une raison prétendant (se) donner toutes les réponses. Cependant le ton peut aussi, comme le montre Derrida, « jouer sur [une autre] portée » et faire trembler le sens du principe lui-même (apocalypse de l'apocalypse) dans la « r*ai*sonnance » d'autres possibilités qui remettent en question le bien-fondé de son droit de réponse. Il y en aurait au moins deux :

Première portée : « rien/sans – raison/être » ; polarisation d'une pensée où l'on retrouve une symétrie oppositionnelle (le rien n'a pas de raison d'être, il est *sans* raison ; il y a une raison pour tout ce qui élimine le rien) propre à la philosophie qui repose sur une rivalité des *prétendants* et installe une hiérarchie des concepts organisant toute une architectonique autour de la course au principe, à l'unité, qui seule fonde la vérité dans l'expulsion de son vide constitutif. Le rien est tenu à l'écart en faveur de l'être et de la raison qui au cours de son histoire, et sous l'impulsion du principe de raison, deviennent équivalents : la raison de l'être devient l'être de la raison : sa raison d'être. Cette portée répond à l'image du cercle, d'une circularité de la pensée dont parlait Derrida plus haut.

Deuxième portée : « rien/est – sans/raison » dévoile l'instabilité fondamentale d'une structure chiasmatique qui répond donc à la seconde figure du gouffre, de l'*Abrgrund* mentionné par Derrida, où le principe s'abîme en perdant de sa stabilité et peut-être même son principe d'équivalence. Le chiasme semble faire trembler le sens du principe, créer une tension entre termes qui *raisonnent* différemment selon la tonalité qu'on leur accorde. Peut-être alors est-ce jusqu'au cœur du principe de raison même que l'on doit encore apprendre à entendre que « rien est ». Déception essentielle qui permettrait peut-être à la raison, *in extremis*, d'échapper au tombeau de son principe mortifère. Tonalité qui permet de sentir aussi que la raison elle-même est « sans raison », il n'y aurait pas de fondement au principe de fondement. *Apology* de la raison qui renonce à son éloge pour n'offrir que ses excuses qui, si elles risquent toujours de se retourner en arrogance par la multiplication de procédures de défense visant à établir son autorité en tant que grand *prétendant*, pourrait aussi laisser entendre la déception qui appelle à l'humilité essentielle d'un tout autre principe : « Je sais que je ne sais rien », ou en termes blanchotiens, « la pensée ne peut pas accueillir, ce qu'elle porte en elle et qui la porte ».[367] On voudrait alors laisser « r*ai*sonner » un fragment de la fameuse *scène primitive* qui hante les textes de Blanchot et notamment *L'Écriture du désastre* où elle en constitue en quelque sorte le cœur nucléaire :

> *Ce qui se passe ensuite : Le ciel, Le* même *ciel, soudain ouvert, noir absolument et vide absolument, révélant (comme par la vitre brisée) une telle absence que tout s'y est depuis toujours et à jamais perdu, au point que s'y affirme et s'y dissipe le savoir vertigineux que rien est ce qu'il y a, et d'abord rien au-delà.*[368]

Le désire d'apocalypse se retrouve dans le « bris de glace » (rupture du piège narcissique de la raison spéculaire), l'évidence du vide absolu, *apocalypse sans apocalypse* d'un savoir qui « révèle l'absence », « s'affirme » en se « dissipant », et « se dissipe » en « s'affirmant » ; déception du rien qui déjoue toute prétention à une raison en s'annulant dans l'espace qui s'ouvre dans la répétition du pareil au même (« le ciel, le *même* ciel ») ; savoir vertigineux du « *nihil est* » au cœur même du principe de raison. « Ce qui se passe ensuite ? », nous allons le voir, *ne manquera pas de décevoir* : l'ouverture à l'espace « noir absolument et vide absolument » du désastre laisse entrevoir une pensée qui, tout en courant le risque (modulation de la menace) de perdre toute orientation, serait libérée des astres de la raison et de leur pouvoir de sidération.

---

[367] Blanchot, *L'Écriture du désastre*, *op. cit.*, p. 110.
[368] *Ibid.*, p. 117.

VI
Dés-astres
La fin des conceptions du monde ?

1. Dis-locations

L'explosion atomique est donc « sidérante » ; elle expose, ainsi que nous l'avons vu, la raison à un éblouissement qui remet en cause ses fondements et la rend aveugle à sa technicité constitutive. Face à l'impossibilité de répondre à la question que lui pose le nucléaire, elle tombe des nues et, de façon paradoxale, cherche à se dessaisir de son absence de fondement sur la technologie dans un geste illusoire de surinvestissement face à l'incessante demande « d'assurances » du principe de la « raison *rendue* » qui signe là son acte de *reddition*, invitant peut-être à *se rendre* à l'é-vidence, au vide constitutif de la raison elle-même et à son principe de fission :

> Que nous apprend l'événement problématique ? Ceci, que dans la mesure où il met en question l'espèce humaine dans sa totalité, c'est aussi, grâce à lui, l'idée de totalité qui surgit visiblement pour la première fois à notre horizon, - soleil dont on ne sait s'il est à son Orient ou à son Occident ; puis, que cette totalité, nous la détenons, mais comme puissance négative. Voilà qui confirme singulièrement la préface à *La Phénoménologie de l'esprit* : le pouvoir de l'entendement est pouvoir absolu de négation ; l'entendement ne connaît que par la force de séparer, c'est-à-dire de détruire – l'analyse, la fission – et en même temps ne connaît que le destructible et n'est sûr que de ce qui pourrait être détruit.[369]

[369] Blanchot, « L'Apocalypse déçoit », *op. cit.*, p. 123.

Ici Blanchot semble associer le principe de fission, cœur de la technique atomique, à l'analyse philosophique ou critique et notamment à la démarche hégélienne. La dialectique, horizon indépassable de notre temps, se présente sous la forme d'un astre, d'un soleil, qui symbolise la circularité parfaite d'une raison absolue qui aurait « la splendeur de mille soleils »[370], à la fois commencement et fin (orient et occident) de la pensée. Mais en même temps, le désastre de la bombe nous expose à ce qui dépasse toute possibilité de maîtrise et donc à l'infini de la pensée, ce qui paradoxalement nous dégage de toute idée de fin et donc nous libère des astres de la pensée – ce que Blanchot n'aura de cesse de ressaisir notamment dans son livre *L'Écriture du désastre*. La fin de la domination de l'astre est donc à la fois initiée par la rupture de la physique atomique pour Blanchot – puisque l'une des voix de l'*Entretien infini* nous dit : « ce que jusqu'ici seules les étoiles pouvaient faire, l'homme le fait. L'homme est devenu astre. Cette ère astrale qui commence n'appartient plus aux mesures de l'histoire »[371] – tout en annonçant « le sens véritable du tournant » que sous-entend la notion de désastre ainsi que le rappelle Stiegler dans *La faute d'Epiméthée* :

…et les astres du ciel s'abattirent sur la terre comme les figues avortées que projette un figuier tordu par la tempête, et le ciel disparut comme un livre qu'on roule…

> Ce devenir-caduc des catégories *historiques* serait le prix du devenir-astre, constituerait le sens profond du « changement d'époque ». *Devenir* dont le facteur est la technique comprise aujourd'hui comme système, tendance, concrétisation, *Gestell*. Désastre. Désastre ne signifie pas catastrophe, mais *désorientation* – les astres guident.[372]

L'avènement de la cybernétique serait donc bien, comme l'entend Heidegger, une tentative de compensation, une réponse à l'incessante demande d'assurance (et de « *reassurance* » entendu ici encore à l'anglo-saxonne) face à la désorientation qu'entraîne la physique atomique, mais en même temps, le désastre, loin de n'être qu'une catastrophe, est ce qui nous libère de toute orientation, ce qui non-seulement dépasse l'absolu de

---

370 On rappelle ici la formule de J. Robert Oppenheimer : « Si la splendeur de mille soleils éclatait en même temps dans le ciel, ce serait comparable au rayonnement du grand être ; je suis devenu la mort, le destructeur des mondes. »
371 Blanchot, *L'Entretien infini*, *op. cit.*, p. 396.
372 Stiegler, *La Technique et le temps*, *op. cit.*, p. 104.

la raison calculante (en présentant un risque incalculable) mais aussi remet en cause les astres même de la pensée philosophique. Blanchot en cela annonce le geste déconstructeur de Derrida éveillant la pensée à son héliotropisme occidental sous-jacent :

> L'opposition même du paraître et du disparaître, tout le lexique du *phainesthai*, de l'*aletheia*, etc., du jour et de la nuit, du visible et de l'invisible, du présent et de l'absent, tout cela n'est possible que sous le soleil. Celui-ci, en tant qu'il structure l'espace métaphorique de la philosophie, représente le naturel de la langue philosophique. Il est ce qui, dans toute langue philosophique, se laisse retenir par la langue naturelle. Dans l'alternative métaphysique qui oppose la langue formelle ou artificielle à la langue naturelle, « naturel » devrait toujours nous reconduire à la *physis* en tant que système solaire, ou, plus précisément, à une certaine histoire du rapport terre/soleil dans le système de la perception.[373]

L'ère atomique et la science de l'époque annonceraient donc une toute autre histoire du rapport terre/soleil qui a pour enjeu un renouveau de la philosophie libérée de sa fascination (de sa sidération) pour le monde sublunaire. Levinas n'aura de cesse d'initier ce geste de démarcation par rapport aux « astres » de la pensée :

> Le savoir de l'entendement s'élevant à la Raison, étend la puissance à l'infini et, avec la philosophie de Hegel, prétend ne plus rien laisser d'autre dehors. La pensée absolue serait la coïncidence de la volonté et de l'entendement dans la Raison. [...] Le processus de l'histoire signifie un processus d'intégration de la totalité du donné à l'infini de l'idée. L'homme dès lors rejoint la divinité qui, depuis les Grecs, se décrit par cette coïncidence de la volonté et du savoir, unis sur le terrain inébranlable qu'est la terre dans le système astronomique – fait empirique, amis sous-jacent à tout, fait fondateur dans l'acte de son repos et fondateur du concept même de fondation. Présence « sous le Soleil » et présence en plein midi de la connaissance. Dans les deux sens de l'expression *sous le soleil*, que réunit le mot onto-logie.[374]

Tout comme pour Blanchot plus haut, Hegel est ici le symbole des prétentions à l'absolu d'une Raison apparentée au soleil, astre inamovible

---

373 Jacques Derrida, *Marges de la philosophie* (Paris, Editions de Minuit, 1972), p. 299.

374 Levinas, *De Dieu qui vient à l'idée*, *op. cit.*, p. 79. Levinas reviendra plusieurs fois sur cette critique de la stabilité du système astronomique de la raison par exemple : « mon "au monde" ou "Ma place au soleil", mon chez moi, n'ont-ils pas été usurpation des lieux qui sont à l'autre homme déjà par moi opprimé ou affamé? » Levinas, *Entre nous. Essais sur le penser-à-l'autre* (Paris, Editions Grasset & Fasquelle, 1991), pp. 147-148. Cette formulation s'inspire de celle de Pascal qu'il cite notamment en exergue à *Autrement qu'être ou au-delà de l'essence* : « C'est là ma place au soleil. Voilà le commencement et l'image de l'usurpation de toute la terre » (Pascal, *Pensées*).

dans la stabilité (la stance, le thétique, ici la « fondation »)[375] d'un monde coordonné à son image, « sous le soleil », c'est-à-dire dans la pose réconfortante de sa chaleur et de son rayonnement, le jeu d'ombre et de lumière de sa vérité (*kaluptein*) mais aussi « sous son joug » et sa dépendance dans une « intériorité » étouffante, sans « dehors ». C'est dans un même esprit de rupture avec l'espace clos d'une raison inébranlable, centre du système astronomique de la pensée, que Blanchot retient l'exploit de Gagarine et de la conquête spatiale comme l'autre marque du changement d'époque à l'ère atomique. Dans une note pour son projet de *Revue internationale*, qui s'inspire d'un article d'Emmanuel Levinas intitulé « Heidegger, Gagarine et nous »[376], il nous dit :

> La conquête de l'espace : réflexion sur le « lieu ». Ce qui a été ressenti comme décisif, momentanément, lorsque l'homme est devenu l'homme de l'espace, c'est le fait d'avoir rompu avec le lieu : un homme existait, en principe, en dehors de tout horizon et dans l'absolu d'un espace presque homogène. Cette liberté acquise (fut-ce d'une manière encore illusoire) à l'égard du lieu, cette sorte d'allégement de la substance humaine obtenue par le détachement du lieu, prolongeait et provisoirement achevait le travail de la technique, ébranlant les civilisations sédentaires, détruisant les particularismes humains, conduisant l'homme hors de l'utopie de l'enfance (si celle-ci cherche le retour au lieu).[377]

L'une des caractéristiques de la technique selon Blanchot serait donc de nous libérer de l'attachement au lieu, de nous exposer au dehors, de représenter l'homme comme pro-jet : « la hache de pierre prolongeait le poing, la technique [moderne] est projection d'esprit »[378], nous dit l'une

---

[375] Voir notre chapitre IV, 6.

[376] Emmanuel Levinas, « Heidegger, Gagarine et nous », dans *Difficile liberté* (Paris, Albin Michel/Poche, 1963), pp. 347-351.

[377] Maurice Blanchot, « Cours des choses », dans *Écrits politiques* (Paris, Lignes/Léo Scheer, 2003), pp. 65-66.

[378] Blanchot, *L'Entretien infini*, *op. cit.*, p. 399. On rappellera, avec Stiegler, les rapports complexes entre intériorité et extériorité qu'initie la technique : « l'homme invente, découvre, trouve (*eurisko*), "imagine" (*mékhane*) et réalise ce qu'il imagine : des prothèses, des expédients. La prothèse est ce qui est posé devant, c'est à dire ce qui est dehors, au-dehors de ce devant quoi cela est posé. Mais si ce qui est dehors constitue l'être même de ce au-dehors de quoi cela se trouve, alors cet être est *hors de lui*. L'être de l'homme est (d'être) *hors de lui.* » (*La faute d'Epiméthée, op. cit.*, pp. 200-201). Stiegler développe ces observations notamment à travers sa lecture de Leroi-Gourhan : « le mouvement contenu dans ce processus d'extériorisation est paradoxal dans cette mesure où Leroi-Gourhan dit en effet que c'est l'outil, c'est à dire la *tekhne,* qui invente l'homme, et non l'homme qui invente la technique. » (*Ibid.*, p. 152).

des voix empruntées par Blanchot. Or là où celle-ci semble indiquer une relation d'équivalence entre la hache et la technique moderne, pour Heidegger, comme le montre Derrida[379], la main fait signe vers une différence originelle, qui conduit l'homme vers son origine, vers le lieu qui lui est propre, tandis que la technique moderne nous sépare du lieu, rendant caduque le partage entre les notions de culture (civilisations sédentaires et particularisme humains) comme ceux de nature (utopie de l'enfance). Notons ici comment Blanchot opère selon le mouvement d'une double dé-ception. La manière dont la technique indique un dessaisissement de l'être est encore « illusoire » mais cette illusion permet de se libérer d'une autre : « l'utopie » du fondement. Heidegger, quant à lui, offrira une toute autre perspective sur ce nouveau rapport au lieu auquel nous expose la technique dans un entretien accordé en 1976 à *Der Spiegel* où il nous fait part de sa hantise :

> La technique arrache toujours davantage l'homme à la terre, l'en déracine. Je ne sais pas si cela vous effraie, moi, en tout cas, cela m'a effrayé de voir maintenant les photos envoyées de la lune sur la terre. Nous n'avons plus besoin de bombe atomique, le déracinement de l'homme est déjà là. Nous ne vivons plus que des conditions purement techniques. Ce n'est plus une terre sur laquelle l'homme vit aujourd'hui.[380]

Ainsi pour parodier la formule que Blanchot consacrait à la bombe atomique : la conquête spatiale offrirait pour Heidegger le « signe visible de la menace invisible que toute la technique dirige contre les façons de l'homme » en l'exposant à un déracinement, une rupture de L'Être par rapport au lieu. Cette hantise rappelle celle que ressent Gunther Anders lorsqu'il décide d'entreprendre le même vol que Claude Eatherley, le pilote qui largua les bombes sur Hiroshima (et avec qui il entreprendra une correspondance). Jean-Pierre Dupuy dans l'introduction à la récente réédition des textes d'Anders sur la bombe atomique nous rappelle :

---

[379] Jacques Derrida, « La main de Heidegger », dans *Heidegger et la question* (Paris, Champs/Flammarion, 1990). Voire notamment p. 190 : « La méditation sur le *Hand-Werk* authentique a aussi le sens d'une protestation artisanaliste contre l'effacement ou l'abaissement de la main dans l'automatisation industrielle du machinisme moderne ».

[380] Martin Heidegger, *Réponses et questions sur l'histoire et la politique* (Paris, Mercure de France), pp. 45-46.

> Alors qu'il fait route vers le Japon, à plusieurs kilomètres au-dessus de la Terre, Anders voit à travers le hublot des formes qu'il *sait* être des fleuves ou des montagnes, qu'il perçoit même comme tels, mais qu'il est incapable de *se représenter* comme tels. C'est la Terre sans les hommes, La Terre dont les hommes se sont volontairement absentés, qui se donne à voir. Nous voyons, mais nous manquons par trop d'imagination pour être capables de nous représenter ce que nous voyons : « A cette altitude, conclut Anders, nous perdons tout scrupule, à cette altitude nous procédons à des anéantissements, comme si l'anéantissement n'était rien. »[381]

La distance pour les uns révèle l'insoutenable fragilité de l'être en son rapport essentiel à la Terre, un déracinement fondamental auquel nous expose la technique moderne qui de par son autonomie aurait perdu tout rapport au monde. Mais pour Blanchot ce déracinement offre l'espoir d'un nouvel avenir, et le choix d'une « difficile liberté » dirait Levinas. Heidegger reviendra à plusieurs reprises sur la hantise que suscite pour lui le déracinement propre au programme spatial :

> L'Union soviétique a réussi à imprimer dans le ciel de la terre à la lune une trajectoire de feu [...] il n'y a plus ni « la terre », ni « le ciel », au sens de l'habitation poétique de l'homme sur cette terre. L'exploit accompli par la fusée est la concrétisation de ce qui depuis trois siècles est toujours plus unilatéralement et délibérément dis-posé (*ge-stellt)* comme étant la Nature et qui est à présent posé sur commande (*bestellt*) comme fonds de réserve universel, interstellaire. La trajectoire des fusées pousse brutalement « terre et ciel » dans l'oubli.[382]

Dans la distance qui sépare la voix de Heidegger de celle de Blanchot ou de Levinas se joue le tournant de la technique qui nous confronte à l'*elpis*, à la fois crainte et espoir[383], en tant que trace du changement d'époque.

---

[381] Jean-Pierre Dupuy, « Gunther Anders, le philosophe de l'âge atomique », dans Gunther Anders, *Hiroshima et partout* (Paris, Seuil, 2008), pp. 18-19.

[382] Martin Heidegger, « Esquisses tirées de l'atelier », dans *Martin Heidegger* (Paris, Cahier de l'Herne, 1983), p. 362.

[383] Stiegler remarque : « *Elpis* désigne d'abord l'attente, la conjecture, la présomption et la prévision. Par suite, ce nom désigne aussi bien l'espoir que son contraire, la crainte » (*La faute d'Epiméthée, op. cit.*, p. 204) et plus loin : « c'est ainsi que se constitue, dans l'anticipation toujours déjà occultée de leur fin, nœud de la *prométheia* et de l'*épimetheia*, la temporalité des mortels. Comme dans l'analyse existentiale, ce savoir de la fin qui est aussi un non savoir est la situation primordiale à partir de laquelle chacun se conduit. *Elpis* serait (le rapport à) l'indéterminé, c'est-à-dire (l'anticipation de) l'avenir, et comme telle, "le phénomène essentiel du temps". » (*Ibid.*, p. 205). Nous retrouvons ici « l'indétermination » propre à la dé-ception qui opère entre « savoir » et « non-savoir » ainsi que nous l'exposions précédemment.

Ainsi « l'obsolescence de l'homme » qu'annonçait Anders, n'est pour Blanchot que celle de :

> L'homme en nous éternellement fasciné par le paganisme, celui qui ne veut qu'habiter la terre, demeurer, fonder, s'enraciner, s'unir ontologiquement à la race biologique et au sol ancestral, l'homme possesseur qui veut avoir la terre et que la terre a, [...] celui qui ne veut pas qu'on touche aux sites sacrés du beau paysage et du grand passé, le mélancolique enfin qui se console de la méchanceté des hommes en fréquentant les arbres. Gagarine, un instant, nous a affranchis de cet homme et allégés de l'encombrement millénaire.[384]

On perçoit ici une critique à peine voilée de Heidegger que Blanchot a puisé presque mot pour mot dans le texte de Levinas. Notamment une critique du schème déceptif au cœur de l'ontologie heideggérienne dans ses présupposés politiques (l'attachement au sol ancestral, à la *heimat*) ; le Heidegger de « Bâtir, Habiter, Penser » pour qui « le langage est la maison de l'être », le philosophe mélancolique et nostalgique du « grand passé », celui de la Grèce antique. L'homme qui vécut dans la forêt.[385] C'est dans un passage de « L'Homme habite en poète » que se mesure toute la différence des rapports au monde et à l'espace qui le sépare de Blanchot et de Levinas :

> Quand Hölderlin dit hardiment que l'habitation des mortels est poétique, cette parole, à peine prononcée, éveille l'impression que l'habitation « poétique » arrache précisément les hommes à la terre. [...] Non seulement Hölderlin met la « poésie » à l'abri d'une erreur d'interprétation facile à commettre, mais, en ajoutant les mots « sur cette terre », il nous dirige proprement vers l'être de la poésie. Celle-ci ne survole pas la terre, elle ne la dépasse pas pour la quitter et planer au-dessus d'elle. C'est la poésie qui tout d'abord conduit l'homme sur terre, à la terre, et qui le conduit ainsi dans l'habitation.[386]

---

[384] Maurice Blanchot, « La conquête de l'espace », dans *Écrits politiques* (Paris, Gallimard, 2008), p. 126.

[385] Heidegger décrivant sa « *Hütte* » de Todtnauberg nous dit : « ce coin de montagne n'est pas pour moi, un paysage de villégiature, mais une terre et un monde qui sont la loi cachée de ma pensée et qui commandent le rythme et le déroulement même de mon travail. Il y a, écrit-il plus loin, un "*Hütte-Dasein*" qui s'empare de moi lorsque je reviens là-haut. » cité par Michel Haar, « La biographie reléguée », dans *Martin Heidegger* (Paris, Cahier de l'Herne, 1983), p. 26.

[386] Heidegger, « ...L'Homme habite en poète... », dans *Essais et conférences*, *op. cit.*, p. 230.

La philosophie de Heidegger repose donc sur une conception du *quadriparti* (telle que nous l'énoncions dans notre deuxième chapitre) et de l'Être enraciné dans un monde sublunaire :

> L'homme établit les mesures de son habitation, de son séjour sur la terre, sous le ciel. C'est seulement pour autant que l'homme de cette manière mesure-et-aménage son habitation qu'il peut *être* à la mesure de (*gemäss*) son être. L'habitation de l'homme repose dans cette mesure aménageante qui regarde vers le haut, dans cette mesure de la dimension où le ciel, aussi bien que la terre, a sa place.[387]

Blanchot, quant à lui, regarde la terre depuis un espace qui cherche à se libérer de la pesanteur des concepts et de l'héliotropisme des contemplations philosophiques : « Le ciel, ciel des religions et des contemplations [...] s'était en un instant effacé », nous dit-il, pour laisser place à « un là-bas abstrait et de pures sciences [...] l'espace des savants qui n'est rien d'autre qu'une possibilité calculable. »[388] Or pour Heidegger penser n'est pas calculer, et l'espace des scientifiques ne saurait être celui des poètes qui seul offre un mode d'accès privilégié à l'être. Dans son entretien au *Der Spiegel* il nous dit: « d'après notre expérience et notre histoire humaines, pour autant que je sois au courant, je sais que toute chose essentielle et grande a pu seulement naître du fait que l'homme avait une patrie (*Heimat*) et qu'il était enraciné dans une tradition. La littérature d'aujourd'hui, par exemple, est largement destructive. »[389] C'est ce qui l'amène à rapprocher l'art abstrait et la nouvelle science atomique dans *Le principe de raison* :

> Ce qu'on appelle improprement « l'art abstrait » a sa fonction légitime dans le domaine de cette construction du monde par la technique et la science. C'est avec intention que j'emploie dans cette remarque des mots étrangers dont l'audience est planétaire (*Technisch, Konstruktion, Abstract, legitime Funktion*).[390]

La hantise de la vue de survol, de la terre en tant que globe se fait sentir ici dans le rejet du « planétaire » comme « étranger » qui fait écho à la

---

[387] *Ibid.*, p. 234.
[388] Blanchot, « La conquête de l'espace », *op. cit.*, p. 126. Notons ici la scansion du texte de Blanchot où la répétition du mot « ciel » rappelle celle de la *scène primitive* telle que nous la présentions à la fin de la section précédente.
[389] Heidegger, *Réponses et questions sur l'histoire et la politique*, *op. cit.*, p. 47.
[390] Heidegger, *Le Principe de raison, op. cit.*, p. 75.

tonalité anglo-saxonne qu'il percevait dans le terme « information ». On pourrait alors songer au clivage entre la *Deutsche Physik* et la physique « juive » qui, au regret d'Heisenberg, aurait notamment ralenti les travaux de recherche sur l'atome en Allemagne dans les années 40 et que Catherine Chevallay, dans son introduction au « manuscrit de 1942 », résume en ces termes :

> Dans son contenu, la position adoptée par les partisans de la *Deutsche Physik est particulièrement sommaire* [...] la physique « juive » est la physique théorique et formelle, probabiliste et non « intuitive » (*unanschaulich*), ruinée par sa fascination pour les mathématiques, indifférentes à la nature et à la réalité, et qui se prétend internationale, par contraste avec la physique « aryenne », expérimentale et réaliste, causale et « intuitive », inductiviste, respectueuse de la nature et de la réalité, d'origine fondamentalement nordique.[391]

C'est peut-être aussi dans ce cadre de pensée qu'il faudrait interroger la philosophie de Heidegger qui condamne la domination des mathématiques et du calcul sur la science, et ce qu'il nomme à la suite de Nietzsche, « la victoire de la méthode sur la science »[392] – cadre de pensée qui mériterait néanmoins une approche plus nuancée qui nous éloignerait par trop de notre propos. Notons seulement que la physique nucléaire, la conquête spatiale et le projet cybernétique seraient pour Heidegger l'aboutissement du principe de raison et de cette volonté de soumission de tout le réel à son *abstraction* par laquelle l'homme s'assure de son calcul et de sa maîtrise. On mesurera alors toute la différence qui sépare ici la conception heideggérienne de celle de Blanchot qui affirmera :

> La science lutte sans cesse contre le réalisme du langage et le réalisme de l'imagination. Sans doute en est-il de même pour la littérature, et de la vient le pressentiment d'un certain accord qu'il serait présomptueux de renier. [...] L'atome est d'abord un nom, puis une image (le modèle de Perrin-Rutherford-Bohr), puis une formulation mathématique à laquelle nulle représentation ne saurait correspondre. C'est à Bertrand Russel que nous devons cet

[391] Catherine Chevalley, introduction à *Werner Heisenberg, Philosophie : Le manuscrit de 1942* (Paris, Seuil, 1998), p. 59.

[392] Martin Heidegger, « La provenance de l'art et la destination de la pensée », dans *Martin Heidegger*, *op. cit.*, p. 371. Heidegger cite ici Nietzsche : « ce n'est pas la victoire de la science, qui caractérise notre dix-neuvième siècle, mais la victoire de la méthode scientifique sur la science » ; principe qu'Heidegger associe alors à la cybernétique : « la victoire de la méthode se développe aujourd'hui dans ses possibilités les plus extrêmes comme cybernétique. »

> avertissement : « ce qui est vrai, c'est que les hommes sont incapables d'édifier des hypothèses suffisamment *abstraites*. »[393]

Blanchot, semble rejeter le privilège de « réalisme » propre à une science « respectueuse de la nature » pour identifier le mécanisme d'une pensée abstraite propre à l'ère atomique qui selon lui rapprocherait littérature et science dans la quête d'un dépassement de la clôture illusoire d'une pensée qui s'empêtre dans les rets de sa « représentation » sur laquelle nous reviendrons dans un instant. Tout comme Blanchot, Levinas, fidèle au souci de démarcation que porte le titre de son article « Heiddeger, Gagarine et nous », associe explicitement Judaïsme, abstraction et technique moderne :

> Le judaïsme a toujours été libre à l'égard des lieux. Il resta ainsi fidèle à la valeur la plus haute. […] Le judaïsme n'a pas sublimé les idoles, il a exigé leur destruction. Comme la technique, il a démystifié l'univers. Il a désensorcelé la Nature. Il heurte par son universalité *abstraite* imaginations et passions. Mais il a découvert l'homme dans la nudité de son visage.[394]

Ici se trouvent associés technique et judaïsme dans leur rapport au dépouillement. Universalisme et abstraction sont proclamés à l'encontre de Heidegger comme « les valeurs les plus hautes » qui libèrent l'homme de son attachement au lieu pour le révéler dans « la nudité de son visage ». Cette dernière image offre un nouveau tournant, un retournement de perspective, puisque l'on passe de la technique comme supplément et « appareillage » de l'homme, à la technique reconduisant à sa nudité constitutive et opérateur de son dépouillement. Blanchot précise quelque peu ce tournant de la réflexion sur la technique dans un texte consacré aux sciences-humaines et à Lévi-Strauss :

> Si les sociétés issues de la technique ont sur les autres un avantage, elles le trouvent, non pas dans l'ampleur des ressources matérielles dont elles nous investissent, mais dans l'état de crise où elles nous portent visiblement, nous mettant à nu devant le saut de l'avenir. C'est donc en quelque sorte l'indigence du monde de la technique qui en fait la vérité, et sa grande vertu – intellectuelle – n'est pas de nous enrichir, mais de nous dépouiller.[395]

---

393 Maurice Blanchot, « Le bon usage de la science-fiction », dans *La Nouvelle Revue Française* (Paris, Janvier 1959), p. 94. Je souligne.
394 Levinas, « Heidegger, Gagarine et nous », *op. cit.*, pp. 350-351. Nous soulignons.
395 Blanchot, « L'homme au point zéro », dans *L'Amitié*, *op. cit.*, p. 97.

L'importance de l'enseignement de Lévi-Strauss selon Blanchot n'est pas d'offrir un échappatoire à notre société technologique mais d'éviter « le mirage que le mot primitif fait parfois surgir en lui et en nous » pour saisir « *l'écart violent* qu'exige tout point de départ [...] et que l'impression de familiarité, lorsqu'il s'agit de notre civilisation, nous fait perdre constamment. »[396] Cet *écart violent* des premiers commencements est aussi celui de la technique moderne qui, en nous dépouillant de nos certitudes, offre la perspective d'une nouvelle origine de « l'homme au point zéro ». On retrouve alors ici la duplicité du mythe de Prométhée/Epiméthée où le don de la technique par Prométhée fait signe vers l'oubli d'Epiméthée qui expose l'homme au dépouillement de sa condition mortelle présent dans le mythe tel que l'expose Platon dans le *Protagoras* :

> Comme, chacun sait cela, Epiméthée n'était pas extrêmement avisé, il ne se rendit pas compte que, après avoir ainsi gaspillé le trésor des qualités au profit des êtres privés de raison, il lui restait encore la race humaine qui n'était point dotée ; et il était bien embarrassé de savoir qu'en faire. Or, tandis qu'il est dans cet embarras, arrive Prométhée pour contrôler la distribution ; il voit les autres animaux convenablement pourvus sous tous les rapports, tandis que l'homme est tout nu, pas chausse, dénué de couvertures, désarmé. Déjà, était arrivé cependant le jour où ce devait être le destin de l'homme, de sortir à son tour de la terre pour s'élever à la lumière.[397]

L'écart violent dont nous parlait Blanchot se manifeste dans le mythe, ainsi que le rappelle Stiegler, par « une double faute – un oubli puis un vol – » qui laissent les hommes « nus comme de petits animaux prématurés, sans fourrures ni défenses, arrivés en avance, *comme* avance, et aussi bien *trop tard* (il n'y a plus de qualités tout a *déjà* été distribué). » Ceci ne signifie pas qu'il y « aurait [eu] deux coups, un temps de l'origine pleine suivi d'une chute : il n'y aura eu à l'origine que la faute, qui est justement le défaut d'origine ou l'origine comme défaut. Il n'y aura eu d'apparition que de la disparition. Tout cela aura eu lieu du même coup. » Ou encore : « avant l'écart il n'y a rien. »[398] Si la technique peut faire époque se serait donc en nous reconduisant à notre mortalité constitutive, à notre « dépouille »

---

[396] *Ibid.*, p. 96.

[397] Cité par Stiegler dans *La Faute d'Epiméthée*, *op. cit.*, p. 195.

[398] *Ibid.*, p. 196. Origine *sans origine,* apparition *sans* apparition, formules qui se plient à nouveau ici à la logique du « *sans* » analysée dans notre chapitre IV.

selon le *redoublement*[399] de l'origine où se rejoignent avant comme après dans la réversibilité d'une apocalypse sans apocalypse. Or, la question de la nudité de l'homme sous-tend la notion même d'apocalypse comme le rappelle Derrida dans *D'un ton apocalyptique adopté naguère en philosophie* :

> *Apokalupto,* je découvre, je dévoile, je relève la chose qui peut être une partie du corps, la tête ou les yeux, une partie secrète, le sexe ou quoi que ce soit de caché, un secret, la chose à dissimuler, une chose qui ne se montre ni ne se dit, se signifie peut-être mais ne peut ou ne *doit* pas être livrée d'abord à l'évidence. *Apokekalummenoi logoi,* ce sont des propos indécents. Il y va donc du secret et des *pudenda.*[400]

S'il s'agit bien au premier abord de dévoiler l'indévoilable, l'apocalypse consisterait peut-être aussi à dévoiler ce qui est *toujours déjà* dévoilé : le dénuement.[401] Déception de l'apocalypse qui révèle qu'il n'y a rien à révéler si ce n'est l'évidence même. C'est comme si l'apocalypse était, par un effet de retournement, à l'origine du mouvement de « se cacher » et cela afin de mieux révéler qu'il n'y a rien à cacher. Heidegger, quant à lui semble s'en tenir à la première interprétation, plus classique, de l'apocalypse : la technique moderne serait apocalyptique car impudente, levant le voile sur le secret nucléaire (au sens ici d'ultime et d'essentiel) de la nature et ceci sans retenue, « à fonds perdu », détruisant le voile même qui devient « l'inapparent » :

> Ne faut-il pas que l'œuvre de l'art fasse silence sur ce qui se met à couvert, sur ce qui, en tant que couvrant, réveille en l'homme la pudeur devant ce qui ne se laisse ni planifier, ni diriger, ni calculer, ni faire ? Sera-t-il encore donné en partage à l'homme de cette terre de trouver, demeurant en elle, un séjour au monde, c'est-à-dire un habiter, qui soit déterminé par la voix de l'être à découvert se couvrant ? Nous ne le savons pas [...]. Mais nous savons que l'être à découvert se couvrant demeure l'inapparent et le presque rien pour un monde où l'astronautique et la physique nucléaire établissent les normes courantes.[402]

---

[399] Nous reviendrons sur cette notion de « redoublement » dans la dernière partie de notre ouvrage, mais notons ici que pour Stiegler : « il y a d'abord un *aveuglement* et un *oubli constitutif qui est la marque d'Epiméthée* – c'est-à-dire de la différ*a*nce dans la technologicité, comme redoublement (différance différée). » *Ibid.*, p. 206.

[400] Derrida, *D'un ton apocalyptique employé naguère*, *op. cit.*, pp. 11-12.

[401] Le « toujours-déjà dévoilé » n'est pas sans rappeler le concept levinassien d'« incognito » tel que nous l'analysions au chapitre IV, 7.

[402] Martin Heidegger, « La provenance de l'art et la destination de la pensée », dans *Martin Heidegger, op. cit.*, p. 379.

Cette question complexe et hautement philosophique de la pudeur nécessiterait une étude plus nuancée ; mais risquons ici que *le manque de retenue* de la science moderne, ignorant (*apo-*) le mouvement de retrait (*kaluptein*) de « l'être à découvert se couvrant », voudrait en quelque sorte dire pour Heidegger qu'elle ne « retient » rien, c'est à dire qu'elle manque de retenue, mais donc aussi qu'elle « ne pense pas »[403], là où peut-être pour Blanchot et Levinas le dénuement propre à la science est le rappel salutaire du défaut d'origine de l'homme. On rappellera alors la position centrale du concept de « nudité » dans la philosophie éthique de Levinas :

> La simple nudité du corps que nous pouvons rencontrer ne change rien à l'universalité du vêtement. La nudité y perd sa signification. Les êtres humains [...] sont traités comme du matériel humain. Ils sont revêtus d'une *forme*. La beauté – la forme parfaite – est la forme par excellence – et les statues de l'antiquité ne sont jamais véritablement nues. La forme est ce par quoi un être est tourné vers le soleil – ce par quoi il a une face, par laquelle il se donne, par laquelle il s'apporte. Elle cache la nudité dans laquelle l'être déshabillé se retire du monde, *est* précisément comme si son existence était ailleurs, avait un « envers » [...]. C'est pourquoi la relation avec la nudité est la véritable expérience – si ce terme n'était pas impossible dans une relation qui va au-delà du monde – de l'altérité d'autrui.[404]

Contrairement à Heidegger pour qui l'Être est le « découvert se couvrant », Levinas conçoit une altérite radicale dont « l'expérience » ne peut se réduire à la forme d'un « dévoilement ».[405] La pensée heideggérienne est apocalyptique car elle pense toujours déjà selon la mesure du voile, à l'orée du monde grec qui recouvre le monde d'une « forme » par laquelle il n'est « jamais véritablement nu. » La forme, « ce par quoi l'homme est tourné vers le soleil », appelle une pensée asservie au « même » où elle se recueille, dans le confort d'un monde sublunaire asservi à l'héliotropisme de la pensée réflexive et de la représentation.

Nous pourrions alors être tenté de voir dans ce qui sépare Heidegger de Blanchot et de Levinas une simple rivalité mimétique qui déçoit car elle ne fait que déplacer (et donc accentuer) des polarités philosophiques

---

403 Heidegger, « Que veut dire penser ? », dans *Essais et conférences, op. cit.*, p. 157.

404 Levinas, *De l'existence à l'existant, op. cit.*, pp. 60-61.

405 « L'autre en tant qu'autre n'[est] pas une forme intelligible liée à d'autres formes dans le processus d'un "dévoilement" intentionnel, mais un visage, la nudité prolétaire, le dénuement. » Levinas, *De Dieu qui vient à l'idée, op. cit.*, p. 33.

anciennes sous couvert de modernité (le nucléaire) et que l'on pourrait reconduire à la formule de Blanchot lui-même :

> L'événement, pivot de l'histoire, ne change rien aux options ni aux oppositions fondamentales. D'où ce soupçon que chacun peut nourrir contre l'autre : la réflexion sur la terreur atomique n'est qu'un faux-semblant ; ce qu'on cherche, ce n'est pas une pensée nouvelle, mais à consolider les situations anciennes.[406]

La rivalité mimétique se ressent chez nos penseurs dans l'intensification de la guerre froide de concepts rivés selon une polarité somme toute caricaturale (réalité/abstraction, physique arienne/physique juive, enracinement/déracinement) qui précède l'invention du nucléaire et qui n'est là que pour entériner des représentations « anciennes ». Cependant, dans un même temps, cette « dé-ception » nous invite peut-être à nous dessaisir de toute « représentation » afin d'entendre l'approche d'une « pensée nouvelle ».

2. Des fins de la représentation

Pour Heidegger, l'ère atomique s'annonce par une « fin des conceptions du monde » et une clôture de la représentation sur laquelle il reviendra à plusieurs reprises, notamment dans *Sérénité* :

> Depuis plusieurs siècles, un renversement de toutes les représentations fondamentales est en cours. L'homme est ainsi transporté dans une autre réalité. Cette révolution radicale de notre vue du monde s'accomplit dans la philosophie moderne. Il en résulte une position entièrement nouvelle de l'homme dans le monde et par rapport au monde. Le monde apparaît maintenant comme un objet sur lequel la pensée calculante dirige ses attaques, et à ces attaques plus rien ne doit pouvoir résister.[407]

Or pour Blanchot le danger ne se trouverait pas essentiellement dans la menace que la science atomique fait peser sur notre mode de représentation mais dans notre « refus de voir le changement d'époque et de considérer le sens de ce tournant. Je dirai même que le danger est provoqué par notre vieux langage qui nous oblige à parler dans le style de

---

[406] Blanchot, « L'Apocalypse déçoit », *op. cit.*, p. 122.
[407] Heidegger, « Sérénité », *op. cit.*, p. 141.

l'histoire et le discours de la représentation. »[408] Toute la réflexion de Blanchot sur le nucléaire porte d'une certaine manière sur le schème déceptif de la représentation auquel il opposera notamment dans son texte intitulé « L'Apocalypse déçoit » la persistance d'une question essentielle : « pourquoi une question aussi sérieuse puisqu'elle détient l'avenir de l'humanité, question telle qu'y répondre supposerait une pensée radicalement nouvelle, ne renouvelle-t-elle pas le langage qui la porte ? »[409] On pourrait reprocher à Blanchot, au risque de décevoir, que cette objection elle-même n'est pas nouvelle puisque Heidegger la formule à l'encontre de Jünger qui, en dépit de sa volonté de dépasser la limite du nihilisme, demeure dans l'oubli de l'être puisque sa langue n'a pas changé en franchissant la ligne :

> En quelle langue parle la pensée dont le plan fondamental ébauche un franchissement de la ligne ? Faut-il que la langue de la métaphysique de la volonté de puissance, de la Figure et de la Valeur soit encore sauvée de l'autre côté de la ligne critique ? Et si la langue, précisément, de la métaphysique, et cette métaphysique elle–même (que ce soit celle du Dieu vivant ou du Dieu mort) constituaient *en tant que* métaphysique cette barrière qui interdit le passage de la Ligne, c'est-à-dire le dépassement du nihilisme ? S'il en était ainsi, le franchissement de la Ligne ne devrait-il pas nécessairement devenir une mutation du Dire et n'exigerait-il pas une mue dans la relation à l'essence de la parole ?[410]

La persistance d'un même langage semble alors nier, ici comme ailleurs, la possibilité même du tournant qu'elle semblait annoncer et donc selon Blanchot serait source de menace. Nous retrouvons ici les paradoxes du temps associés à la pensée épochale :

> Comment [Jaspers] aurait-il autorité pour nous rendre attentifs à une menace si grande que, dit-il, elle doit ébranler de fond en comble notre existence et, plus encore, notre pensée, alors que, sans contestation ni altération, il persiste dans la même conception spéculative à laquelle il fut conduit, bien avant d'être conscient de l'événement unique, la possibilité imminente de la catastrophe universelle, l'effroyable innovation dont la conscience devrait nous modifier

---

408 Blanchot, *L'Entretien infini*, *op. cit.*, p. 403.

409 Blanchot, « L'Apocalypse déçoit », *op. cit.*, p. 120.

410 Préface de Julien Hervier à Ernst Jünger, *Passage de la ligne* (Paris, Christian Bourgeois, 1997), p. 16.

> fondamentalement, et à partir de laquelle une autre histoire devrait commencer – ou les hommes finir ?[411]

Ce que le paradoxe temporel de l'époque nous révèle c'est que si l'événement se présente sous un aspect apocalyptique, cette apocalypse déçoit à plus d'un titre. L'absence de changement de langage signifie non seulement l'enracinement d'une pensée attachée aux « génies du lieu », comme le montrait Levinas, mais la compromission d'une réflexion qui se sert de l'apocalypse comme « alibi ou moyen de pression pour nous amener à des décisions spirituelles ou politiques déjà formulées depuis longtemps ».[412]

Blanchot, pour qui « il n'est d'explosion qu'un livre »[413] (formule qu'il emprunte à Mallarmé), cherchera donc à porter son langage à hauteur de l'exigence de l'époque notamment au travers du tournant fragmentaire que prends son écriture et qui culmine dans *L'Écriture du désastre*. C'est cette recherche d'un nouveau langage qui corresponde à l'exigence du tournant nucléaire que Blanchot retrouve notamment dans l'œuvre de Marguerite Duras :

> *Détruire* : il a appartenu à un livre (est-ce un « livre », un « film » ? l'intervalle des deux ?) de nous donner ce mot comme inconnu, proposé par un tout autre langage dont il serait la promesse, langage qui n'a peut-être que ce seul mot à dire. Mais l'entendre est difficile, pour nous qui faisons toujours partie du vieux monde. Et, l'entendant, c'est encore nous-mêmes que nous entendons, avec notre besoin de sécurité, nos certitudes possessives, nos petits dégoûts, nos longs ressentiments. Détruire est alors, aux mieux, la consolation d'un désespoir, un mot d'*ordre* qui viendrait seulement apaiser en nous les menaces du temps. Comment l'entendre, et sans nous servir des vocabulaires qu'un savoir, au reste légitime, met à notre disposition ?[414]

On retrouve ici les mouvements contradictoires propres au tournant de l'époque : la nouveauté d'une parole qui se voudrait prophétique à laquelle s'oppose l'enracinement dans le « vieux monde » des certitudes établies qui modifie la portée du mot « détruire » en le réduisant à un « mot d'ordre ». Violence qui non seulement déçoit mais aussi geste catastrophique en ce

---

[411] Blanchot, « L'Apocalypse déçoit », *op. cit.*, p. 120.
[412] *Ibid.*, p. 121.
[413] Maurice Blanchot, *L'Écriture du désastre*, *op. cit*, p. 16 et repris et développé pp. 190-191.
[414] Blanchot, « Détruire dit-elle », dans *L'Amitié*, *op. cit.*, p. 132.

sens qu'il substitue à la menace inopérante de l'époque, une violence opérante qui serait le véritable danger. Il faudrait encore ici être sensible à la persistance de la référence à « l'entente », qui semble initier un autre rapport au sens que celui d'une « savoir » (ou d'une raison) et peut-être à nouveau le rapport au ton (et à la tension portée par l'étymologie de ce mot) – tonalité qui échapperait à l'agencement préétabli d'une *Gestell* qui mettrait le sens « à notre disposition ». Si pour Blanchot l'apocalypse déçoit ce n'est donc pas seulement parce que le livre de Jaspers échoue tout en cachant un violent enracinement dans le « vieux monde » de l'anti-communisme, c'est peut-être aussi parce que nous risquons de ne pas entendre le véritable sens de la déception (propre au désastre), qui de par son étymologie (*de-* et *capere*, attraper, saisir), indiquerait l'une des étapes essentielles au des-saisissement de l'être dépris de sa représentation. Il s'agirait donc de se dessaisir de toute violence réactionnaire (dégouts, ressentiments) comme de toute mesure de précaution (besoin de sécurité, certitudes possessives). On reconnaîtra ici la double déception propre à l'ère atomique : la menace d'une violence hyperbolique et celle qu'elle entraîne par des mesures d'assurance (dispositif de la *Gestell*) que Blanchot nous inviterait à rejeter dos à dos pour mieux entendre ce qui, dans la déception même, s'offre encore à la pensée. La dé-ception de la représentation se présente alors sous les traits d'une aporie. En effet Heidegger semble au premier abord dénoncer « la physique atomique contemporaine [où] se prépare une transformation du rapport aux objets, laquelle, par le canal de la technique contemporaine, est propre à modifier dans son ensemble le mode humain de représentation. » [415] La représentation, sous l'influence de la technique moderne semble donc menacée et pourtant, comme l'explique notamment Derrida, la représentation serait aussi un dispositif fondamental du principe de raison qui sous-tend cette même technique moderne :

> La domination moderne du principe de raison a dû aller de pair avec l'interprétation de l'essence de l'étant comme objet, présent au titre de la représentation (*Vorstellung*), objet posé et installé *devant* un sujet. Celui-ci, homme qui dit moi, certain de lui-même, s'assure ainsi la maîtrise technique sur la totalité de ce qui est. Le re- de la *repraesentatio* dit aussi le mouvement qui rend

[415] Heidegger, *Le Principe de raison, op. cit.*, p. 51.

> raison d'une chose dont la présence est *rencontrée* en la *rendant* présente, en l'apportant au sujet de la représentation, au moi connaissant.[416]

La représentation serait donc l'une des pièces centrales du piège narcissique que nous évoquions dans la section précédente. Dans la mesure où rendre raison est une « redonne », où il s'agit de se (re)donner raison, de prêter raison afin de mieux se la rendre, la re-présentation semble obéir à la logique du retour à l'envoyeur. La représentation fait donc partie intégrale du *principe de raison* qui lui-même informe la technique moderne. Heidegger semble alors tiraillé entre une dénonciation de la technique moderne qui menace notre représentation et donc nos conceptions du monde et, par un tournant essentiel, une dénonciation de la représentation cette fois en tant que dispositif essentiel de la *Gestell* – tension qui ne sera pas toujours résolue dans l'œuvre de Heidegger :

> Savant : Avec la meilleure volonté du monde, je n'arrive pas à me représenter cette essence de la pensée.
> Professeur : Ce qui vous empêche, c'est justement cette meilleure volonté du monde et le mode propre de votre pensée, qui est celui de la représentation.
> Savant : Que dois-je faire, au nom du ciel !
> Erudit : je me le demande aussi.
> Professeur : nous ne devons rien faire, seulement attendre.
> Erudit : piètre consolation !
> Professeur : Nous ne devons pas non plus attendre une consolation, bonne ou mauvaise ; et n'est-ce pas en attendre une que de nous abîmer dans la désolation ?[417]

Comment réconcilier le rejet de l'abstraction de la science moderne comme entraînant la fin de la représentation du monde sublunaire et dans le dialogue ci-dessus le rejet de la représentation cœur du principe de raison ? On pourrait voir dans la position de Heidegger le repli sur le vieux monde des certitudes qui, selon Blanchot, répondrait à « notre besoin de sécurité, nos certitudes possessives » (défense de la représentation, de son ordre rassurant garant de notre enracinement menacé par la technique) mais aussi à « nos petits dégoûts, nos longs ressentiments » (rejet de la représentation en tant qu'illusion de la raison technicienne). Il faudrait peut-être alors envisager que, au-delà de cette contradiction apparente et

---

416 Derrida, « Le Principe de raison et l'idée de l'Université », *op. cit.*, p. 475.

417 Heidegger, « Pour servir de commentaire à Sérénité », dans *Questions III et IV*, *op. cit.*, p. 153.

des tournants qu'elle suscite, le principe de raison, entraînant le mécanisme d'équivalence propre à l'appareillement de l'ère atomique a modifié son dispositif de représentation constitutif qui est remplacé par le règne du simulacre comme nous le rappellait Baudrillard :

> L'imaginaire de la représentation [...] disparaît dans la simulation – dont l'opération est nucléaire et génétique, plus du tout spéculaire et discursive. C'est toute la métaphysique qui s'en va. Plus de miroir de l'être et des apparences, du réel et de son concept. Plus de coextensivité imaginaire : c'est la miniaturisation génétique qui est la dimension de la simulation. Le réel est produit à partir de cellules miniaturisées, de matrices et de mémoires, modèles de commandement — et il peut être reproduit un nombre indéfini de fois à partir de là. Il n'a pas à être rationnel, puisqu'il ne se mesure plus à quelque instance, idéale ou négative. Il n'est plus qu'opérationnel.[418]

Apocalypse *de* l'apocalypse, déception propre aux mouvements en *apo-* dans la mesure où, par excès (*apo-* : aboutissement, apogée) de réflexivité, c'est le miroir qui se brise (*apo-* : mis à l'écart, fin) et avec lui enchaînements et hiérarchies qui permettaient de distinguer la copie du modèle. La raison a évacué du réel tout ce qui ne se rendait pas à sa raison et n'a gardé que des pièces substituables conformes à son image et à son mode de fonctionnement. Mouvement sans fin qui entraîne une fin de la raison (« il n'a pas à être rationnel ») réduite au rang « d'opérateur » de la *Gestell.* Les revirements d'Heidegger suivent donc, dans une certaine mesure ceux des schèmes déceptifs de la raison appareillée. La raison déçue, forcée de renoncer à la représentation, fait alors de la dé-ception sa chance. On ressent dans le dialogue ci-dessus toute la déception des interlocuteurs du professeur pour qui la *sérénité* promise est une « piètre consolation » face au désastre. Cependant, le professeur indique par un revirement essentiel : « nous ne devons pas non plus attendre une consolation, bonne ou mauvaise ; et n'est-ce pas en attendre une que de nous abîmer dans la désolation ? »[419] La consolation, de façon paradoxale, serait donc une illusion, ce qui nous désole en ce que la raison garde encore trop d'espoir de retrouver son assise, et qui la rattache encore trop au monde qui vient de disparaître. Ceci n'est pas sans rappeler l'observation de Blanchot citée plus haut : « détruire est alors, aux mieux, la *consolation* [je souligne] d'un

---

[418] Baudrillard, *Simulacre et simulations*, *op. cit.*, pp. 10-11.

[419] Heidegger, « Pour servir de commentaire à *Sérénité* », *op. cit.*, p. 153.

désespoir, un mot d'*ordre* qui viendrait seulement apaiser en nous les menaces du temps. » Par contraste, semble poindre une écriture du désastre qui opère sans opérer, par-delà toute consolation. Le désastre, ainsi entendu, offrirait la chance de se libérer des déceptions passées pour s'ouvrir à une pensée libre de toute représentation et de toute conception du monde, offrant un « nouveau » regard. C'est dans cette optique qu'il faudrait aussi replacer l'accord (parfois divergent dans ses solutions) de Blanchot et Levinas dans leur quête d'un dépassement de l'ontologie et d'une relance de la philosophie. Pour Levinas l'ère atomique signifie :

…puis je vis un ciel nouveau et une terre nouvelle car le premier ciel et la première terre ont disparu, et de mer, il n'y en a plus …

> Une fatigue de l'Europe ! Brisure de l'universalité de la raison théorique qui s'était tôt levée dans le « Connais-toi toi-même » pour rechercher l'univers entier dans la conscience de soi. Empires européens débordant l'Europe géographique et qui rivalisent de puissance, au point de s'apprêter – s'il le fallait – à faire éclater la terre même qui porte l'humanité. Explosion de la terre elle-même par une énergie que la recherche de la vérité – devenue science moderne – dégagea de l'être. Voici que la vérité menace l'être lui-même, voici que la vérité menace, si l'on peut dire, l'être en tant qu'être et disqualifie l'Europe qui découvrit – et laissa à découvert – ces forces.[420]

On ressent ici tout l'enjeu d'une ouverture à une destitution de l'être invitant à réinventer une philosophie qui échappe à la claustration de l'intériorité rationnelle. Philosophie qui dès son coup d'envoi (ainsi que nous l'exposions dans notre « avertissement ») se fondait sur le rejet (ou l'assujettissement) de son autre dans la quête, somme toute légitime, d'une raison indépendante, incorruptible qui pour mieux connaitre devait d'abord se connaitre, mais, par la même, qui initiait la coupure d'un repli sur soi ; geste autotélique d'une raison qui se voulait *atomos*, c'est à dire insécable, première, inébranlable. Chez Levinas (et de son propre aveu) la quête d'un dépassement des limites de la « conscience de soi » se manifestera notamment par la multiplication d'une intertextualité nucléaire dans sa formulation d'un au-delà de l'essence : « que signifie cette assignation où le sujet se dénoyaute comme dénucléé et ne reçoit aucune forme capable de l'assumer ? Que signifient ces métaphores atomiques :

[420] Emmanuel Levinas, *Altérité et transcendance* (Paris, Fata Morgana, 1995), p. 138.

sinon un moi arraché au concept du Moi. »[421] Pour Levinas, l'ouverture qu'initie la comparution du visage de l'autre se dit souvent dans le langage de la physique contemporaine :

> L'approche du prochain est fission du sujet au-delà du poumon, jusqu'au noyau résistant du moi, jusqu'à l'indivis de son individu – fission de soi, ou soi comme fissibilité, passivité plus passive que la passivité de la matière. S'ouvrir comme l'espace, se délivrer par la respiration de la claustration en soi, suppose déjà cet au-delà : ma responsabilité pour l'autre et mon inspiration par l'autre : la charge écrasante – l'au-delà – de l'altérité.[422]

« Fission », « fissibilité », « charge », « nucléarité », [423] toute une terminologie n'échappant pas à Blanchot qui se fera parfois l'écho de Levinas dans *L'Écriture du désastre* : « fission qui serait constitutive de moi ou se reconstituerait en moi, mais non pas un moi fêlé. »[424] Il faudrait sans doute souligner ici l'importance du geste d'antéposition de la fission qu'opère ici Blanchot : le désastre (fut-il nucléaire) ne viendrait pas à posteriori, comme de l'extérieur, affecter un moi insécable, déjà constitué, mais se trouverait à priori à l'intérieur même du concept de « moi ». En quelque sorte tout porterait à croire que si le principe de raison a donné lieu au nucléaire, le nucléaire serait aussi constitutif de la raison et recèlerait peut-être la possibilité d'un nouveau mode de pensée, pensée aléatoire du désastre selon Blanchot. Le désir de « réinventer » la philosophie, en empruntant le langage de la physique contemporaine se retrouvera aussi chez Derrida pour qui : « inventer […] cela reviendrait donc à redécouvrir ce qui était là sans être là, dans les langues et dans la philosophie, l'y *trouver*, oui, mais trouver pour la première fois ce qui pourtant *se trouvait* là, re-trouver la chose en fusion (contradictoire) et en fission (atomique) là où

---

421 Emmanuel Levinas, *De Dieu qui vient à l'idée*, (Paris, Vrin, 1986), p. 119.

422 Emmanuel Levinas, *Autrement qu'être ou au-delà de l'essence* (Martinus Nijhoff, 1978), p. 277.

423 *Ibid.*, p. 84 : « Dénudation au-delà de la peau, jusqu'à la blessure à en mourir, dénudation jusqu'à la mort, être comme vulnérabilité. Fission du noyau ouvrant le fond de sa nucléarité ponctuelle comme jusqu'à un poumon au fond de soi ; noyau qui n'ouvre pas ce fond tant qu'il reste protégé par sa croûte de solide ». Notons ici le terme de dénudation en ce qu'il fait écho au dénuement de la technique exposée plus haut par Blanchot.

424 Blanchot, *L'Écriture du désastre, op. cit.*, p. 125.

on ne l'avait jamais vue, l'inventer comme une bombe. »[425] C'est *comme si* ces auteurs, au-delà de leurs divergences, pensaient avoir découvert un mécanisme de fission du *logos* qui, ainsi que le déplore Mattei, entraîne des effets dévastateurs mais peut-être aussi une source d'énergie (créatrice) inépuisable :

> Le langage est désarticulé par une écriture qui constitue ce qu'elle énonce tout en appliquant la déconstruction à la déconstruction elle-même. Derrida décide ainsi de produire un discours qui se défait à mesure de sa discursion, ou de tracer une écriture qui se délite à mesure de son inscription, puisque toute orientation vers un sens initial ou final est niée. Dès ses premières tentatives dans *L'Écriture et la différence*, l'auteur se réclamait, sans craindre la contradiction, de la décomposition de ce qu'il avançait : « aussi la destruction du discours n'est-elle pas une simple neutralisation d'effacement. Elle multiplie les mots, les précipite les uns contre les autres, les engouffre aussi dans une substitution sans fin et sans fond dont la seule règle est l'affirmation souveraine du jeu hors-sens. Non pas la réserve ou le retrait, le murmure infini d'une parole blanche effaçant les traces du discours classique, mais une sorte de potlatch des signes, brûlant, consumant, gaspillant les mots dans l'affirmation gaie de la mort : un sacrifice et un défi.[426]

On serait tenté de voir ici un simulacre de « réaction en chaîne » d'une écriture qui se « délite » en « précipitant les mots les uns contre les autres » et cela « sans fin et sans fond », selon un processus d'auto-« consumation » « brûlant » jusqu'au sens même. Le *neutre* blanchotien serait l'un des éléments constitutifs de cette *fission* du *logos*, qui entraîne son désœuvrement, *comme si* [je souligne ici la fiction de savoir] il s'agissait de *neutrons* qui, en entrant en collision avec les polarités constitutives du processus dialectique (positivité/négativité, bien/mal ; dedans/dehors, etc…) du *noyau* de la raison, l'entraîneraient dans une explosion sans reste. Autodestruction du *logos* même qui selon Derrida appellerait à la fondation d'un « *nuclear criticism* » qui opèrerait aux frontières de la rationalité elle-même : « un tel criticisme forclôt une finitude si radicale qu'elle annulerait le fond de l'opposition et permettrait de penser la limite même du criticisme. Celle-ci s'annonce dans le sans-fond d'une auto-destruction sans reste de l'*autos* même. Éclate alors le noyau du criticisme même. »[427]

---

[425] Jacques Derrida, « Le temps des adieux : Heidegger (lu par) Hegel (lu par) Malabou », dans *Hegel* (Revue Philosophique de la France et de l'Etranger, PUF, no.1, Janvier-Mars 1998), p. 14.
[426] Mattei, *L'Homme dévasté*, *op. cit.*, p. 109.
[427] Derrida, « No apocalypse, not now », *op. cit.*, p. 383.

Voici donc une pensée qui confrontée à son pouvoir de destruction, voire d'auto-destruction, questionne les fondements même de son auto-nomie et de sa capacité à s'auto-proclamer en (se) rendant raison – pensée critique qui vise notamment à déstabiliser le mouvement d'enchaînement de la dialectique par le déchaînement de ses éléments constitutifs en faisant trembler les « noms » et les concepts :

> Il a fallu analyser, faire travailler, *dans* le texte de l'histoire de la philosophie aussi bien que *dans* le texte dit « littéraire », certaines marques que j'ai appelées *par analogie* (je le souligne) des indécidables, c'est-à-dire des unités de simulacre, de « fausses » propriétés verbales, nominales ou sémantiques, qui ne se laissent plus comprendre dans l'opposition philosophique (binaire) et qui pourtant l'habitent, lui résistent, la désorganisent mais *sans jamais* constituer un troisième terme, sans jamais donner lieu à une solution dans la forme de la dialectique spéculative (le *pharmakon* n'est ni le remède, ni le poison, ni le bien, ni le mal, ni le dedans, ni le dehors, ni la parole ni l'écriture [...]. Ni/ni, c'est *à la fois* ou bien *ou bien* [...]. En fait, c'est contre la réappropriation incessante de ce travail du simulacre dans une dialectique de type hégélien (qui va jusqu'à idéaliser et « sémantiser » cette valeur de *travail*) que je m'efforce de faire porter l'opération critique, l'idéalisme hégélien consistant jusqu'à *relever* les oppositions binaires de l'idéalisme classique, à en résoudre la contradiction dans un troisième terme qui vient *aufheben*, nier en relevant, en idéalisant, en sublimant dans une intériorité anamnésique (*Errinerung*), en *internant* la différence dans une présence à soi.[428]

La déconstruction serait la recherche de points d'incandescence dans le mouvement de la dialectique, éléments spectraux (« simulacres », « fausses propriétés ») qui déclencheraient une instabilité (« désorganise ») de la matière conceptuelle pour détruire son assise représentationnelle et donc la spéculation comme le spéculaire. Comme le disait Baudrillard plus haut, « l'imaginaire de la représentation disparaît dans la simulation – dont l'opération est nucléaire et génétique, plus du tout spéculaire et discursive. » Grâce à la nouvelle mécanique (quantique ?) du neutre (ni/ni) « le réel n'a pas à être rationnel, puisqu'il ne se mesure plus à quelque instance, idéale ou négative. » Le neutre déjoue cette opposition binaire en l'empêchant de se relever dans un quelconque troisième terme de la raison même. Là où le mouvement dialectique « *interne* la différence dans une présence à soi », le neutre introduit un tiers *exclu* qui en quelque sorte « décontenance » la pensée, fissurant son intériorité, sa capacité à

[428] Derrida, *Positions*, *op. cit.*, pp. 58-59.

intérioriser en l'entraînant dans un effondrement (apocalyptique ?) du dedans comme du dehors :

> La topo-logique atopique, folle (*atopos* veut aussi dire « fou », « extravagant » en grec), l'impensable géométrie d'une partie plus grande que ce qui l'inclut, d'une partie plus puissante que le tout, d'une phrase hors de proportion avec le *quoi* et le *qui* de ce qui la contient et de quiconque la comprend, l'atopie et l'aporie d'un élément apparemment atomique qui inclut à son tour, au-dedans de soi, l'élément qui le déborde et dont il entame une sorte de fission en chaîne, une véritable explosion atomique.[429]

Là où la relève (*aufheben*) dialectique « sauvait » le système spéculaire par lequel la raison se « réapproprie » toutes les oppositions, dans l'enchaînement de son *logos*, l'instabilité du simulacre, propre à l'ère nucléaire « déborde » la raison pour l'exposer au tout-autre. Toute la stratégie déconstructrice reposera donc sur la recherche du détail, motif, concept qui « excède » son inscription, qui fait dérailler la chaîne signifiante et « déchaîne » ses forces constitutives. « Passe par cette phrase ce qu'elle ne peut contenir qu'en éclatant »[430], dirait Blanchot. À la « fiction » d'une destruction sans reste de l'atome initiée par le principe de raison, nos trois auteurs, par-delà leurs divergences, répondraient par la « fiction » d'une destruction sans reste de cet autre atome qu'est le moi insécable dont « l'*aufheben* représenterait peut-être cette « piètre consolation » de la raison se refusant encore à renoncer à ses prétentions. Apocalypse de l'apocalypse, redoublement de la destruction qui désappointe la raison, c'est-à-dire qui suspend son appointement à « rendre raison ».

3. Le désappointement de la raison

On serait tenté de voir ici les signes du changement de représentation qui, selon Blanchot, faisait défaut à Jaspers et, par là même, et on serait en droit de se demander avec Levinas : « la science a-t-elle produit l'*au-delà de l'être* découvrant le tout de l'être, s'est-elle donnée à elle-même le lieu où le non-

---

429 Jacques Derrida, *Genèses, généalogies, genres, et le génie ; Les secrets de l'archive* (Paris, Galilée, 2003), p. 71.

430 Blanchot, *L'Écriture du désastre*, *op. cit.*, p. 178.

lieu nécessaire à sa propre naissance, au maintien de son esprit objectif ? La question demeure. »[431] Cependant ces signes, somme toute quelque peu superficiels, risquent de ne reconduire qu'à une déception plus profonde entraînant une mise en demeure de la question d'un au-delà de l'être. En effet on ressent ici une tonalité toute différente de l'enthousiasme d'un texte comme « Heidegger, Gagarine et nous ». Alors qu'il y célébrait l'exploit de Gagarine et, à travers lui, de la technique moderne qui semblait nous offrir « le non-lieu nécessaire » à notre (re)naissance, Levinas semble introduire ici un suspens de jugement, une hésitation au travers de laquelle l'époque atomique s'annoncerait sous les traits d'une certaine déception :

> Il y a aussi, dans la parabole de la navigation intersidérale, la sottise attribuée à Gagarine déclarant n'avoir pas trouvé Dieu dans le ciel. A moins de prendre celle-ci au sérieux et d'y entendre un aveu très important : la nouvelle condition d'existence dans l'apesanteur d'un espace « sans lieu », est encore éprouvée par le premier homme qui y est lancé comme un *ici*, comme le *même* sans altérité véritable. Les merveilles de la technique n'ouvrent pas l'*au-delà* où naquit la Science, leur mère ! Point de dehors dans tous ces mouvements ! Quelle immanence ! Quel mauvais infini ! [...] Ils ne déchireront pas la ligne idéale qui n'est certes plus la rencontre du ciel et de la terre, mais qui marque la limite du Même. Dans l'infini du cosmos offert à ses mouvements, le cosmonaute ou le piéton de l'espace – l'homme – se trouve enfermé sans pouvoir mettre le pied dehors.[432]

La notion de « sottise », trahit une certaine désillusion, mais aussi, de par son étymologie (souche, tronc)[433], fait écho au rejet de l'enracinement heideggérien sous le vieux ciel de l'ontologie. Déracinement qui, s'il indiquait tout à l'heure une éventuelle sortie des « génies du lieu » et de l'héliotropisme occidental, semble ici n'être qu'illusion, enfermement, et claustration dans la mêmeté et déception que l'on ressent notamment dans le rejet du prestige du cosmonaute rétrogradé en simple « piéton de l'espace ». Si « la ligne idéale », qui selon Levinas marque la limite du même, reste intacte, inaltérée par la technique moderne, c'est que celle-ci est l'illusion même pour Blanchot :

---

431 Levinas, *De Dieu qui vient à l'idée, op. cit.*, pp. 23-25.

432 *Ibid.*, p. 25.

433 Alain Rey dans son *Dictionnaire historique de la langue française*, suggère que « sot » a été rapproché d'une famille de mots signifiant « souche, tronc ».

> En un sens il n'y [a], pour rien et a aucun moment, de commencement. Jadis le navigateur qui franchissait « la ligne », le parallèle zéro, avait l'impression de se trouver à un moment exceptionnel et à un point unique, zone sacrée dont le passage symbolisait une initiation décisive. Ligne imaginaire, point géographiquement nul, mais représentant précisément par sa nullité ce degré zéro vers lequel on dirait que l'homme tend, par le besoin d'atteindre un repère idéal d'où, libre de lui-même, de ses préjugés, de ses mythes et de ses dieux, il pourrait revenir avec un regard changé et une affirmation nouvelle.[434]

La déception que procure l'illusion du passage au point zéro, loin d'être un obstacle à la pensée, semble ici être l'opérateur de son renouveau. Illusion nécessaire, nous dit Blanchot, pour qui « il faut dire que la superstition du lieu ne peut-être arrachée de nous qu'en nous livrant à l'utopie momentanée de quelque non-lieu. »[435] Déception qu'il faut donc entendre à la fois comme dessaisissement de la tyrannie du (soi-) même, expiration, et inspiration nouvelle ; « respiration qui nous permet de nous libérer de la claustration de soi » disait plus haut Levinas selon qui :

> Le voyage intersidéral n'ébranle pas l'identité du repos – mais il supprime la transcendance de la Hauteur, qui pour les Anciens était chose essentielle, car elle marquait une distance qu'il n'était pas possible de *marcher* ; on pensera en ce sens au rêve d'Icare. Le regard sur les étoiles est aussi adoration, idolâtrie – et, comme tel, interdit par les religions monothéistes. Les voyages intersidéraux, aux résultats si décevants, montrent ces idoles comme de banales pierres, sur lesquelles on peut *marcher* – signe que le divin revêt un autre sens.[436]

Ici, au travers de la critique de « l'identité du repos », se lit le rejet de la « tradition occidentale » pour laquelle « la pensée sensée est thétique. Elle pense ce qui se pose (penser, c'est poser), et elle pense le repos de ce qui se pose. Ce repos, fondamental – fondamental car support de tout mouvement et de tout arrêt de mouvement –, s'exprime par le verbe être. »[437] Pensée qui semble être, à l'ère atomique, sublunaire, donc terre à terre, (« pedestrian » – donc piétonne – dirait-on à l'anglo-saxonne) et qui empiète sur une extériorité plus radicale du divin pour Levinas ou de l' « il y a » et du dehors pour Blanchot selon qui :

---

[434] Blanchot, « L'homme au point zéro », *op. cit.*, p. 93.
[435] Blanchot, « La conquête de l'espace », *op. cit.*, p.127.
[436] Emmanuel Levinas, *Dieu, la mort, et le temps* (Paris, Grasset, 1993), p. 150.
[437] *Ibid.*, p. 148. Voir notre chapitre IV, 6.

> Le cosmique nous rassure par le frémissement démesuré d'un ordre souverain avec lequel nous nous identifions, fût-ce au-delà de nous-mêmes, dans la sauvegarde de l'unité sainte et réelle. Ainsi de l'*être* et probablement de toute ontologie. La pensée de l'être enferme de toutes manières, y compris ce qui ne s'y comprend pas, l'illimité qui se reconstitue toujours par la limite. La parole de l'être est parole qui assujettit, revient à l'être, disant l'obéissance, l'obédience, l'audience souveraine de l'être en sa présence cachée-manifeste. Le refus de l'être est encore assentiment, consentement de l'être au refus, à la possibilité refusée : nul défi à la loi ne peut s'y prononcer autrement qu'au nom de la loi qui s'y confirme.[438]

Science et technique à l'ère atomique, décevraient en ce qu'elles nous donnent simultanément les gestes contradictoires d'un dessaisissement de l'être et de son repli sur soi-même, sur une totalité plus absolue, conquête de l'illimité qui ne fait que repousser la limite de l'empire de l'être lui-même. Illusion d'une dissolution où « seul l'ordre a gagné à sa perte. »[439] Ceci, ainsi que nous le rappelle Jean-Pierre Dubost, tient à « l'ambivalence de la technique qui dégage l'Être, mais en même temps le voile, puisque la raison ne reçoit en retour que sa propre image, qu'elle se renvoie à elle-même. »[440] Seul un au-delà de l'être qui ne soit ni « assentiment » ni le « consentement » à un simple refus serait à même de constituer le bris de miroir, la suspension de la spéculation du principe de raison – interruption d'une raison pleine de suffisance qui ne s'exposait à l'autre que pour retrouver la satisfaction d'un écho à son image.

Levinas en quête de cette dé-ception, de cette insatisfaction salvatrice, cherchera à insuffler à l'esprit un « pneumatisme [qui] n'est pas le ne-pas-être, il *est* dés-intéressement: tiers exclus de l'essence, de l'être et du *ne-pas-être.* »[441] Il s'agit là d'une passivité essentielle qui veut se démarquer de l'ontologie comme de l'intentionnalité phénoménologique et qui selon nous informera aussi le texte de Blanchot (au-delà de leurs divergences) autour d'une même revalorisation quasi-éthique de la déception. Levinas, s'appuiera notamment sur le concept heideggérien de *Gelassenheit*, que l'on a coutume de traduire par « sérénité », ou « égalité d'âme » auquel il insufflera une tonalité nouvelle : « *Gelassenheit* qu'il aurait, peut-être, fallu

---

438 Blanchot, *L'Écriture du désastre*, *op. cit.*, pp. 139-140.
439 *Ibid.*, p. 142.
440 Dubost, « Combinatoire et conceptualisation », *op. cit.*, pp. 236-237.
441 Levinas, *Autrement qu'être ou au-delà de l'essence, op. cit.*, p. 278.

traduire par dé-ception au sens étymologique du terme, en se demandant si la déception, au sens obvie, n'est pas la seule condition du *dés-inter-essement.* »[442] On ressent ici dans la fragmentation, la fission du mot, tous les enjeux d'un dessaisissement de l'être (*esse*) qui dans l'espace (*inter*)personnel d'une exposition à l'autre, le libère de la tyrannie du soi. Fragmentation et usage des tirets qui prémunit toute identité contre sa forclusion ainsi que nous le rappelle Levinas :

> Dans l'identité de l'état de conscience présent à lui-même, dans cette tautologie silencieuse du préréflexif, *veille* une différence entre le même et le même jamais en phase, que l'identité n'arrive pas à enserrer : précisément l'insomnie [...]. Insomnie comme dénucléation de l'atomicité même de l'un [...] ou comme dés-appointement de sa ponctualité même.[443]

Le désappointement, par son étymologie (appointer : donner son dû, convenir), est ce qui introduit un délai, un retard dans la *ponctualité* du principe de raison et qui l'empêche de trouver *son dû*, lui faisant subir une dé*convenue*, l'empêchant de faire le *point* ou de s'affirmer dans l'univocité d'un *point* de vue qui ramène le *pareil* au *même*. Plus d'une voix/voie et plus d'une tonalité donc dans ce quasi-concept de *désappointement* qui, entendu à l'anglo-saxonne, recouvre le sens de déception. Terme que l'on retrouvera aussi sous la plume de Blanchot dans son approche du désastre : « *le désappointement* du désastre : ne répondant pas à l'attente, ne laissant pas se faire le point, l'appoint, hors toute orientation, fut-ce comme désorientation ou simple égarement. »[444] Il s'agit ici d'une patience et d'une passivité proprement an-archiques qui précèdent toute reprise dialectique et éludent la simple opposition entre le même et l'autre, l'orientation et la désorientation, l'être et le non-être : « incertitudes qui, partout, clignotent. Suspensions des vérités ! Insolite époque ! »[445] dira Levinas lecteur de Derrida :

> En guise de dissémination, se dit ainsi la différence en laquelle la présence se déconstruit, un ajournement sans échéances à respecter qu'est le temps ou, plus

---

[442] Emmanuel Levinas, « Avant-propos » dans *Noms propres* (Paris, Fata Morgana, 1976), p. 7. Sur le quasi-concept de désintéressement, voir notamment Sean Gaston, *Derrida and Disinterest* (London : Continuum, 2005).
[443] Levinas, *De Dieu qui vient à l'idée*, *op. cit.*, pp. 50-51.
[444] Blanchot, *L'Écriture du désastre*, *op. cit.*, p. 81.
[445] Levinas, « Tout autrement », dans *Noms propres*, *op. cit.*, pp. 65-66.

> exactement, qu'est le passe-temps lui-même. Jeu dans les interstices de l'être où les centres de gravitation ne sont pas les mêmes qu'au monde. Mais y a-t-il centres ? Y a-t-il gravitation ? Y a-t-il ? Tout est autrement si on peut encore parler d'être.[446]

Le désappointement serait un ajournement infini (sans échéances) qui ici s'exprime et donc prend corps dans l'espace métaphorique du spatial. Désastre qui, on s'en souvient, libèrerait des astres et, donc, de toute « gravitation » et de tout « centre » pour introduire « l'étrange non-ordre du tiers exclu où se récuse la disjonction du oui et du non, l'impérieuse alternative grâce à laquelle les ordinateurs décident de l'univers. »[447] On ressent ici toute la « gravité » d'un projet qui voudrait échapper à la gravitation (et l'immobilisme) des sphères conceptuelles mais qui par des chemins détournés semble maintenant rejoindre la critique heideggérienne de la cybernétique et de son pouvoir de « décision » sur notre monde devenu « univers » (terme où pourrait encore s'entendre le rejet heideggérien de « l'universel », marque de l'ère atomique).

Il faudrait peut-être alors se demander si l'espoir de se libérer du champ d'attraction que les « génies du lieu » et la lumière de l'héliotropisme occidental exercent sur la pensée ne serait pas la source d'une « toute autre » déception, comme l'a montré Derrida dans sa magistrale étude « Violence et métaphysique, essai sur la pensée d'Emmanuel Levinas », auteur auquel il reproche (par-delà son admiration) « de s'installer dans la conceptualité traditionnelle pour la détruire. »[448] Si Levinas réussi à exposer l'enracinement de l'ontologie heideggérienne dans un monde sublunaire et son attachement aux « génies du lieu », et ceci au travers d'une radicale extériorité de l'autre, pourquoi, demande alors Derrida :

> Faut-il *oblitérer* cette notion d'extériorité sans l'effacer, sans la rendre illisible, en disant que sa vérité est sa non-vérité, que la *vraie* extériorité n'est pas spatiale, c'est-à-dire n'est pas extériorité ? […] Qu'il faille encore habiter la métaphore en ruine, s'habiller des lambeaux de la tradition et des haillons du diable, cela

---

[446] *Ibid.*, p. 68.
[447] *Ibid.*, p. 70.
[448] Jacques Derrida, « Violence et métaphysique, essai sur la pensée d'Emmanuel Levinas », dans *L'Écriture et la différence* (Paris, Seuil, 1967), p. 165.

> signifie peut-être qu'il n'y a pas de logos philosophique qui ne doive *d'abord* se laisser expatrier dans la structure Dedans-Dehors.[449]

Incidemment, la métaphore du « travestissement » informe aussi le reproche de Blanchot à Gagarine : « homme qui porte le sens d'une liberté et qui n'a jamais été plus prisonnier de sa situation, libéré de la pesanteur et le plus lourd des êtres, en route vers la maturité et emmailloté dans ses langes scientifiques, d'ailleurs se nourrissant au biberon et vagissant. »[450] Si le discours critique de Derrida sur Levinas n'a pas de toute évidence la même violence, on retrouve néanmoins une thématique de l'*infans*, celui qui proprement ne parle pas, qui ne peut parler dans un langage en apesanteur, toute pensée ne pouvant se dire qu'à travers la pesanteur d'une certaine corporalité, d'une spatialité puisque, pour rappel, « une certaine *naturalité* indéracinable, une certaine *naïveté* originaire du langage philosophique pourrait-être vérifiée à propos de chaque concept spéculatif. »[451] Emmailloté dans les langes héliotropiques, habillé de lambeaux de lumière, le langage philosophique est donc selon Derrida :

> Fils de la terre et du soleil : écriture. On essaierait en vain, pour le *sevrer* de l'extériorité et de l'intériorité, pour le *sevrer* du *sevrage*, d'oublier les mots « dedans », « dehors » [...] on ne retrouverait pas un langage sans rupture d'espace, langage aérien ou aquatique où l'altérité serait d'ailleurs encore plus surement perdue.[452]

Pas de langage sans « centre(s) de gravité » serait-on tenté de dire. Levinas répondra indirectement à ces reproches dans « Tout autrement », l'unique texte consacré intégralement à Derrida où il dénonce à son tour le danger d'un schème déceptif :

> [Un] discours au cours duquel, en plein ébranlement des assises de la vérité, contre l'évidence du présent vécu qui semble offrir un ultime refuge à la présence, Derrida a encore la force de prononcer « est-ce sûr ? », comme si rien pouvait être en sécurité à ce moment-là et comme si sécurité ou insécurité devait encore importer. On pourrait être tenté de tirer argument de ce recours au langage logocentrique contre ce langage même, pour contester la déconstruction produite [...]. Mais en suivant cette voie on risquerait de passer

---

[449] *Ibid.*, pp. 165-166.
[450] Blanchot, « La conquête de l'espace », *op. cit.*, pp. 127-128.
[451] Derrida, « Violence et métaphysique », *op. cit.*, p.167. Nous soulignons ici le thème de *l'infans*.
[452] *Ibid.*, p. 166. Nous soulignons à nouveau le thème de l'*infans*.

> à côté de la signification que comporte cette inconséquence même. On passerait à côté de la non-simultanéité incompressible du Dit et du Dire, à côté du déboitement de leur corrélation ; déboitement minime, mais assez large pour que s'y engouffre le discours sceptique sans s'étrangler par la contradiction entre ce que signifie son *dit* et ce que signifie le fait même d'énoncer un *dit*. Comme si la simultanéité manquait aux deux significations pour que la contradiction brise le nœud où elles se nouent.[453]

Levinas semble dans un premier temps retourner contre Derrida la logique de sa propre critique : si pour Derrida, Levinas ne peut pas dire le dépassement d'une idolâtrie des lieux et des astres de la pensée, hors d'un langage qui serait lui-même spatial, alors pour Levinas, Derrida ne peut déconstruire la métaphysique de la présence sans avoir lui-même recours à celle-ci. On pourrait dire que l'insécurité recherchée de toute pensée qui se veut sans assise, qui cherche à se libérer du principe de raison risque en quelque sorte d'être trahie par la requête du principe de raison qui cherche à tout moment à s'assurer de son propre fondement : « est-ce sûr ? » Mais pour Levinas cette critique *ne manque pas de décevoir*, car elle semblerait demander la transparence d'une simultanéité du dire et du dit. En voulant *identifier* une certaine « inconséquence », elle ramènerait la diachronie constitutive du langage à l'horizon d'une *identité* « conséquente ». Or l'inconséquence est ici pour Levinas la chance du langage et par là d'une pensée qui échappe à toute présence à soi, à toute simultanéité ; fidélité paradoxale d'un manquement à soi-même, dés-appointement de la pensée qui peut-être offre un dépassement du scepticisme propre à l'ère atomique. Peut-être faudrait-il alors voir dans la dé-ception le trait essentiel de toute apocalypse comme le suggère Derrida au terme de son livre *D'un ton apocalyptique adopté naguère en philosophie* où la présence de Blanchot apparaît soudain de façon explicite :

> Mais que fait alors celui qui vous dit : moi je vous le dis, je suis venu vous le dire, il n'y a pas, il n'y a jamais eu, il n'y aura pas d'apocalypse, « l'apocalypse déçoit » ? Il y a l'apocalypse sans l'apocalypse […]. Le mot *sans*, je le prononce ici dans la syntaxe nécessaire de Blanchot qui dit souvent X sans X. Le *sans* marque une catastrophe interne et externe de l'apocalypse, un renversement de sens qui ne se confond pas avec la catastrophe annoncée ou décrite dans les écrits apocalyptiques sans pourtant leur être étrangère. La catastrophe, ici, serait

---

[453] Levinas, « Tout autrement », *op. cit.*, p. 69.

> peut-être *de* l'apocalypse même, son pli et sa fin, une clôture sans fin, une fin sans fin.[454]

Apocalypse *de* l'apocalypse, apocalypse *sans* apocalypse, c'est-à-dire sans révélation (qui ne ferait que reconduire la pensée à la violence d'une certaine lumière et à sa localisation), apocalypse qui déçoit, contre toute attente, *qui ne manque pas de décevoir* (si l'on peut sentir ici les mouvements contradictoires d'une inéluctabilité qui échoue à arriver, et qui échoue en arrivant). *Redoublement* de la pensée qui, selon Blanchot, appelle à « aller au bout de la pensée (sous l'espèce de cette pensée du bout, du bord) »[455] pour la « mener à bout », c'est-à-dire peut-être en finir avec l'eschatologie même. Dépassement de la *réflexion* (entendue comme retour au même) par les *inflexions* successives de l'écriture et les changements d'intonations qui se ressentent par-delà le dire et le dit. « Peut-être l'histoire universelle n'est-elle que l'histoire des diverses *intonations* de quelques métaphores »[456], nous dit Borges. Ici l'inflexion et la tonalité toute blanchotienne du retrait du « sans »[457] si elle « marque – comme le dit Derrida – une catastrophe interne et externe de l'apocalypse », offrirait un effondrement de la dichotomie dedans/dehors auquel, comme nous l'avons vu, nous ne saurions néanmoins échapper. Apocalypse sans apocalypse car enfin « le désastre ruine tout en laissant tout en l'état. »[458] Autant de déceptions et de désappointements qui désarment la pensée et, face au désastre, l'invitent à *redoubler* de patience.

---

454 Derrida, *D'un ton apocalyptique employé naguère*, *op. cit.*, p. 96-97.
455 Blanchot, *L'Écriture du désastre*, *op. cit.*, pp. 12-13.
456 Borges, *La sphère de Pascal*, cité par Derrida dans « Violence et métaphysique », *op. cit.*, p. 137.
457 Voir notre chapitre IV.
458 Blanchot. *L'Écriture du désastre*, *op. cit.*, p. 7.

VIII
Post mortem
Les voix de la déception

1. Sérénités : « ce n'est pas la fin du monde »

Au *dédoublement* inhérent à toute pensée conceptuelle – pensée spéculaire qui cherche à (se) rendre raison, par un dédoublement propre à toute réflexion qui ramène le monde au soi-même, dans cette flexion du réflexif qui repose sur le dédoublement du réel entre Identité/Altérité, Dedans/Dehors – on serait alors tenté d'opposer le *redoublement* blanchotien pour qui « le désastre est la pensée »[459] : « de là cette injonction : ne change pas de pensée, répète la, si tu peux. »[460] *Redoublement* qui implique le désastre du « désastre qu'est la pensée » et donc à la fois un retard (une répétition), mais aussi une avance (redoublant d'efforts) de la pensée et donc son dépassement par une patience qui est loin d'être une passivité mais que Blanchot appellera ailleurs une « intensité ». Comment donc entendre cette pensée de la déception, de la désillusion, qui inviterait à *redoubler* de patience[461] ? Heidegger en annoncerait quelques traits avant-

---

[459] Blanchot. *L'Écriture du désastre, op. cit.*, p. 7.

[460] *Ibid.*, p. 13.

[461] Pour rappel, on peut entendre la patience infinie du redoublement à l'œuvre dans le « Moïse » de Blanchot : « La réponse qui fut donnée à Moïse, mais que nous ne connaissons que déjà transmise par Moïse, exprimée par la vertu du nécessaire bégaiement [« bégaiement non pas physique mais métaphysique » nous dit plus haut Blanchot], appellera commentaires et commentaires. Je cite (récite) tantôt : « Je suis celui qui est » (interprétation ontologique, primauté et glorification de L'Être sans étant : Eckhart, le cher maitre (ou le vieux maitre) rhénan, n'y consentira pas »). Tantôt : « Je suis celui que je suis. » Cette réponse peut passer non pour une réponse, mais un refus de réponse. Sublime ou décevante répétition, mais là intervient la pensée téméraire, et si ce qui nous est donné à entendre (ou à lire) était le redoublement à cause d'une voix

coureurs au travers de son concept de *Gelassenheit*, ou Sérénité, que Levinas, pour rappel, proposait de retraduire par déception ou des-interessement. Il s'agit donc pour Heidegger de rechercher :

> Une pensée plus sobre que le déferlement irrépressible de la rationalisation et l'emportement qu'est la cybernétique. C'est plutôt cet emportement qui pourrait bien être le comble de l'irrationnel. Peut-être est-il une pensée étrangère à la distinction du rationnel et de l'irrationnel, plus dégrisée encore que la technique scientifique, plus dégrisée et dès lors à l'écart, sans effet dans le monde, et pourtant ayant sa nécessité à elle.[462]

La sérénité serait ainsi une pensée du détachement, « dégrisée », c'est-à-dire qui ne succombe pas aux illusions du rationnel comme de l'irrationnel, mais saurait accueillir « l'écart » propre à la déception, un des-saisissement qui donc n'a pas de « prises » sur le monde mais qui s'avèrerait essentiel pour la pensée. Le principe de raison déçoit puisque, à l'ère atomique, il est devenu irrationnel par excès de rationalisation. Quand la raison « s'emporte », c'est que d'une certaine manière, elle ne sait plus se rendre à la raison et le mécanisme du principe s'emballe.[463] La déception ne serait donc ni rationnelle (puisqu'elle déjoue les prétentions de la raison armée et ses faux-semblants) ni irrationnelle (car elle désarme la raison sans prétendre l'usurper). La déception n'est pas non plus la rejection du monde de la technique. Que cette dernière domine, à l'ère atomique, sous les traits de la cybernétique il faudrait en quelque sorte l'accepter, ou tout du moins *en faire son deuil*, sans offrir d'*apology* (éloge ou rejet), sans se laisser *emporter* par la rivalité mimétique d'un choix à l'*emporte*-pièce (selon la fausse alternative : la technique est le seul choix rationnel qui puisse nous sauver/elle est l'irrationnel même qui nous mènera à notre perte). C'est ce que précise, au premier abord, Heidegger qui commence par un avertissement :

---

bégayante, riche par le bégaiement [...] Et voici une autre réponse (celle traduite par Meschonnic et par Chouraqui) : « *Serai*, (ici un grand blanc comme pour marquer non seulement l'attente ou l'incertitude, mais la référence à un futur non temporel exempt de tout présent) *qui serai.* » Maurice Blanchot, « Grâce (soit rendue) à Jacques Derrida », dans *Revue Philosophique de la France et de l'Etranger*, T. 180, No. 2, *Derrida* (Avril-Juin 1990), pp. 170-171.

462 Heidegger, « La fin de la philosophie et la tâche de la pensée », dans *Questions III et IV*, *op. cit.*, p. 304.

463 Voir notre chapitre II, 3.

> Il serait insensé de donner l'assaut, tête baissée, au monde technique ; et ce serait faire preuve de vue courte que de vouloir condamner ce monde comme étant l'œuvre du diable [...]. Mais nous pouvons nous y prendre autrement. [...] Nous pouvons dire « oui » à l'emploi inévitable des objets techniques et nous pouvons en même temps lui dire « non », en ce sens que nous les empêchions de nous accaparer et ainsi de fausser, brouiller et finalement vider notre être. [...] Un vieux mot s'offre à nous pour désigner cette attitude du oui et du non, dits ensemble au monde technique : c'est le mot *Gelassenheit,* « sérénité », « égalité d'âme ». Parlons donc de *l'âme égale en présence des choses.*[464]

La sérénité dont nous parle ici Heidegger consisterait tout d'abord à résister à la tentation de se détourner de la technique moderne (tentation à laquelle, ainsi que nous l'avons vu, il n'aurait pas toujours résisté). Il s'agit de faire preuve de discernement et d'une « égalité d'âme », une approche mesurée qui résiste au double écueil de la fascination et de la hantise en disant à la fois « oui » aux appareils techniques et « non » à l'appareillage par la technique et l'arraisonnement destructeur qu'elle entraîne. Cette simultanéité du oui et du non qui forme le concept de *Gelassenheit* risque néanmoins d'entraîner un *dédoublement* de la pensée qui, tiraillée entre des mouvements contraires, ne manquera pas de se diviser entre pensée calculante (évaluant l'utilité des objets techniques) et pensée méditante (se retirant du monde de la technique) selon une dissociation qui ne ferait qu'aggraver le problème. En effet, *au risque de décevoir,* cette démarche reposerait sur l'illusion que l'on puisse séparer les objets techniques du monde de la technique, l'appareil de son appareillage, voire la pensée de sa technique, mais aussi, selon cette schizophrénie participante de la raison elle-même, elle entraînerait un ajournement sans fin d'une pensée méditante, sans prise sur le monde technique, vivant de cette exclusion même. Ainsi la *Gelassenheit* ne serait peut-être pas encore tout à fait le dés-inter-essement selon le sens que Levinas voulait lui impartir ; non seulement car dire à la fois oui et non semble reconduire à un *calcul* (qui ne serait donc pas une méditation, si l'on en croit Heidegger lui-même) visant à se réserver « le meilleur des (deux) mondes » (nouveau *dédoublement*) ; mais aussi (chose plus grave) parce que cette « égalité d'âme » ne ferait peut-être que masquer le « principe d'équivalence »[465] , c'est-à-dire

---

464 Heidegger, « Sérénité », *op. cit.*, pp. 144-145.
465 Voir nos chapitres II, 1 et V, 2.

l'arraisonnement de la pensée qu'il cherchait pourtant à éviter. Ceci transparaît notamment dans le passage suivant :

> Aussi demandons-nous maintenant : si l'ancien enracinement vient à disparaître, n'est-il pas possible qu'en retour un nouveau terrain, un nouveau sol soit offert à l'homme, un sol où l'homme et ses œuvres puiseraient une sève nouvelle pour leur développement, au cœur même de l'âge atomique ?[466]

Loin de se libérer de son emprise, la *Gelassenheit*, semblerait donc tout au contraire répondre aux *intérêts* du principe de raison et à son besoin de fondements. Elle serait à la fois un *délaissement* (du monde de la technique) et un *recueillement* (de la pensée) en attente d'un nouveau fondement. Le terme de *recueillement* permettrait de saisir non seulement la dimension méditative de ce concept, mais aussi le repli sur soi qu'il masque sous couvert d'une ouverture de la pensée (qui ne serait qu'en attente d'elle-même). Il ne ferait que désigner le retour à son origine ; et cela malgré l'insistance et la répétition (aux accents de dénégation) du terme « nouveau », qui ne ferait qu'indiquer le retour au même : « l'enracinement », « le sol » et « la sève » d'une pensée qui porterait enfin ses fruits et qu'il nous suffirait de (re)ceuillir au moment venu. Vision adamique d'une pensée d'avant le désastre, qui trouve dans le retrait du recueillement encore un *intérêt* : rester saine et sauve, immunisée contre la technologie. Ainsi le recueillement décevrait en ce qu'il ne semble pas tout à fait correspondre au *désintéressement* que Levinas proposait en tant que traduction pour *Gelassenheit.* Pour Levinas c'est donc à une toute autre forme de sérénité que nous devrions nous confier :

> Peut-être est-il temps encore d'espérer la montée d'une spiritualité nouvelle. Mais qui peut en prévoir le visage en dehors de quelques traits ? Et qui peut parler de ces traits sans risquer de commencer un sermon ? Peut-être le monde qui menace d'éclater en non-monde n'est-il que la fin d'une pensée qui se voulait surtout conscience de soi, s'exaltant à connaître tout *autre* pour le réduire au même, à soi ; s'emparant de tout autre – et des autres comme d'un *tout* – sous le regard universel du savoir. C'est peut-être la fin des valeurs qui se fondent et se posent et reposent et qui, stables et sûres, se contemplent et se possèdent. Et peut-être la paix – comme mode principal du penser. Non pas la paix que l'on s'apprête à payer d'esclavage en s'obstinant à exister mais la paix qui est vie pour les autres et oubli de soi ; paix inquiète comme l'amour, c'est-à-dire une pensée accédant à l'unique dans chacun à l'unique d'autrui par-delà l'universalité où il est particulier. Accession qui n'est pas un retour à l'individu

---

[466] *Ibid.*, p. 144.

> d'un genre. Sans que cette éthique ne vienne que pour orner comme un luxe un réel assuré et acquis.[467]

La pensée (sereine) du désastre se présente tout d'abord sous les traits de l'*elpis*, simultanément crainte (« menace d'éclater en non-monde ») et espoir (« espérer la montée d'une spiritualité nouvelle »), polarité qui s'accompagne par la recherche du ton juste qui lui rendrait justice au risque de retomber dans le « sermon ». Le sermon serait à la fois un discours moralisateur composé de remontrances (historiquement les remontrances sont des protestations officielles à l'encontre de l'autorité, fut-elle d'un roi) adressées ici au *grand prétendant* que serait la raison en l'invitant à reformer ses principes ; mais aussi une prédication, ou exhortation aux fidèles, annonçant un temps prophétique meilleur ? *Dédoublement* auquel, à bien des égards, Levinas n'échappe pas complètement, si ce n'est par le *redoublement* de la déception qui ne peut être *recueillie* par aucune pensée. Il faudrait peut-être rappeler que sermon vient de *sero* (« serrer, nouer ») et du latin *series* « entrelacs », « suite ininterrompue », « arrangement de choses qui se tiennent », et au figuré « lignée de descendants, descendance ». Ce nom est dérivé de *serere* « tresser, entrelacer », « lier ensemble » et « engager », verbe que l'on rattache en latin à *sermo* (-sermon) et à *sors* (-sort) ; il se rattacherait par ailleurs à la racine indoeuropéenne **su̯er-* (« dire à voix haute, forte ») qui donne, entre autres, *to swear* en anglais. Le sermon impliquerait donc une gorge « serrée », une tension entre crainte et espoir qui affecterait la voix qui est « nouée ». Ton qui risque donc d'être « grandiloquent » (voire excessif, injurieux : *to swear*) et apocalyptique, s'il ne se dessaisissait par une hésitation et l'humilité du doute (« peut-être ») inhérent à une pensée qui accepte sa propre défaillance face au désastre selon la tonalité particulière de la déception même (ni espoir, ni désespoir). Pour Levinas cette pensée de la déception appelle à se des-saisir (dé-ception) de toute volonté de fondement (en rejetant le thétique qui « fonde », « pose », « repose », « stable », « sûr ») comme du piège narcissique d'une pensée représentative (qui « se contemple ») et nous enjoue à renoncer au saisissement d'une pensée vivant de l'illusion d'être en pleine possession de ses moyens et en prise sur le monde (qui « se possède »). Renoncement, donc de la raison

---

[467] Levinas, « Simulacres », *op. cit.*, p. 11.

égotique à toute prétention au pouvoir absolu qui assujetti le « tout » par sa « réduction au même ».

Néanmoins la paix qu'il envisage comme pensée de la sérénité n'est pas « apaisante »[468] mais « inquiète », elle ne cherche pas à résoudre les différends ni à offrir le réconfort d'une « consolation ». Contrairement à Heidegger, elle n'offre pas non plus d'assurance, ne se tient pas à l'écart du désastre dans la pause salutaire d'un « recueillement » car celui-ci ne serait qu'un repli sur un « réel assuré et acquis » et la *Gelassenheit* « le luxe » d'une pensée échappant au désastre, saine et sauve. Pour devenir un principe éthique, la déception s'appréhende au cœur du désastre en tant qu'in-quiétude selon le *redoublement* du désastre de « ce désastre qu'est la pensée » du repli sur soi. Pensée « concernée », préoccupée par l'autre qui, seul, est à même de nous dessaisir de nous-même, en nous appelant à « lâcher prise » en nous confrontant à « l'unique » (qui n'est pas l'univocité du même). « L'unique » déçoit le principe d'équivalence de la *Gestell* (et du principe de raison) car il est l'incommensurable, c'est-à-dire ce qui ne peut être ramené à la mesure du soi et donc ce qui seul fonde le rapport authentique. Du même au même il y a échange (substitution, voire nivellement du « common ground », donc encore pensée du fondement) mais pas de rapport véritable qui lui se rencontre hors fondement, dans l'incommensurable autre. Peut-être alors que ce que veut nous dire « celui qui nous dit : moi je vous le dis, je suis venu vous le dire, il n'y a pas, il n'y a jamais eu, il n'y aura pas d'apocalypse, "l'apocalypse déçoit", il y a l'apocalypse *sans* apocalypse » n'est rien de moins (ou de plus) qu'un message de sérénité, un appel de (par) la déception à se des-saisir de sa raison d'être. C'est ce que semble suggérer Derrida :

…puis la voix du ciel, que j'avais entendue, me parla de nouveau : « Va prendre le petit livre ouvert dans la main de l'Ange debout sur la mer et sur la terre. » […] « tiens, mange-le ; il te remplira les entrailles d'amertume, mais en ta bouche il aura la douceur du miel…

468 La « sérénité » de Levinas dis-suade (*ra*isonnant, par l'étymologie, avec « suave », ainsi que nous l'avons vu) toute consolation. Elle expose à la douce amertume de la dé-ception qui résonne dans L'Apocalypse : « …*Il te remplira les entrailles d'amertume, mais en ta bouche il aura la douceur du miel…* »

> Nulle part le mot *apocalypse*, conclut le traducteur se référant aussi bien au grec qu'à l'hébreu, n'a donc le sens qu'il a fini par prendre en français et dans d'autres langues : catastrophe redoutable. Ainsi l'Apocalypse est essentiellement contemplation (*hazôn*) [et de fait Chouraqui traduit ce que nous avons coutume d'appeler l'*Apocalypse de Jean* par *Contemplation le Yohanan* ou une inspiration (*neboua*) à la vue, au découvrement de YHWH.[469]

L'Apocalypse serait donc une « contemplation » qui peut-être n'aurait pris des accents d'apocalypse que pour une pensée qui s'y refuse, se détournant du délaissement dans un instinct d'auto-préservation qui le force à s'agripper à son monde et à se ressaisir. La contemplation de la fin ne serait « désolation » que pour une pensée qui cherche encore à se consoler.[470] Pour celui qui fait l'expérience (sans y succomber donc) de ce dessaisissement de l'être, tel Blanchot dans la fameuse « scène primitive », il ne s'agit ni d'un bonheur, ni d'un malheur (ni espoir, ni désespoir, disait plus haut Levinas) au mieux l'intensité surgie de l'effondrement de leur rencontre :

> *Ce qui se passe ensuite : Le ciel, le* même *ciel soudain ouvert, [...] révélant (comme par la vitre brisée) une telle absence que tout s'y est depuis toujours et a jamais perdu, au point que s'y affirme et s'y dissipe le savoir vertigineux que rien est ce qu'il y a, et d'abord rien au-delà. L'inattendu de cette scène (son trait interminable), c'est le sentiment de bonheur qui aussitôt submerge l'enfant, la joie ravageante dont il ne pourra témoigner que par les larmes, un ruissellement sans fin de larmes. On croit à un chagrin d'enfant, on cherche à le consoler, il ne dit rien. Il vivra désormais dans le secret. Il ne pleurera plus.*[471]

L'expérience de la *dé-ception*, ne saurait constituer un « savoir » pour la raison, dans la mesure où il se « dissipe » aussitôt « affirmé », ne « révélant » que le rien (apocalypse *sans* apocalypse) détruisant le monde tout en le laissant en l'état par un *redoublement* : « le ciel, le *même* ciel ». Le des-saisissement (« vertige ») n'est ni « chagrin » ni « joie » mais leur effacement mutuel (« il ne dit rien. »). Encore une fois la désolation n'en est une que pour le monde de la raison (représenté par le bon sens des adultes ici) qui « cherche à [se] consoler » c'est-à-dire à faire sienne la

---

469 Derrida, *D'un ton apocalyptique adopté naguère*, *op. cit.*, p. 14.

470 Une même renonciation à la « consolation » semble habiter le texte de Blanchot. Face à la mort du proche, il nous dit : « Nous ne devons pas, par des artifices, faire semblant de poursuivre un dialogue [...]. Sans doute, nous pourrons encore parcourir les mêmes chemins, nous pourrons laisser venir des images, en appeler à une absence que nous nous figurons, par une *consolation mensongère*, être la nôtre. » Blanchot, *L'Amitié*, *op. cit.*, pp. 329-330. Je souligne.

471 Blanchot, *L'Écriture du désastre*, *op. cit.*, p. 117.

désolation, à la saisir plutôt que de la laisser venir à soi en ce qu'elle a d'irréductible ou, comme le rappelait Levinas, d'unique, et d'incommensurable (« l'inattendu », « l'interminable »). La sérénité (« il ne pleurera plus ») et donc celle d'une pensée qui a « acquis » un savoir dont elle ne peut se (re)saisir (le non-retour du « désormais »), saisissante de dessaisissement et qui désormais informe la tonalité désarmante des textes blanchotiens.

2. « R*ai*sonnances »

Il y aurait donc plusieurs tonalités, plusieurs « r*ai*sonnances » de la *sérénité* qui distinguent nos auteurs dans leur tentative de penser (par avance) un après du désastre de la pensée. *Redoublement* du désastre où seule s'entend l'(in-)différence de chaque nouvelle inflexion donnée à ce terme qui libère un champ de « r*ai*sonnances ». La question du ton hante, bien entendu, la pensée de l'apocalypse (coups de tonnerre, grondements, voix, injonction du « viens ») comme celle de la philosophie, ainsi que le rappelle Derrida :

Les sept anges aux sept trompettes s'apprêtèrent à sonner…

> A quoi se marque un ton, un changement ou une rupture de ton ? Comment reconnaître une différence tonale à l'intérieur d'un même corpus ? A quels traits se fier pour l'analyser, à quelle signalisation qui ne soit ni stylistique, ni rhétorique, ni évidemment thématique ou sémantique ? L'extrême difficulté de cette question, voire de cette tâche, s'accuse encore quand il s'agit de philosophie. Le rêve ou l'idéal du discours philosophique, de l'allocution philosophique et de l'écrit qui est censé la représenter, n'est-ce pas de rendre la différence tonale inaudible, et avec elle tout un désir, un affect ou une scène qui travaillent le concept en contrebande ? La neutralité ou du moins la *sérénité* imperturbable qui doit accompagner le rapport au vrai et à l'universel, le discours philosophique doit les garantir aussi par ce qu'on appelle la neutralité du ton. Dès lors, écouter ou détecter le ton d'un philosophe ou plutôt, cette précision importe, du soi-disant ou du prétendu philosophe, sera-ce possible ?[472]

La « sérénité » (entendons ici philosophique) serait le trait d'une raison qui devrait donc rester « imperturbable », inaffectée par la révélation du vrai (donc de l'apocalypse) et cela sans trahir ses prétentions ou son intérêt en

[472] Derrida, *D'un ton apocalyptique*, *op. cit.*, p. 18. Je souligne ici le rapport à la « Sérénité. »

empruntant un « ton » qu'il faudrait au contraire neutraliser, ou délaisser, par un détachement qui rappelle la *Gelassenheit* heideggérienne. Cette neutralisation du ton risque cependant de laisser la philosophie sans voix, désincarnée (et donc en retrait du monde) à moins qu'elle ne soit le ton que la philosophie *affecte* et qui l'affecte (le ton du « soi-disant ou du prétendu philosophe » donc encore sa « prétention »). La neutralisation ne serait alors pas neutre puisqu'elle vise à évacuer la différence tonale pour mieux en disposer, à son gré. Toute variation tonale est donc perçue comme un désastre qui contamine le discours philosophique et le fait délirer :

> La *Verstimmung*, si l'on appelle ainsi désormais le déraillement, la saute du ton comme on dirait la saute d'humeur, c'est le désordre ou le délire de la destination (*Bestimmung*) mais aussi la possibilité de toute émission. L'unité de ton, s'il y en avait, serait certes l'assurance de la destination mais aussi la mort, une autre apocalypse.[473]

Derrida opère ici un retournement dans la mesure où, si le ton « détone » entraînant une déflagration de la raison philosophique qui ne s'y retrouve plus, la possibilité d'une vérité déroutée par le ton est aussi la condition de son entente. Si le vrai arrivait (promesse philosophique), sans défaillance, sans décevoir, inflexible, se serait la fin (promesse apocalyptique), il n'y aurait plus de quoi penser. Ici la neutralisation du ton par la philosophie serait tout aussi déraisonnable que la « hausse de ton » et reconduirait à une « structure de la vérité [qui] serait ici apocalyptique. Et c'est pourquoi il n'y aurait pas de vérité de l'apocalypse qui ne soit vérité de la vérité. »[474] Au contraire du discours philosophique, la « patience » blanchotienne ne chercherait pas à évacuer un ton qui menace de la déstabiliser, en « rendant toute différence tonale inaudible », par sa neutralisation. Il ne cherche pas non plus à « vocaliser » le désastre en « empruntant » un ton apocalyptique. Il ne s'agit pas de la « *sérénité* imperturbable » d'une rationalité philosophique prétendant se tenir à l'écart de la contamination du ton. Le neutre de Blanchot n'est donc (lui non plus) pas neutre serait-on à nouveau tenté de dire, mais cette fois dans la mesure où il ne neutralise pas le ton mais l'endure, le laisse en quelque sorte arriver. Le *redoublement* de patience

---

[473] *Ibid.*, p. 68.
[474] *Ibid.*, p. 69.

s'entend peut-être dans le ton apocalyptique même qui ne manquera pas d'annoncer : « la fin commence » dans la mesure où, dans cette formule, fin et commencement n'en finissent pas de se dépasser : commencement de la fin ; fin qui initie le commencement ; apocalypse du sens même dans la mesure où si la fin commence elle ne peut ni finir ni commencer. Tonalité (*tonos*, *tension*) qui ferait trembler le fil du sens et s'entendrait dans la défaillance de la voix du désastre qui, comme les trompettes de l'Apocalypse, devancerait la formulation du désastre même. L'apocalypse du sens tiendrait peut-être alors à son retard sur le ton qui pourtant ne peut s'entendre sans être porté par avance par lui. Le ton apocalyptique en quelque sorte *redouble* donc le sens, le dépasse en annonçant sa fin et le porte en s'annonçant comme vérité. C'est ce même *redoublement* du ton que semble entendre Derrida par-delà le *dédoublement* des voix dans l'Œdipe de Nietzsche :

> Nietzsche, sous le titre Œdipe, fait parler avec lui-même, dans un soliloque absolu, le dernier homme. Il parle *avec* sa voix, il s'entretient et il entretient ce qui lui reste de vie avec le fantôme de sa voix, et il s'appelle, il s'appelle Œdipe : « le dernier philosophe, c'est ainsi que je me nomme, car je suis le dernier homme. Personne ne me parle que moi, seule ma voix me parvient comme celle d'un mourant. Avec toi, voix aimée, avec toi, dernier souffle du souvenir de tout bonheur humain, laisse-moi encore ce commerce d'une seule heure ; grâce à toi je donne le change à ma solitude et je pénètre dans le mensonge d'une multiplicité et d'un amour, car mon cœur répugne à croire que l'amour est mort, il ne supporte pas le frisson de la plus solitaire des solitudes et il m'oblige à parler comme si j'étais deux [...] ». « Comme si j'étais deux » ; car au moment où il s'envoie ainsi ce message en faisant *comme* s'il pouvait encore se le bien adresser, cette impossible destination signe la mort du dernier homme, en lui et hors de lui.[475]

On retrouve ici la scène apocalyptique d'une fin du monde où apparaît la figure emblématique du dernier homme. Seul à lui-même, il s'entretient et, *redoublant* de patience face à la mort, se dédouble « comme si [il] étai[t] deux ». Le dédoublement est ainsi une illusion, un « mensonge » nous dit-il, par lequel le dernier homme tente de se *consoler* du désastre déjà survenu par le *réconfort* de sa propre voix qui, l'espace d'un instant, semble encore « vivre » par le *recueillement* du témoignage de sa

...Mais je donnerai à mes deux témoins de prophétiser...

[475] *Ibid.*, pp. 61-62.

propre mort. Cependant la mort est l'impossible même, ce qui ne pourrait être l'objet d'une expérience qui puisse être *recueillie* par soi, sans *la fiction d'un alter-ego.* Le dernier homme, face à la mort, « s'envoie un message » sachant pourtant (tout en ne sachant pas car il ne s'agit pas de savoir) que nul n'est présent pour le recevoir puisque « mourant » il ne sera déjà plus là à son arrivée. La voix « en lui » ne peut donc rejoindre la voix « hors de lui » qu'au prix d'une illusion qui signe leur arrêt de mort. *Au risque de décevoir*, comme le rappelait Derrida, il y aurait « apocalypse *sans* apocalypse » dans la mesure où non seulement il n'y aurait pas de survivant pour en témoigner, mais aussi au sens où (on le rappelle), par un *redoublement* constitutif, « le *sans* marque une catastrophe interne et externe de l'apocalypse », c'est-à-dire une catastrophe *de* l'apocalypse même. Déception de l'apocalypse qui révèle la fin de toute révélation « en faisant *comme si* [elle] pouvait encore se la bien adresser » en (de)scellant sa fin « en [elle] et hors d'[elle] ». Le redoublement de la déception apparaît ici dans la tension (le ton est « tension » qui seule permettrait de distinguer les deux même voix) entre l'appel à la vérité (la mort est inévitable), et l'appel à la fiction (le refus de mourir en se rendant à l'illusion *nécessaire* qui seule nous sauve de la vérité de la mort). Or cette fiction de l'alter-ego en tant qu'« expérience » limite de l'anéantissement du « moi » n'est pas sans évoquer cette autre fiction de l'annihilation du monde telle qu'elle apparaît dans le *célèbre paragraphe 49* de *Ideen I* de Husserl[476], ainsi que le rappelle Derrida :

> Sur le bord eschatologique de cette limite extrême, il rencontre ce qui fut aussi l'épreuve la plus inquiétante pour la phénoménologie husserlienne, à savoir pour ce que Husserl appelle son « principe des principes ». Dans cette solitude absolue de l'*ego* pur, quand le monde s'est retiré, quand *Die Welt ist fort*, l'*alter ego* qui se constitue dans *l'ego* n'est plus accessible dans une intuition originaire et purement phénoménologique. Husserl doit le concéder dans ses *Méditations cartésiennes.* L'*alter ego* est constitué, seulement *par analogie*, par *apprésentation*, indirectement, au-dedans de moi, qui alors le porte là où il n'y a plus de monde transcendant, je dois alors le porter, *te* porter, là où le monde se dérobe, c'est là ma responsabilité. Mais je ne peux plus porter l'autre, ni toi, si *porter* veut dire inclure en soi-même, dans l'intuition de sa propre conscience égologique. Il s'agit de porter sans s'approprier. Porter ne veut plus dire « comporter », inclure, comprendre en soi, mais *se porter vers* l'inappropriabilité infinie de l'autre,

---

476 Nous abordions ce passage, par le prisme de Levinas et de Derrida dans notre section intitulée « phénoménologie(s) de la déception » au chapitre III, 1.

> à la rencontre de sa transcendance absolue au-dedans même de moi, c'est-à-dire en moi hors de moi. Et moi je ne suis, je ne puis être, je ne *dois* être que depuis cette étrange portée disloquée de l'infiniment autre en moi. Je dois porter l'autre, et *te* porter, l'autre doit me porter (car *dich* peut *me* désigner ou désigner le poète-signataire à qui ce discours s'adresse aussi en retour), là même où le monde n'est plus entre nous ou sous nos pieds pour nous assurer une médiation ou consolider une fondation. Je suis seul avec l'autre, seul à lui et pour lui, seul pour toi et à toi : sans monde. Immédiateté de l'abîme qui m'engage envers l'autre partout où le « je dois » - « je dois te porter » - l'emporte à jamais sur le « je suis », sur le *sum* et sur le *cogito*. Avant d'*être*, je *porte*, avant d'*être moi, je porte l'autre*.[477]

Derrida croise ici sa lecture de cet étonnant passage de Husserl avec sa « contemplation » du poème de Celan, « Le monde s'en est allé, il me faut te porter. »[478] La catastrophe externe d'une fin du monde qui *emporte* tout, répond ici d'une catastrophe interne qui altère l'ego transcendantal en l'exposant à la « limite extrême » par laquelle il touche à sa fin. La mort extérieure « r*ai*sonne » en lui, fait vibrer, de l'intérieur, sa propre mort, selon une « sonorité » (puisqu'elle n'est pas encore entendue comme sens) qui « dé-tonne ». Détonner serait ce qui dans la voix laisse entendre plusieurs tonalités qui ne seraient néanmoins que le singulier désajustement de son écho qui libère un champ de « r*ai*sonnance ». Si Derrida évoque ici « l'épreuve la plus inquiétante de la phénoménologie husserlienne », c'est donc selon l'inquiétante étrangeté (*unheimlich*) de ce qui nous est d'abord familier, la mort « en nous-hors de nous » qui soudain se fait entendre (ayant cependant toujours déjà été entendue). Ce qui alors *importe* ici, est qu'au moment où l'annihilation du monde menace de toute *emporter*, c'est-à-dire d'avoir sa plus grande *portée*, elle *porte* le moi à la conscience de sa « solitude absolue », transcendantale, qu'il ne peut pourtant « *porter* » sans *l'apport* d'un « alter-ego » qui donc le *porte*, l'aide à survivre. La destruction met en quelque sorte le moi « hors de lui » et dans cette expérience limite, l'expose à une altérite sans retour. On entrevoit ici

---

477 Jacques Derrida, *Béliers* (Paris, Galilée, 2003), p. 23.

478 Derrida est sensible, dans le sillage de Celan, à l'impossible nécessité (*l'importance*) de la *portée* quand la destruction *emporte* tout : « Alors le survivant reste seul. Au-delà du monde de l'autre, il est aussi de quelque façon au-delà ou en deçà du monde même. Dans le monde hors du monde et privé du monde. Il se sent du moins seul responsable, assigné à porter et l'autre et *son* monde, l'autre et *le* monde disparus, responsable sans monde (*weltlos*), sans le sol d'aucun monde, désormais, dans un monde sans monde, comme sans terre par-delà la fin du monde. » *Ibid.*, p. 23.

toute la *portée* de cette « fiction » d'apocalypse pour la raison (philosophique) qui est exposée à un des-saisissement radical qui n'est pas *à la portée* de la raison car elle n'obéit plus à sa logique « préhensile », à la saisie d'un savoir, c'est-à-dire à la com-préhension car on ne peut la « comprendre en soi ». Derrida insiste, « il s'agit de porter sans s'approprier », c'est-à-dire de s'ouvrir à (« se porter vers ») une altérite radicale qui nous « redouble » puisqu'elle nous « dépasse. » Elle est en avance sur le moi (étant notre prochain, notre devancier) mais aussi expose à un retard infini (notre précurseur : « avant d'être moi je porte l'autre »). « Étrange portée disloquée de l'infiniment autre en moi » nous dit Derrida qui s'entend dans le redoublement de la voix (ou des voix dans l'exemple de *L'Œdipe* de Nietzsche) qui r*ai*sonne entre « toi » et « moi ».

La « fiction » de *l'alter-ego* serait alors la *retenue* de la déception c'est-à-dire un geste paradoxal de soustraction (ici le refus d'accepter la déception d'une fin dénuée de sens en éludant son échéance par un *dédoublement* salvateur dans la *fiction* de la voix) et de rappel incessant (la rétention, ou *redoublement* de la déception en tant que *modus operandi* : la vérité de la « fiction » étant de nous décevoir). C'est peut-être alors cette conception de la « fiction » comme intensification (*redoublement*) de la déception qui informe la pensée de Blanchot lorsque, par exemple, il nous avertit dans *Le Très-Haut* :

> Je suis un piège pour vous. J'aurai beau tout vous dire ; plus je serai loyal, plus je vous tromperai : c'est ma franchise qui vous attrapera ». « Je vous supplie de le comprendre, tout ce qui vous vient de moi n'est pour vous que mensonge, parce que je suis la vérité.[479]

La « sérénité » blanchotienne se joue peut-être du mouvement paradoxal de cette *Captatio Benevolentiae* qui, en tant qu'exorde, (arrêté et commencement, injonction d'une fin qui commence) interrompt et conjure le lecteur, le captive (le rend captif) par un appel à la « bienveillance ». La « sérénité » serait ainsi pour Blanchot une forme de « bien-veillance » qui r*ai*sonne dans toute son œuvre par l'insistance du réseau sémantique de la « veille » et de la vigilance (comme substitut à la raison défaillante). Il s'agit cependant d'une « *captatio* » étonnante,

[479] Maurice Blanchot, exergue à *Le Très-Haut* (Paris, Gallimard, 1975), p. 7.

« saisissante de dessaisissement », qu'il faudrait peut-être nommer « *Deceptio Benevolentiae* » (à nouveau « l'amertume » et la « douceur du miel » évoquées dans l'*Apocalypse*) dans la mesure où elle nous expose à un sens « dévoyé » par plusieurs « portées » de la voix et semble nous enjoindre à fuir, nous persuadant tout en nous dissuadant.[480] Dans un premier abord, elle pourrait en effet inviter à une « (bonne-) vigilance » (dans le sillage de la pensée de Levinas) et à déjouer le piège du *Cogito* et de toute vérité égologique : « tout ce qui vient de moi (la raison) est mensonge » car « je » prétend « être » la vérité. En prétendant au « tout » (selon le mouvement de la question essentielle, question du « tout » relevée par la dialectique de la raison spéculative telle que nous l'exposions dans notre deuxième chapitre), « tout » hyperbolique (répétition ici de « plus »), la raison s'effondre dans l'illusion de détenir sa propre fin. Comme si « toute » la philosophie s'était développée selon la « franchise » d'un « Je pense donc je suis (la vérité) » illusoire, croyant « s'affranchir » de toute altérité (ou

[480] Cette « *deceptio benevolentiae* », en tant que *dissuasion*, trouve peut-être un précèdent dans l'exorde des *Chants de Maldoror* de Lautréamont (malgré une différence de tonalité qu'il faudrait peut-être ici nommer *deceptio malvolentiae*) : « Plût au ciel que le lecteur, enhardi et devenu momentanément féroce comme ce qu'il lit, trouve, sans se désorienter, son chemin abrupt et sauvage, à travers les marécages désolés de ces pages sombres et pleines de poison ; car à moins qu'il n'apporte dans sa lecture une logique rigoureuse et une tension d'esprit égale au moins à sa défiance, les émanations mortelles de ce livre imbiberont son âme comme l'eau le sucre. Il n'est pas bon que tout le monde lise les pages qui vont suivre ; quelques-uns savoureront ce fruit amer sans danger [notons ici « l'amertume » et « la douceur du miel » mentionnés dans l'Apocalypse]. Par conséquent, âme timide, avant de pénétrer plus loin dans de pareilles landes inexplorées, dirige tes talons en arrière et non en avant. Ecoute bien ce que je te dis : dirige tes talons en arrière et non en avant, comme les yeux d'un fils qui se détourne respectueusement de la contemplation auguste de la face maternelle [...] ». On rappellera que Blanchot a consacré un texte important aux *Chants de Maldoror* où il s'interroge notamment sur la validité de l'attribution des sources d'inspirations de Lautreamont. Parmi celles-ci figure *L'Apocalypse* qui, tout en constituant un champ d'interprétation pour *Les Chants de Maldoror*, n'en déçoit pas moins pour Blanchot qui invite à se méfier de filiations par trop évidentes. Nous ne pouvons ici développer cette aspect important, et devrons nous contenter de citer le passage suivant qui exprime la dé-ception inhérente au principe de raison critique : « le délire "d'interprétation" auquel tout interprète à certains moments succombe, commence avec le besoin de rendre raison, par un principe unique ou par un système coordonné de causes, de tous les détails [...] comme si la solennelle unité de l'œuvre n'altérait pas cette multiplicité à partir de laquelle on prétend la vérifier ou comme si l'exactitude de l'explication n'était pas, dans une certaine mesure, garantie par son échec et la réserve qui ménage secrètement en elle le moment de son désaveu. » Maurice Blanchot, *Lautréamont et Sade* (Paris, Les Editions de Minuit, 1949), p. 30.

altération), de tout autre, en se (le) rendant à la raison (donc à soi). Toutefois, ce geste de dissuasion apocalyptique est lui-même suspendu dès l'abord (sur son bord interne et externe) [481] par son redoublement constitutif qui entraîne l'effondrement d'une mise en abîme infinie. En effet le discours sur cette « franchise trompeuse » est lui-même « franc » et donc à son tour trompeur puisque, selon l'énoncé blanchotien, « c'est ma franchise qui vous trompera » – nous enjoignant donc à ne pas y accorder de crédit. Si la « vérité » est « mensonge » c'est-à-dire apocalyptique (dans son rapport au (dé)voilement), dire la « vérité » sur ce « mensonge » ne serait qu'une apocalypse *de* l'apocalypse, c'est-à-dire aussi *sans* apocalypse, car sans fin (infinie) et sans révélation.

La fiction (l'écriture) serait alors ce geste de « redoublement » et d'intensification de la dé-ception, puisqu'elle seule déçoit « franchement », avec « franchise ». Elle *ne manque pas de décevoir* en suspendant avec sa propre existence celle du réel : fiction *sans* facticité, réalité *sans* réalisme, soit l'indifférence de leur coïncidence. En effet, qui dit « je » dans l'exergue de Blanchot, la raison ? l'imagination ? L'écriture ? La voix ici a plusieurs portées, elle redouble (retard et avance à nouveau) le sens qu'elle emporte. La voix porte le sens qui pourtant la porte. Avec elle, la raison semble donc toucher à sa fin, ne sachant plus où donner de la « voix » ou à qui la prêter ; elle reste en quelque sorte sans voix, sans monde, hors-je. Ce dessaisissement de la voix neutre, anonyme, impersonnelle, ouverte aux quatre vents, serait, ainsi que nous l'avons montré, *une voix venue d'ailleurs*, souffle de l'esprit qui, lorsqu'il r*ai*sonne en nous, donne l'illusion de nous appartenir sans quoi nous ne pourrions (la) comprendre. Voix sans origine et sans destination et qui donc dé-çoit car elle descelle la pensée qui, afin de ne pas succomber à cette dispersion (ce désappointement) n'aura de cesse de la sceller par le langage. Tout « mot » serait peut-être alors « le sceau » de la pensée qui, consciente du désastre qu'elle porte, n'opère en

---

[481] Autre redoublement de l'intérieur et de l'extérieur, la citation en exergue de *Le Très-Haut* (c'est-à-dire à l'extérieur du livre) est aussi une citation interne que l'on retrouve à deux reprises dans ce *roman*, p. 84 et p. 171. Or ce croisement de l'intérieur et de l'extérieur est constitutif de *L'Apocalypse* selon Derrida qui, on le rappelle nous dit : « et si ce dehors de l'apocalypse était *dans* l'apocalypse ? S'il était l'apocalypse même [...] ? Qu'est ce qui est "hors" d'un texte, de *ce* texte, et dans et hors ces volumes dont on ne sait pas s'ils sont ouverts ou fermés ? » (Déjà cité dans notre premier chapitre).

quelque sorte que *sous scellés*, sous couvert de langage.[482] Le sceau est ce qui « cachette » la vérité pour l'authentifier (dans la mesure où « cacheter » n'est pas vraiment « cacher », mais son simulacre). Derrida nous dit alors : « d'une certaine manière j'essaie de les [les voix] laisser prendre la parole – et la garder – à travers moi, sans moi, au-delà du contrôle que je pourrais avoir sur elles. Je les laisse, j'essaie de les laisser parler. »[483] Derrida, et peut-être tout écrivain, dans la mesure où il s'ouvre à la voix neutre (apocalypse de l'apocalypse) de l'écriture et la « laisse prendre la parole – et la garder – » serait en quelque sorte le « garde des sceaux » du langage, attentif à sa « loi » qui est de nous décevoir :

> Déjà quand un mot à plusieurs sens – et cette pluralité est irréductible – on peut entendre en lui, ou il laisse entendre en lui, même si on n'en prend pas l'initiative, plusieurs sens et donc plusieurs voix. Il y a plusieurs voix déjà dans le mot. On peut laisser la liberté, plus ou moins de liberté à cette pluralité de voix dans le mot même. Il y a une autre expérience qui consiste à organiser un texte de telle sorte que plusieurs voix s'en emparent. Là non plus, ce n'est pas nécessairement une question de maîtrise. Il m'est arrivé d'écrire délibérément plusieurs textes à plusieurs voix [...] et je l'ai fait à chaque fois au moment où il m'était littéralement impossible de tenir un discours monologique. [...] Il y a enfin – et c'est la perte irréductible de la maîtrise dans l'écriture – cette situation où, sans même le savoir, on répète ou on laisse parler l'autre.[484]

Le langage ainsi envisagé, s'offrant à la dérive des voix, ouvrirait à l'entente d'une *Gelassenheit* paradoxale, cette « paix inquiète » dont parlait Levinas qui, nécessite le renoncement à la « volonté » comme à toute « question de maîtrise », « au-delà de tout contrôle » donc ; « un laisser-être » (terme omniprésent dans l'extrait ci-dessus) « contraignant » (« il m'était littéralement impossible ») auquel on ne peut pas ne pas se plier (si l'on veut bien entendre ici le *redoublement* de la négation propre à la déception). Derrida nous dit alors : « la musique des voix, s'il y en a, je ne la signe pas [...] la musique, d'abord, je l'écoute. C'est l'expérience même de l'appropriation impossible. La plus joyeuse et la plus tragique. »[485]

---

482 « Sous couvert de langage », cette formule ne laisse sans-doute pas assez entendre que le langage tout en donnant à la pensée l'illusion de se couvrir, ne fait que l'exposer au dénuement du dehors. D'où sa dé-ception inhérente.

483 Jacques Derrida, « Passages – du traumatisme à la promesse » in *Points de suspension*, *op. cit.*, pp. 408-409.

484 *Ibid.*, pp. 406-407.

485 *Ibid.*, p. 409.

Le rapport authentique à la voix, ce qui « scelle » l'authenticité du rapport, serait paradoxalement de s'ouvrir à (c'est-à-dire « sans sceller », sans « signer » dit Derrida) ce qui en elle « répète ou laisse parler l'autre » (nouveau redoublement) « sans le savoir », c'est-à-dire ce qui ne s'adresse pas à la raison (ni au savoir) mais à l'entente, à l'écoute de la « musique » de l'autre. C'est cette « musique » des voix que la « raison » ne saurait en quelque sorte plus entendre : « je me demande si la philosophie qui est aussi la naissance de la prose n'a pas signifié la répression de la musique ou du chant. La philosophie ne peut pas, en tant que telle, laisser le chant résonner en quelque sorte. »[486]

La philosophie aurait perdu sa « r*ai*sonnance » et n'écoute plus ce chant, née du redoublement de la voix (qui déçoit) qui serait « l'expérience même de l'appropriation impossible » dont Blanchot précise la teneur :

> La pensée de l'impossible, si elle était accueillie, serait, dans la pensée même, une sorte de réserve, une pensée ne se laissant pas penser sur le mode de la compréhension appropriatrice. Voilà une dangereuse direction et une étrange pensée. Il faut toutefois ajouter que l'impossible n'est pas là pour faire capituler la pensée, mais pour la laisser s'annoncer selon une autre mesure que celle du pouvoir. Quelle serait cette autre mesure ? peut-être précisément la mesure de l'*autre*, de l'autre en tant qu'autre, et non plus ordonné selon la clarté de ce qui l'approprie au même. Nous croyons avoir la pensée de l'étrange et de l'étranger, mais en réalité nous n'avons jamais que celle du familier, et non pas celle du lointain, mais celle du proche qui la mesure ; et ainsi encore, quand nous parlons de l'impossibilité, c'est la seule possibilité qui, lui fournissant référence, sarcastiquement déjà la soumet.[487]

La dé-ception, « expérience de l'appropriation l'impossible » pour Derrida, « ne se laissant pas penser sur le mode de la compréhension appropriatrice » pour Blanchot, est une « pensée de l'étrange et de l'étranger » tout comme « l'inquiétante étrangeté » de l'alter-ego pour la pensée Husserlienne face à cette « impossible » que serait l'expérience de la mort. Néanmoins, la dé-ception n'est pas la mort de la raison, « elle n'est pas là pour faire capituler la pensée, » mais seulement pour l'ouvrir à une autre musique que le son de sa propre voix, soit l'autre voix en lui. Il semblerait alors que le terme « impossible » lui-même ne soit pas à la mesure du dessaisissement de la pensée que recherche ici Blanchot car il parle encore le langage de la raison. L'impossible n'apparaît comme tel que pour la pensée du « possible » qui, en la nommant, veut la ramener à sa mesure, fondant son « pouvoir » sur l'exclusion de son autre. Seule la déception (désillusion, désappointement, dessaisissement), serait à même de « r*ai*sonner », tout en renonçant aux « prétentions » de la raison, selon un autre mode qui fait place à la voix de l'autre. On pourrait sans doute objecter que la voix de l'autre, tout comme la « fiction » de l'alter-ego, risque d'entraîner la raison dans une schizophrénie sans retour, folie d'une pensée qui en cherchant à saisir l'autre en soi, en vient à faire du soi un

---

[486] Derrida se fait ici l'écho de Nietzsche : « "De la cire dans les oreilles", c'était là, jadis, presque la condition préalable au fait de philosopher : un authentique philosophe n'avait plus d'oreille pour la vie, pour autant que la vie est musique, il niait la musique de la vie, – et c'est une très vieille superstition de philosophe que de tenir toute musique pour musique de sirènes. » Nietzsche, Le Gai savoir, § 372, tr. Pierre Klossowski, dans Œuvres philosophiques complètes V, (Paris, Gallimard, 1982), p. 281. Je dois ce rapprochement à l'article de Marie-Louise Mallet, « "La musique... l'expérience même de l'appropriation impossible" : quelques variations sur un thème de Jacques Derrida », dans *Herencias de Derrida/Héritages de Derrida* (*Escritura e imagen*, Vol. extra. 2011), p. 44. C'est peut-être dans ce contexte qu'il faudrait interroger : « le chant des Sirènes » de Blanchot in *Le Livre à venir*, *op. cit.*, pp. 9-18. « Est-ce que les Sirènes, comme la coutume a cherché à nous en persuader, étaient seulement les voix fausses qu'il ne fallait pas entendre, la tromperie de la séduction à laquelle seuls résistaient les êtres de déloyauté et de ruse ? Il y a toujours eu chez les hommes un effort pour discréditer les Sirènes en les accusant platement de mensonge : menteuses quand elles chantaient, trompeuses quand elles soupiraient, fictives quand on les touchait ; en tout inexistantes, d'une inexistence puérile que le bon sens d'Ulysse suffit à exterminer » (*Ibid.*, pp. 10-11). On retrouve ici l'un des versants de la déception (mensonge, tromperie) qu'Ulysse (et plus tard le philosophe) peut dompter « s'il maintient une limite et cet intervalle entre le réel et l'imaginaire que précisément le Chant des Sirènes l'invite à parcourir. Le résultat est une sorte de victoire pour lui, de sombre désastre pour Achab » (*Ibid.*, p. 16). La dé-ception invite donc à un dessaisissement qui évite ce double écueil : entre le « monde plus pauvre, mais plus ferme et plus sur » (*Id.*) de la technique (ici celle d'Ulysse) et la menace d'engloutissement (d'Achab qui s'est perdu dans le simulacre) se fraye peut-être le passage d'une toute autre *Gelassenheit.* On rappellera aussi l'étymologie ambiguë de Sirènes ; cf. Chantraine : « On a pu penser à rapprocher de *seira* si la Sirène était celle qui "lie, serre", ou *Seirios* qui évoquerait la grande chaleur de midi [faisant des] sirènes les démons de midi et du clame plat sur mer. » *Seiros* et le « nom de Sirius, L'Etoile du Chien, qui marque l'époque de la plus grande chaleur ; comme épithète d'*aster* qualifiant le soleil, des étoiles, c'est l'astre qui brûle, dessèche ; épithète de *naes* "qui détruisent" ». « Sérénité » (*Gelassenheit*) et Sirènes, partageraient ainsi une même étymologie qui les reconduiraient aux astres qui « détruisent », et ainsi au dés-astre ; rapprochement qui nous invite à entendre une certaine sérénité du désastre chez Blanchot.

[487] Blanchot, *L'Entretien infini*, *op. cit.*, p. 62.

autre, incapable d'échapper au piège de cette chambre plein d'échos qu'est le même.

Sans doute toute pensée court le risque de faire appel à « un compagnon »[488] pour faire face au désastre et, afin de conjurer ce dédoublement infini, il faudrait redoubler la voix afin de ne plus l'entendre comme un « compagnon de route » mais plutôt comme « *Celui qui ne m'accompagnait pas.* »[489] La « schizophrénie » philosophique serait de croire que l'un et l'autre sont « réels ». « Chant de sirènes » que la philosophie a cherché à conjurer soit par le rejet de l'autre, voir, plus rarement, par le rejet de l'un. Pour Blanchot, le redoublement signifiera, *au risque de décevoir*, que ni l'un ni l'autre ne sont ni réels ni faux. « *Celui qui ne m'accompagnait pas* » échappe au piège du dédoublement par le redoublement de la pensée. Pas deux voix mais pas moins de deux, peut-être un « pas-de-deux » ; soit l'indifférence d'un écart imperceptible entre les deux pas d'une même (dé)marche. Si l'on pouvait se permettre de « détourner » les paroles de Levinas on pourrait dire que le rapport à la voix de la pensée repose sur une « non-simultanéité incompressible » de la voix à soi : « à côté du déboitement de leur corrélation ; déboitement minime, mais assez large pour que s'y engouffre le discours sans s'étrangler par la contradiction entre ce que signifie son *dit* et ce que signifie le fait même d'énoncer un *dit*. Comme si la simultanéité manquait aux deux significations pour que la contradiction brise le nœud où elles se nouent. »[490] R*ai*sonnance de la pensée qui n'est ni la même, ni autre mais s'ouvre à leur « désastre qui ruine tout en laissant tout en l'état », apocalypse *sans* apocalypse c'est à dire dé-ception :

...Je me retournais pour regarder la voix qui me parlait et m'étant retourné je vis...

---

488 On rappellera ce passage de Blanchot dans *Une voix venue d'ailleurs, op. cit.*, p. 71 : « Platon : *Car de la mort nul n'a de savoir,* et Paul Celan : *Nul ne témoigne pour le témoin.* Et pourtant, toujours, nous nous choisissons un compagnon : non pour nous, mais pour quelque chose en nous, hors de nous, qui a besoin que nous manquions à nous-mêmes pour passer la ligne que nous n'atteindrons pas. Compagnon par avance perdu, la perte même qui est désormais à notre place. Où chercher le témoin pour lequel il n'est pas de témoin ? »

489 Nous renvoyons ici bien-évidement à l'ouvrage de Blanchot qui porte ce titre : Maurice Blanchot, *Celui qui ne m'accompagnait pas* (Paris, Gallimard, L'imaginaire, 1993).

490 Passage détourné ici de l'intention de son auteur, déjà cité au chapitre VI, 3.

> Il reste que, selon la désignation de Levinas, L'Autre remplaçant le Même, comme le Même se substitue à l'Autre, c'est en moi dorénavant – un moi sans moi – que les traits de la transcendance (d'une transcendance) se marquent, ce qui conduit à cette haute contradiction, à ce paradoxe d'un haut sens : c'est que là où la passivité me désœuvre et me détruit, en même temps je suis contraint à une responsabilité qui non seulement m'excède, mais que je ne puis exercer, puisque je ne puis rien et que je n'existe plus comme moi. C'est cette passivité responsable qui serait *Dire*, parce que, avant tout dit, et hors de l'être (dans l'être il y a passivité et il y a activité, en simple opposition et corrélation, inertie et dynamisme, involontaire et volontaire), le Dire donne et donne réponse, répondant à l'impossible et de l'impossible.[491]

La dé-ception expose à une « haute contradiction, à « un paradoxe d'un haut sens » puisqu'elle entraîne un dessaisissement radical (« moi sans moi ») qui détruit jusqu'aux catégories du Même et de l'Autre (« l'Autre remplaçant le Même, comme le Même se substitue à l'Autre ») ; destruction sans laquelle, l'Autre risque bien de n'être qu'un « 'Je' adverse, Toute-Puissance Egoïste, la Volonté meurtrière. »[492] Elle enjoint donc à maintenir deux gestes contradictoires, deux destructions : non seulement du moi qui interrompt l'autre mais de l'autre qui interrompt le moi. Soit l'apocalypse *sans* apocalypse de l'un comme de l'autre qui donc « ne s'accompagnent plus » mais se retirent dans le trait d'union du « sans » (même si, peut-être, ils continuent à « s'appeler » dans la r*ai*sonnance de l'espace - vaste et donc pleins d'écho - qu'ils libèrent). La dé-ception invite donc à redoubler de patience et à entendre, dans la r*ai*sonnance des voix, la « passivité responsable » d'un *Dire* « avant tout dit. » Passivité qui n'est pas le simple *double* de l'« activité » (ce qui, comme le remarque ici Blanchot, appartiendrait encore au champ du possible et aux dichotomies illusoires par lesquelles la pensée cherche à rendre raison de « l'être » et donc à « saisir » sa raison d'être ») mais un *redoublement* de la passivité, passivité *sans* passivité qui opère (sans opérer) au sein de « l'impossible. » Dé-ception de la pensée qui, par l'écriture, s'expose au risque de « ce qui ne *veut* rien dire », pour entendre ce qui, au cœur du négatif, n'est plus de notre « *volonté.* »[493]

---

491 Blanchot, *L'Écriture du désastre*, *op. cit.*, p. 37.

492 *Ibid.*, p. 38.

493 Pensée de la déception qui n'est pas sans rappeler le dé-laissement propre à la *Gelassenheit* telle que nous l'évoquions précédemment et que Derrida identifie au cœur de la tradition de la théologie négative : « le "n'importe" du "n'importe qui" ou "n'importe

Peut-être alors que la déception touche à sa fin – « fin qui commence » – dans la mesure où elle indiquerait encore – ultime des-saisissement, au-delà de tout atermoiement – ceci : – il n'est de vérité que ce qui nous échappe… pensée d'apocalypse *sans* apocalypse qui nous laisse « jamais déçu, non par faute de déception, mais la déception étant toujours insuffisante. »[494] Voix à laquelle répondrait (sans répondre), comme en écho, *une voix venue d'ailleurs* : – ne désespère pas : la déception laisse encore beaucoup à désirer…

---

quoi" ouvrirait la voie à une sorte de sereine impassibilité, à une insensibilité sur-aigue, si je puis dire, capable de vibrer à tout, précisément à cause de ce fond d'indifférence qui expose à n'importe quelle différence. C'est ainsi que j'entends parfois la tradition de la *Gelazenheit*, cette sérénité qui laisse être sans indifférence, délaisse sans abandonner, à moins qu'elle n'abandonne sans oublier ou n'oublie sans oublier – et dont on peut suivre l'insistance de Maitre Eckhart à Heidegger. » Derrida, *Sauf le nom, op. cit.*, pp. 90-91.

494 Blanchot, *L'Écriture du désastre, op. cit.*, p. 11.

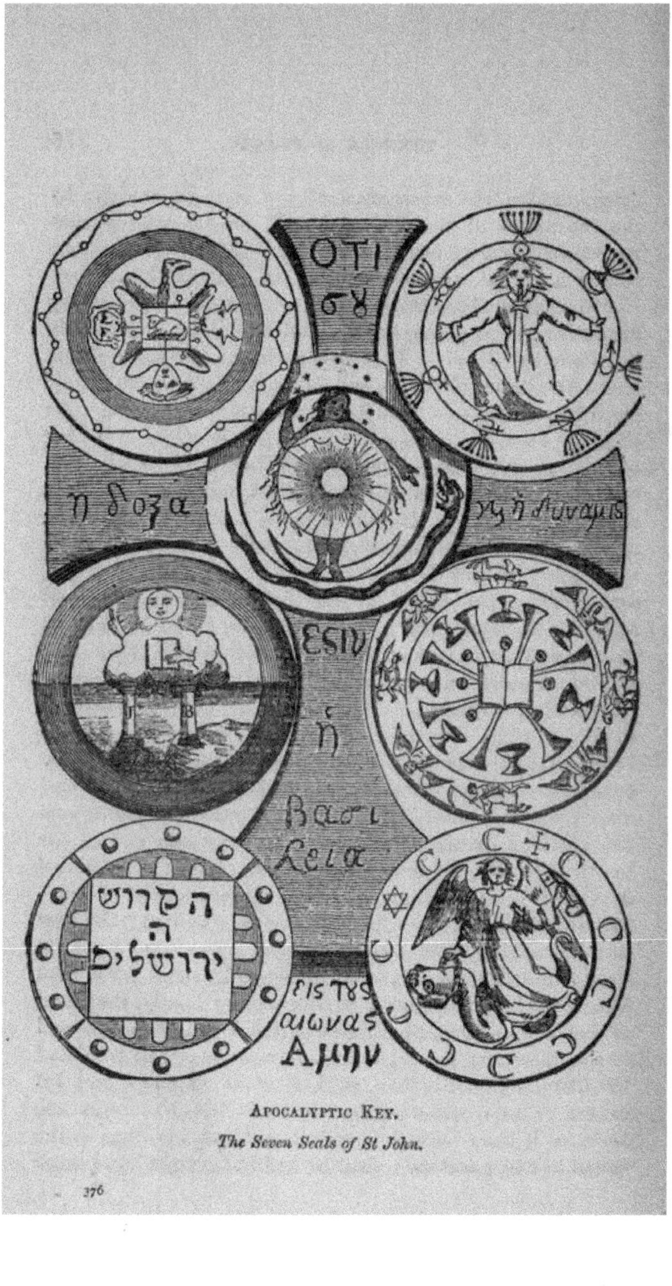

« Les sept sceaux de *l'Apocalypse* », dans Derrida, *D'un ton apocalyptique adopté naguère*, *op. cit.*, p. 100.

Bibliographie indicative des principaux ouvrages

BLANCHOT, Maurice

L'Amitié (Paris, Gallimard, 1971)
« Le bon usage de la science-fiction », dans *La Nouvelle Revue Française* (Paris, Janvier 1959)
Celui qui ne m'accompagnait pas (Paris, Gallimard, L'imaginaire, 1993)
Écrits politiques (Paris, Lignes/Léo Scheer, 2003)
Écrits politiques (Paris, Gallimard, 2008)
L'Écriture du désastre (Paris, Gallimard, 1980)
L'Entretien infini (Paris, Gallimard, 1969)
L'Espace littéraire (Paris, Gallimard, 1955)
Faux-pas (Paris, Gallimard, 1943, 1971)
La Folie du jour, (Paris, Gallimard, 2002)
« Grâce (soit rendue) à Jacques Derrida », dans *Revue Philosophique de la France et de l'Etranger* (T. 180, No. 2, DERRIDA, PUF, Avril-Juin, 1990)
Lautréamont et Sade (Paris, Les Editions de Minuit, 1949)
Le Livre à venir (Paris, Gallimard, 1959)
La Part du feu (Paris, Gallimard, 1949)
Le Pas au-delà (Paris, Gallimard, 1973)
Thomas l'Obscur (Paris, Gallimard, 1950)
Le Très-Haut (Paris, Gallimard, 1975)
Une voix venue d'ailleurs (Paris, Gallimard, 2002)

DERRIDA, Jacques

Béliers (Paris, Galilée, 2003)
L'Écriture et la différence (Paris, Le Seuil, 1998)
« Et cetera... (and so on, und so weiter, and so forth, et ainsi de suite, und so überall, etc...) », dans Marie-Louise Mallet et Ginette Michaud (eds.), *Jacques Derrida* (Paris, Cahier de L'Herne, 2004)
La Dissémination (Paris, Seuil, 1972)
Du Droit à la philosophie (Paris, Galilée, 1990)

« Introduction », dans Edmund Husserl, *L'Origine de la géométrie*, (Paris, PUF/Epiméthée, 1962)
Genèses, généalogies, genres, et le génie ; Les secrets de l'archive (Paris, Galilée, 2003)
Glas (Paris, Galilée, 1986)
Heidegger et la question (Paris, Champs/Flammarion, 1990)
Khora (Paris, Galilée, 1993-2006)
Le Monolinguisme de l'autre – ou la prothèse d'origine (Galilée, Paris, 1996)
Limited Inc. (Paris, Galilée, 1990)
Marges de la philosophie (Paris, Editions de Minuit, 1972)
Parages (Paris, Galilée, 1986-2003)
Le parjure, peut-être (« Brusques sautes de syntaxe ») (Paris, Galilée, 2017)
Points de suspension (Paris, Galilée, 1992)
Positions (Paris, Les Editions de minuit, 1972)
« Prière d'insérer », dans *Glas* (Paris, Galilée, 1986)
Psyché, Inventions de l'autre (Paris, Galilée, 1987)
Sauf le nom (Paris, Galilée, 1993)
Spectres de Marx (Paris, Galilée, 1993)
« Le temps des adieux ; Heidegger (lu par) Hegel (lu par) Malabou », dans *Hegel* (Revue Philosophique de la France et de l'Etranger, PUF, no.1, Janvier-Mars 1998)
D'un ton apocalyptique employé naguère en philosophie (Paris, Galilée, 2005)
Le Toucher, Jean-Luc Nancy (Paris, Galilée, 2000)
La Vérité en peinture (Paris, Flammarion, 1978)
Voyous, deux essais sur la raison (Paris, Galilée, 2003)

LEVINAS, Emmanuel

Altérité et transcendance (Paris, Fata Morgana, 1995)
L'Au-delà du verset (Paris, Editions de Minuit, 1982)
Autrement qu'être ou au-delà de l'essence (Martinus Nijhoff, 1978)
Carnets de captivité et autre inédits (Paris, Grasset/IMEC, 2009)
De l'existence à l'existant (Paris, Editions philosophiques J. Vrin, 1978)
« Deux lettres d'Emmanuel Levinas à Jacques Derrida », dans Danielle Cohen-Levinas (dir.), *Lire* Totalité et Infini *d'Emmanuel Levinas* (Paris, Hermann, 2011)

Dieu, la mort, et le temps (Paris, Grasset, 1993)
Difficile liberté (Paris, Albin Michel/Poche, 1963)
De Dieu qui vient à l'idée (Paris, Librairie Philosophique J. Vrin, 1986)
Du Sacré au Saint (Paris, Éditions de Minuit, 1997)
En découvrant l'existence avec Husserl et Heidegger (Paris, Vrin, 1967)
Les Imprévus de l'histoire (Paris, Fata Morgana, 1994)
Noms propres (Paris, Fata Morgana, 1976)
« Simulacres », dans *Effets de neutre, Exercices de la patience, Cahiers de la philosophie* (Paris, Obsidianne, No.6, 1985)
Le Temps et l'autre, conférence de 1946-1947 (Paris, Fata Morgana, 1979)
La Théorie de l'intuition dans la phénoménologie de Husserl (Paris, Alcan, 1930)
Totalité et Infini (La Haye, Nijhoff, 1961)

Autres ouvrages

Amblard, Paule, *Saint Jean L'Apocalypse, illustrée par la tapisserie d'Angers* (Paris, Diane De Selliers, 2017)
Anidjar, Gil, *Qu'appelle-t-on destruction ? Heidegger, Derrida* (Presses Universitaires de Montréal, 2017)
Arjakovsky, Fédier, France-Lanord (dir.), *Le Dictionnaire Martin Heidegger, vocabulaire polyphonique de sa pensée* (Paris, éditions du Cerf, 2013)
Assailly, Jean Pascal, *La psychologie du risque* (Paris, Ed. Tec&Doc, 2010)
Baudrillard, Jean, *Simulacres et simulation* (Paris, Galilée, 1981)
Beaufret, Jean, *Dialogue avec Heidegger ; Approche de Heidegger* (Paris, Les Editions de Minuit, 1974)
Beaufret, Jean, *Dialogue avec Heidegger* ; *Le chemin de Heidegger* (Paris, Les Editions de Minuit, 1985)
Brezis, David, « Ethique et violence du Sacré », dans Danielle Cohen-Levinas, *Lire* Totalité et Infini *d'Emmanuel Levinas. Études et interprétations* (Paris, Éditions Hermann, 2011)
Brisson, Luc (dir.), *Platon Œuvres complètes* (Paris, Flammarion, 2008)
Cassin, Barbara, *Vocabulaire européen des philosophies, Dictionnaire des intraduisibles* (Paris, Seuil, 2004)
Chevalley, Catherine, introduction à *Werner Heisenberg, Philosophie : Le manuscrit de 1942* (Paris, Seuil, 1998)

Cohen-Levinas, Danielle (dir.), *Lire* Totalité et Infini *d'Emmanuel Levinas* (Paris, Hermann, 2011)

Dastur, Françoise, *Heidegger et la question anthropologique* (Bibliothèque philosophique de Louvain, éditions Peeters, 2003)

Détienne Marcel et Vernant, Jean-Pierre, *Les Ruses de l'intelligence, la Métis des Grecs* (Paris, Flammarion, 1974)

Dupuy, Jean-Pierre, *Aux origines des sciences cognitives* (Paris, La Découverte, 1999)

Dupuy, Jean-Pierre, « Gunther Anders, le philosophe de l'âge atomique », dans Gunther Anders, *Hiroshima et partout* (Paris, Seuil, 2008)

Eliade, Mircea, *Le Sacré et le profane* (Paris, Gallimard, 1965)

Gaston, Sean, *Derrida and Disinterest* (London, Continuum, 2005)

Gilonne, Yves, *La Rhétorique du sublime dans l'œuvre de Maurice Blanchot* (Paris, L'Harmattan, 2008)

Gilonne, Yves, « Premunitions: the cunning of armed reason », dans Peggy Kamuf (Ed.), *The Word of War* (Oxford Literary Review, vol.31, no.2, 2009)

Heidegger, Martin, "Esquisses tirées de l'atelier", dans *Martin Heidegger* (Paris, Cahier de l'Herne, 1983)

Heidegger, Martin, *Essais et conférences* (Paris, Gallimard, 1980)

Heidegger, Martin, *Le principe de raison* (Paris, Gallimard, 1962)

Heidegger, Martin, *Questions III et IV* (Paris, Gallimard/Tel, 1976)

Heidegger, Martin, *Réponses et questions sur l'histoire et la politique* (Paris, Mercure de France, 1988)

Hervier, Julien, Préface à Ernst Jünger, *Passage de la ligne* (Paris, Christian Bourgeois, 1997)

Hoppenot, Eric et Milon, Alain (dir.), *Maurice Blanchot et la philosophie* (Paris, Presses Universitaires de Paris Ouest, coll. Résonances de Maurice Blanchot, 2010)

Jaspers, Karl, *La bombe atomique et l'avenir de l'homme : conscience politique de notre temps* (Paris, Buchet-Chastel, 1963)

Kofman, Sarah, *Socrate(s)* (Paris, Galilée, 1989)

Mallet, Marie-Louise, « La musique... l'expérience même de l'appropriation impossible » ; Quelques variations sur un thème de Jacques Derrida », dans *Herencias de Derrida/Héritages de Derrida* (*Escritura e imagen*, Vol. extra. 2011)

Marion, Jean-Luc, *De Surcroît* (Paris, PUF, 2001)

Mattéi, Jean-François, *L'Homme dévasté, essai sur la déconstruction de la culture* (Paris, Grasset, 2015)
Merleau-Ponty, Maurice, « avant-propos » à *Phénoménologie de la perception* (Paris, Gallimard, 1945)
Moati, Raoul, « Séparation et transcendance dans *Totalité et Infini* », dans Danielle Cohen-Levinas (dir.), *Lire* Totalité et Infini *d'Emmanuel Levinas* (Paris, Hermann, 2011)
Nancy, Jean-Luc, *L'Equivalence des catastrophes* (Paris, Galilée, 2012)
Nietzsche, Friedrich, *Le gai savoir,* tr. Pierre Klossowski, dans Œuvres philosophiques complètes V, (Paris, Gallimard, 1982)
Paulhan, Jean, *Petite Préface à toute critique* (Cognac, Le Temps qu'il fait, 1988)
Rey, alain (dir.), *Dictionnaire historique de la langue française* (Paris, Le Robert, 2012)
Stiegler, Bernard, *Philosopher par accident* (Paris, Galilée, 2004)
Stiegler, Bernard, *La Technique et le temps I, La faute d'Epiméthée* (Paris, Galilée, 1994)
Tanguy, Pierre, *Le Nucléaire* (Paris, Le Cavalier Bleu éditions, 2002)
Valery, Paul, *Œuvres* (Paris, Gallimard, coll. Pléiades, tome 2, 1960)
Vioulac, Jean, *L'Epoque de la technique ; Marx, Heidegger et l'accomplissement de la métaphysique* (Paris, PUF/Epiméthée, 2009)

Table

Raison de l'apocalypse

Apocalypse *de* l'apocalypse

Apocalypse de la raison

Structures éditoriales du groupe L'Harmattan

L'Harmattan Italie
Via degli Artisti, 15
10124 Torino
harmattan.italia@gmail.com

L'Harmattan Hongrie
Kossuth l. u. 14-16.
1053 Budapest
harmattan@harmattan.hu

L'Harmattan Sénégal
10 VDN en face Mermoz
BP 45034 Dakar-Fann
senharmattan@gmail.com

L'Harmattan Cameroun
TSINGA/FECAFOOT
BP 11486 Yaoundé
inkoukam@gmail.com

L'Harmattan Burkina Faso
Achille Somé – tengnule@hotmail.fr

L'Harmattan Guinée
Almamya, rue KA 028 OKB Agency
BP 3470 Conakry
harmattanguinee@yahoo.fr

L'Harmattan RDC
185, avenue Nyangwe
Commune de Lingwala – Kinshasa
matangilamusadila@yahoo.fr

L'Harmattan Congo
67, boulevard Denis-Sassou-N'Guesso
BP 2874 Brazzaville
harmattan.congo@yahoo.fr

L'Harmattan Mali
Sirakoro-Meguetana V31
Bamako
syllaka@yahoo.fr

L'Harmattan Togo
Djidjole – Lomé
Maison Amela
face EPP BATOME
ddamela@aol.com

L'Harmattan Côte d'Ivoire
Résidence Karl – Cité des Arts
Abidjan-Cocody
03 BP 1588 Abidjan
espace_harmattan.ci@hotmail.fr

L'Harmattan Algérie
22, rue Moulay-Mohamed
31000 Oran
info2@harmattan-algerie.com

L'Harmattan Maroc
5, rue Ferrane-Kouicha, Talaâ-Elkbira
Chrableyine, Fès-Médine
30000 Fès
harmattan.maroc@gmail.com

Nos librairies en France

Librairie internationale
16, rue des Écoles – 75005 Paris
librairie.internationale@harmattan.fr
01 40 46 79 11
www.librairieharmattan.com

Librairie l'Espace Harmattan
21 bis, rue des Écoles – 75005 Paris
librairie.espace@harmattan.fr
01 43 29 49 42

Lib. sciences humaines & histoire
21, rue des Écoles – 75005 Paris
librairie.sh@harmattan.fr
01 46 34 13 71
www.librairieharmattansh.com

Lib. Méditerranée & Moyen-Orient
7, rue des Carmes – 75005 Paris
librairie.mediterranee@harmattan.fr
01 43 29 71 15

Librairie Le Lucernaire
53, rue Notre-Dame-des-Champs – 75006 Paris
librairie@lucernaire.fr
01 42 22 67 13

www.ingramcontent.com/pod-product-compliance
Lightning Source LLC
LaVergne TN
LVHW011011061026
849535LV00006B/1823